普通高等教育“十三五”规划建设教材

农药学实验指导

Pesticide Experiments Guide

韩小强　杨德松　主编

中国农业大学出版社
·北京·

内容简介

本书系统介绍了农药学实验室须知、农药原药制备、农药剂型加工、农药生物测定、农药田间药效试验、农药分析与残留分析、农药毒理学、农药环境毒理等内容的实验技术、实验指导以及农药学研究人员应该掌握和扩展的相关实验专业知识。本书适用于我国高等农业院校的农药学专业、制药工程、应用化学专业、植物保护专业，也可供林业院校、中等专科技术学校师生以及从事农药学研究的科研人员学习参考。

图书在版编目(CIP)数据

农药学实验指导/韩小强，杨德松主编.—北京：中国农业大学出版社，2016.8

ISBN 978-7-5655-1700-6

Ⅰ.①农… Ⅱ.①韩… ②杨… Ⅲ.①农药学-实验-高等学校-教学参考资料

Ⅳ.①S48-33

中国版本图书馆 CIP 数据核字(2016)第 212737 号

书　名 农药学实验指导

作　者 韩小强　杨德松　主编

策划编辑 孙　勇　　**责任编辑** 田树君

封面设计 郑　川　　**责任校对** 王晓凤

出版发行 中国农业大学出版社

社　址 北京市海淀区圆明园西路 2 号　　**邮政编码** 100193

电　话 发行部 010-62818525，8625　　读者服务部 010-62732336

编辑部 010-62732617，2618　　出　版　部 010-62733440

网　址 http://www.cau.edu.cn/caup　　**E-mail** cbsszs @ cau.edu.cn

经　销 新华书店

印　刷 涿州市星河印刷有限公司

版　次 2016 年 11 月第 1 版　2016 年 11 月第 1 次印刷

规　格 787×1 092　16 开本　13.75 印张　340 千字

定　价 30.00 元

编审人员

主　编　韩小强　（石河子大学）

　　　　杨德松　（石河子大学）

副主编　赵春青　（南京农业大学）

　　　　王　毅　（安徽农业大学）

　　　　冯建国　（扬州大学）

　　　　袁小勇　（赣南师范学院）

主　审　覃兆海　（中国农业大学）

　　　　谢慧琴　（石河子大学）

前　言

农药是指用于防治、消灭或控制危害农业、林业的病、虫、草和其他有害生物，有目的地调节植物及昆虫生长的化学合成物，或者来源于生物、其他天然物的一种化合物或者几种物质的混合物及其制剂。因此，农药学是一门实验科学。农药学实验不仅可以帮助人们了解、验证农药学知识，也是探索和发现农药学新知识的基本手段。

农药原药制备、农药分析与残留分析、农药剂型加工、农药生物测定、农药田间药效试验、农药毒理学和农药环境毒理学等课程多为农药学相关专业的必修课程或骨干课程。然而其中大部分课程缺乏与之配套的实验教科书。为满足教学的需要，根据国家关于农药学相关专业学生的培养要求，石河子大学、南京农业大学、安徽农业大学、扬州大学、赣南师范学院等院校的多位长期在一线从事农药研究工作的教师，在已有的农药学科实验讲义的基础上，结合最新的研究技术，编写了这本《农药学实验指导》。本书总结了参编院校的农药学实验教学经验，结合了各自的研究方向，竭力采用最新的研究技术与手段。

根据我国农药发展现状及当前农药学科教学需求，本书共分为 8 章：农药学实验室须知、农药原药制备、农药制剂加工、农药生物活性测定、农药田间药效试验、农药分析与残留分析、农药毒理学和农药环境毒理学。

本书主要编写分工如下：农药剂型加工由冯建国编写；农药分析与残留分析由王毅编写；除草剂室内生物测定和农药田间药效试验由杨德松编写；杀菌剂室内生物测定由袁小勇编写；农药毒理学和农药环境毒理学由赵春青编写；其余部分由韩小强编写。统稿由韩小强和杨德松负责。中国农业大学覃兆海教授和石河子大学谢慧琴副教授对全书进行了审稿，并提出了建设性的修改意见。

随着科学技术的发展，新的技术与方法不断出现。本教材尽量反应农药学研究的新进展、新技术。由于作者水平所限，书中疏漏与不妥之处在所难免，希望得到广大读者的指正，以便进一步完善。

编　者

2016 年 1 月

目　　录

第1章 农药学实验室须知
(Pesticide Laboratory Rules)

农药学的核心内容是研究农药的科学使用。强调农药、有害生物与环境之间的关系,应用农药防治病、虫、草、鼠等有害生物,保护农业生产。而农药学实验是本课程不可缺少的重要组成部分。由于农药属于有毒精细化工产品,农药研究人员必须养成良好的实验室工作习惯并严格遵守相关规定,掌握农药学实验室基本常识,了解潜在的危险及其预防方法,使实验顺利进行。

1.1 农药学实验室守则

农药学实验中,经常使用各种化学药品和仪器设备,以及水、电、煤气,还会经常遇到高温、低温、高压、真空、高电压等的实验条件和仪器,若缺乏必要的安全防护知识,会造成生命和财产的巨大损失。因此,实验室必须按"四防"(防火、防盗、防破坏、防治安灾害事故)要求,建立健全安全责任制和各种安全制度,加强安全管理。为了保证实验的顺利进行,培养严谨的科学态度和良好的实验习惯,创造一个高效整洁的实验环境,学生必须遵守以下实验室规则。

1. 穿着规定

(1)进入实验室,必须按规定穿戴必要的工作服;

(2)进行危害性物质、挥发性有机溶剂、特定化学物质或其他管制的毒性化学物质等药品操作实验或研究,必须要穿戴防护具(防护口罩、防护手套、防护眼镜);

(3)进行实验时,严禁戴隐形眼镜(防止化学药剂溅入眼镜而腐蚀眼睛);

(4)需将长发及松散衣服妥善固定,在处理药品所有过程中需穿着鞋子,严禁穿拖鞋;

(5)操作高温实验,必须戴防高温手套。

2. 饮食规定

严禁在实验室吸烟、饮食及吃口香糖。

3. 药品领用、存储及操作相关规定

(1)操作危险性化学药品请务必遵守操作守则或遵照教师操作流程进行实验,勿自行更换实验流程;

(2)领取药品时,应确认容器上标示中文名称是否为需要的实验用药品;

(3)领取药品时,请看清楚药品危害标示和图样是否有危害;

(4)使用挥发性有机溶剂、强酸强碱性、高腐蚀性、有毒性药品必须在通风橱中进行操作。

4. 实验中相关规定

(1)实验前必须预习本次实验,明确实验目的、理解实验原理、熟悉实验基本步骤、了解所用药品的毒性及防护措施。

(2)实验操作中,要仔细观察实验现象,严格操作规程,实事求是地做好实验记录。要严格遵守实验安全守则与每个实验的安全注意事项,如果出现意外,应立即报告教师,采取有效措施,迅速排除事故。

(3)实验室内应保持安静,不得嬉笑、打闹和擅自离开,严禁在实验室吸烟,不得将食物与饮料带入实验室,实验结束后应洗净双手后再离开。

(4)严格遵守实验操作规范,不许擅自乱动与实验无关的药品,不得将实验室内物品及药品带离实验室。

(5)实验室废物应放入专用废物收集容器中,不得随意倒入水槽或弃于垃圾桶。

(6)爱护公物,节约药品和材料,严格按照规定取用和称量药品,用完后及时放回原位。

(7)实验结束后整理好自己使用的实验台,在教师和实验室管理教师的指导下清点好实验器材,归还原位。值日生负责打扫卫生,整理公共器材,并检查水、电、窗是否关闭等。

(8)实验完毕,及时整理实验记录,实事求是地撰写实验报告。

1.2 农药学实验室安全

在实验室中,经常与毒性很强、有腐蚀性、易燃烧和具有爆炸性的化学药品直接接触,常常使用易碎的玻璃和瓷质器皿以及在煤气、水、电等高温电热设备的环境下进行着紧张而细致的工作。实验过程中还会产生各种废弃物,由于其特殊性不能随意丢弃排放,因此,实验室安全和环保必须十分重视。

进入实验室首先要熟悉实验室的水阀门、电源总开关、灭火器、沙箱或其他消防器材的位置。实验室安全准则如下所述。

1.2.1 用电安全相关规定

(1)实验室内电气设备的安装和使用管理,必须符合安全用电管理规定,大功率实验设备用电必须使用专线,严禁与照明线共用,谨防因超负荷用电着火。

(2)实验室用电容量的确定要兼顾实验室发展的增容需要,留有一定余量,但不准乱拉乱接电线。

(3)实验室内的用电线路和配电盘、板、箱、柜等装置及线路系统中的各种开关、插座、插头等均应经常保持完好可用状态,熔断装置所用的熔丝必须与线路允许的容量相匹配,严禁用其他导线替代,室内照明器具都要保持稳固可用状态。

(4)可能散布易燃、易爆气体或粉体的建筑内,所用电器线路和用电装置均应按相关规定使用防爆电气线路和装置。

(5)对实验室内可能产生静电的部位、装置要心中有数,要有明确标记和警示,对其可能造成的危害要有妥善的预防措施。

(6)实验室内所用的高压、高频设备要定期检修,要有可靠的防护措施。凡设备本身要求安全接地的,必须接地;定期检查线路,测量接地电阻。自行设计、制作对已有电气装置进行自动控制的设备，在使用前必须经实验室与设备处技术安全办公室组织的验收合格后方可使用。自行设计、制作的设备或装置，其中的电气线路部分，也应请专业人员查验无误后再投入使用。

(7)实验室内不得使用明火取暖，严禁抽烟，必须使用明火实验的场所，须经批准后才能使用。

(8)手上有水或潮湿请勿接触电器用品或电器设备，严禁使用水槽旁的电器插座(防止漏电或感电)。

(9)实验室内的专业人员必须掌握本实验室的仪器、设备的性能和操作方法，严格按操作规程操作。

(10)机械设备应装设防护设备或其他防护罩。

(11)电器插座请勿接太多插头，以免电荷负荷不了，引起电器火灾。

(12)如电器设备无接地设施，请勿使用，以免产生感电或触电。

1.2.2　压力容器安全规定

(1)气瓶应专瓶专用，不能随意改装其他种类的气体。注意识别气体钢瓶(颜色相同的要看气体名称)。氧气瓶(天蓝色)、氢气瓶(深绿色)、氮气瓶(黑色)、纯氩气瓶(灰色)、氦气瓶(棕色)、压缩空气瓶(黑色)、氨气瓶(黄色)、二氧化碳气瓶(黑色)。

(2)气瓶应存放在阴凉、干燥、远离热源的地方，易燃气体气瓶与明火距离不小于 5 m，氢气瓶最好隔离。

(3)气瓶搬运要轻要稳，放置要牢靠。

(4)各种气压表不得混用。

(5)氧气瓶严禁油污，注意手、扳手或衣服上的油污。

(6)气瓶内气体不可用尽，以防倒灌。

(7)开启气门时应站在气压表的一侧，不准将头或身体对准气瓶总阀，以防阀门或气压表冲出伤人。

(8)搬运应确认护盖锁紧后再进行。

(9)容器吊起搬运不得用电磁铁、吊链、绳子等直接吊运。

(10)厂内移动尽量使用手推车，务求安稳直立。

(11)以手移动容器，应直立移动，不可卧倒滚运。

(12)使用时应加以固定，容器外表颜色应保持明显容易辨认。

(13)确认容器之用途无误时方可使用。

(14)每月检查管路是否漏气。

(15)查压力表是否正常。

1.2.3　防毒

化学药品都有不同程度的毒性，实验前应了解所用药品的毒性、理化性质和防护措施。

(1)在取用有毒和易挥发药品时(如硝酸、盐酸、二氯甲烷、苯等)，应在有良好通风的通风橱内进行，以免中毒；

(2)开启装有腐蚀性物质(如硫酸、硝酸等)的瓶塞时，不能面对瓶口，以免液体溅出或腐蚀性烟雾造成伤害，也不能用力过猛或敲打，以免瓶子破裂；在搬运盛有浓酸的容器时，严禁用一只手握住细瓶颈搬动，防止瓶底裂开脱落；

(3)苯、四氯化碳、乙醚、硝基苯等蒸气经常吸入会使人嗅觉减弱，必须高度警惕；

(4)有机溶剂能够穿过皮肤进入人体，应避免直接与皮肤接触；

(5)剧毒物品如汞盐、镉盐、铬盐、铅盐等应妥善保管。

实验室常用药品毒性见附录2。

1.2.4 防火

(1)防止煤气管、煤气灯漏气，使用煤气后一定要把阀门关好；

(2)乙醚、乙醇、丙酮、二硫化碳、苯等有机溶剂易燃，实验室不得存放过多，切不可倒入下水道，以免集聚引起火灾；

(3)金属钠、钾、铝粉、电石、黄磷以及金属氢化物要注意使用和存放，尤其不宜与水直接接触；

(4)万一着火，应冷静判断情况，采取适当措施灭火；可根据不同情况，选用水、沙、泡沫、CO_2 或 CCl_4 灭火器灭火。

1.2.5 防爆

化学药品的爆炸分为支链爆炸和热爆炸。

(1)氢气、乙烯、乙炔、苯、乙醇、乙醚、丙酮、乙酸乙酯、一氧化碳、水煤气和氨气等可燃性气体与空气混合至爆炸极限，一旦有一热源诱发，极易发生支链爆炸；

(2)过氧化物、高氯酸盐、叠氮铅、乙炔铜、三硝基甲苯等易爆物质，受震或受热可能发生热爆炸。

防爆措施如下：

(1)对于支链爆炸，主要是防止可燃性气体或蒸气散失在室内空气中，保持室内通风良好，当大量使用可燃性气体时，应严禁使用明火和可能产生电火花的电器；

(2)对于预防热爆炸，强氧化剂和强还原剂必须分开存放，使用时轻拿轻放，远离热源；

(3)防灼伤除了高温以外，液氮、强酸、强碱、强氧化剂、溴、磷、钠、钾、苯酚、醋酸等物质都会灼伤皮肤；应注意不要让皮肤与之接触，尤其防止溅入眼中。

1.2.6 实验室伤害的急救预处理

实验室中，一旦发生意外，不要着急，要沉着冷静处理，发挥实验室的医药柜或医药箱在紧急情况中的作用。为此，实验室医药箱应备有下列急救药品和器具：医用酒精、碘酒、红药水、创可贴、止血粉、烫伤油膏、1％硼酸或2％醋酸溶液、1％碳酸氢钠溶液、20％硫代硫酸钠溶液、70％酒精、3％双氧水等；医用镊子、剪刀、纱布、药棉、棉签和绷带等。农药实验时会偶发一些伤害事故，要进行必要的急救处理，使伤害降低到最小的程度，常见伤害事故的处理方法如下。

(1)割伤急救：用消毒棉棒或纱布把伤口清理干净，小心取出伤口中的玻璃或固体物，然后将红药水涂在伤口的创面上。若伤口较脏可用3％双氧水擦洗或用碘酒涂在伤口的周围。但要注意，不能将红药水与碘酒同时使用。伤口消毒后再用消炎粉敷上，并加以包扎。若伤口比较严重，出血较多时，可在伤口上部扎上止血带，用消毒纱布盖住伤口，立即送医院治疗。

(2)烫伤和烧伤的急救：轻度的烫伤或烧伤，可用药棉棒浸90％～95％的酒精轻涂伤处，也可用3％～5％高锰酸钾溶液擦伤处至皮肤变为棕色，然后涂上獾油或烫伤药膏。较严重的烫伤或烧伤，不要弄破水疱，以防感染，要用消毒纱布轻轻包扎伤处后立即送医院治疗。

(3)化学灼伤的急救：化学灼伤与一般的烧伤、烫伤不同，其特殊性在于：即使脱离了致伤源，但如果不立即把污染在人体上的腐蚀物除去，这些物质仍会继续腐蚀皮肤和组织，直至被消耗完为止。化学物质与组织接触时间越长、浓度越高、处理不当、清洗不彻底、烧伤也越严重。就同等程度的烧伤而言，碱烧伤要比酸烧伤为重。因为酸作用于身体组织后，一般能很快使组织蛋白凝固，形成保护膜，阻止酸性物质向深层进展。而当碱与身体组织接触后，碱能与组织变成可溶性化合物，尽管烧伤初期可能不严重，但过一段时间后，碱往往继续向深处及广处扩散，使伤面不断加深加大，所以对碱烧伤紧急处理尤为重要。一旦发生化学灼伤事故，都应于最短时间进行冲洗。冲洗时必须立足于现场条件，不必强求用消毒液和药水，凉开水、自来水，甚至河水、井水都可应急。冲洗需要反复而彻底地进行，具体要点如下。

①发现化学灼伤后，要立即脱去被污染的衣物、鞋袜，随后用大量清水冲洗创面15～20 min。

②干石灰或浓硫酸灼伤时，不得先用水冲洗。因它们遇水反而放出大量的热，会加重伤势。可先用干布（纱布或棉布）擦拭干净后，再用清水冲洗。

③氢氟酸灼伤时，要引起足够的重视。因为氢氟酸灼伤开始时不明显，病人也无不适的感觉，当稍有疼痛时，说明烧伤已到严重程度。氢氟酸不但能腐蚀皮肤、组织和器官，还可腐蚀至骨骼，经常是麻痹1～2 h后才感到疼痛。万一被氢氟酸（包括氟化物，它们能水解成氢氟酸）烧伤，应立即用水冲洗几分钟，然后在伤口处敷以新配制的20%MgO甘油悬浮液。

④如完全可以确定是酸碱类化学灼伤。酸性灼伤可用清水或2%的碳酸氢钠（即小苏打）溶液冲洗；碱性灼伤可用2%醋酸溶液或2%的硼酸溶液冲洗，冲洗后涂上油膏，并将伤口扎好，重者送医院诊治。

⑤溴灼烧应立即用酒精洗涤，涂上甘油保湿，用力按摩，将伤处包好。如眼睛受到溴蒸气刺激，暂时不能睁开时，可对着盛有氯仿或酒精的瓶内注视片刻。

⑥热沥青（柏油）灼伤时，千万不能用手去揭已沾在皮肤上的沥青，否则可加重创面皮肤的损伤，加重伤情。清除沾在皮肤上的沥青可用棉花或纱布，沾上二甲苯或氯仿（也可用豆油或菜油），轻轻擦拭。擦干净后，再涂上一层抗生素药膏。使用氯仿时要注意不宜过多，以防止引起局部麻醉。

(4)试剂溅入眼内，任何情况下都要先洗涤，急救后送医院治疗。洗涤时可采用以下方法。

①立即睁大眼睛，用流动清水反复冲洗，边冲洗边转动眼球，但冲洗时水流不宜正对角膜方向。冲洗时间一般不得少于15 min；

②若无冲洗设备或无他人协助冲洗时，可将头浸入脸盆或水桶中。努力睁大眼睛（或用手拉开眼皮），浸泡十几分钟，同样可达到冲洗的目的。注意，若双眼同时受伤，必须同时冲洗，如先冲一只眼，再冲另一只眼，后冲洗的那只势必成为牺牲品；

③若是固体化学物质落入眼内，应及时取出，以免继续发生化学作用；若是碎玻璃，应先用镊子移去碎块，或在盆里用水洗，切勿用手揉动。

(5)中毒的急救：溅入口中尚未咽下者应立即吐出，用大量水冲洗口腔。如已吞下，应根据毒性物质给以解毒剂，并立即送医院治疗。

①腐蚀性毒物，对于强酸，先饮大量水，然后服用氢氧化铝膏、鸡蛋白；对于强碱，也先饮大量水，然后服用醋、酸果汁、鸡蛋白，不论酸或碱中毒皆再给以牛奶灌注，不要吃呕吐剂；

②刺激性及神经性毒物，先给牛奶或鸡蛋白使之立即冲淡和缓和，再用一大匙硫酸镁（约30 g）溶于一杯水中催吐，也可用手指伸入喉部促使呕吐，然后立即送医院治疗；

③吸入气体中毒者，将中毒者移至室外，解开衣领及纽扣。吸入少量氯气或溴者，可用碳酸氢钠溶液漱口。

(6)触电：首先切断电源，若来不及切断电源，可用绝缘物挑开电线，在未切断电源之前，切不可用手拉触电者，也不能用金属或潮湿的东西挑电线，若出现休克现象，要立即进行人工呼吸，并送医院治疗。

1.3 农药学实验室环保

为加强实验室污染的环境监管，健全管理制度，防止实验室类污染危害环境，损害人体健康，国家环保局出台了《关于加强实验室类污染环境监管的通知》，通知中规定：各级环境保护部门要对实验室类污染环境监管工作提高认识，加强领导，将实验室、化验室、试验场的污染纳入环境监管范围。自 2005 年 1 月 1 日起，科研、监测(检测)、试验等单位实验室、化验室、试验场将按照污染源进行管理。要求上述单位禁止将废弃药品以及已受污染的场地、建筑物、设备、器皿等转移给不具备污染治理条件的企业、单位或个人使用，禁止随意丢弃有毒有害固体废物、废液等。因此实验室必须遵守实验室环境守则。

(1)爱护环境、保护环境、节约资源、减少废物产生，创造良好的实验环境，并不对实验室内外环境造成污染；

(2)实验室所有药品、中间体、集中收集的废弃物等，必须贴上标签，注明名称，防止误用和因情况不明而处理不当造成环境事故；

(3)实验室的设置应便于使泄露的有害气体能自行扩散和自净。实验中产生有害气体的操作，必须在通风橱中进行；

(4)严禁随意丢弃废弃物，要将其分类收集，分别处理；

(5)对各类有机溶剂废液：醇类、酯类、有机酸类以及其他废液，一律不得倒入下水道。必须集中处理，并根据废液种类及性质的不同分别收集在废液桶内，贴上标签，以便处理。由学校统一交予具有处理资质的单位处理；

(6)含重金属的废液，不得倒入下水道，应集中收集于大瓶中，经碱化沉淀，将清液排至污水池处理，沉淀物由具有相应处理能力的废物处理中心处理；

(7)对于过期或不再使用的试剂，不得随意倾倒，应到指定地点进行相应处理；

(8)实验中所使用的生物材料严禁带出实验室，如涉及动物材料，其饲养和实验处理应遵循国家相关动物福利规定；

(9)一旦发生环境污染事件，应及时处理并上报。

附录中列出了常见农药中毒急救方法(附录 2)、农药毒性分级标准(附录 3)，供参考。

第 2 章　农药原药制备
(Preparation of Pesticide)

常规的农药原药制备是指利用化学方法将简单化合物制备成具有农药活性的物质的过程。随着技术的进步和认知的扩展，许多动植物、微生物及其代谢产物也具有农药活性，因此，经微生物发酵产生某种具有农药活性的代谢产物或通过大量繁殖具有农药活性的微生物或从动植物体内提取具有农药活性的物质的过程也可归纳为农药原药的制备。

农药化学合成是有机合成的重要分支之一。从某种意义上讲，农药化学合成的发展与研究依赖于有机合成的发展与研究；同时农药化学合成又有其独特的方法与规律，对其研究的深入及其普遍性应用又可促进有机合成的发展。

当今社会，由于不科学使用农药，造成了农药残留、环境污染等一系列问题，生物源农药的呼声愈来愈高。然而，此类实验在农药学相关专业的实验课程中尚未有设置，这与社会需求极不协调。近些年，随着生物发酵技术的不断完善，生物源农药，特别是植物源农药、微生物及其代谢物作为农药原药，已经得到了长足的进步。

农药原药制备已经有了很大发展，但自然界和人类社会又不断向农药研究工作者提出新的要求。今后农药原药制备的发展趋势，将是通过化学合成、生物发酵、生物提取等技术，筛选出具有优异生物活性、与环境兼容的农药。

实验 1　草甘膦原药的合成

草甘膦(glyphosate)是由美国孟山都公司开发，是一种高效、低毒、内吸广谱灭生性除草剂。草甘膦又称镇草宁、农达(Roundup)、草干膦、膦甘酸。草甘膦具有良好的生物活性，属于氨基酸的衍生物，是全球产量最大的农药原药品种。草甘膦纯品为非挥发性白色固体，比重为 0.5，大约在 230℃熔化，并伴随分解。25℃时在水中的溶解度为 1.2%，不溶于一般有机溶剂，其异丙胺盐完全溶解于水。不可燃、不爆炸，常温贮存稳定。对中碳钢、镀锡铁皮(马口铁)有腐蚀作用。

我国草甘膦的生产工艺主要分为甘氨酸法和二乙醇胺-亚氨基二乙酸法(IDAN)。截至 2014 年底，我国草甘膦产能达到 93.6 万 t，其中甘氨酸路线是 62 万 t，IDAN 路线是31.6 万 t。甘氨酸法目前仍为中国占主流的生产路线，主要原因有：第一，由于其副产品氯甲烷在有机硅方面的应用已经是非常成熟的工艺了，主流草甘膦供应商也意识到“草甘膦-氯甲烷-有机硅”的循环经济给企业带来的效益，在扩建或者副产品回收方面格外重视；第二，“富煤少油”的自然资源导致中国企业在获取煤化工的下游产品相对较为容易；第三，甘氨酸供应商相对集中在华北、华东地区，靠近主要的草甘膦生产商；第四，陆续有天然气法甘氨酸投入市场，极大地降低了甘氨酸路线的生产成本。

草甘膦化学名称为：*N*-(膦羧甲基)-甘氨酸，化学式为 CH_8NO_5P，其结构式如下：

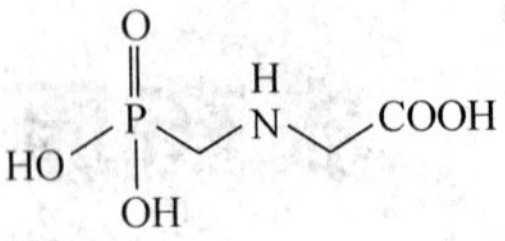

草甘膦(glyphposate)

【实验目的】

掌握草甘膦原药的合成制备技术。

【实验原理】

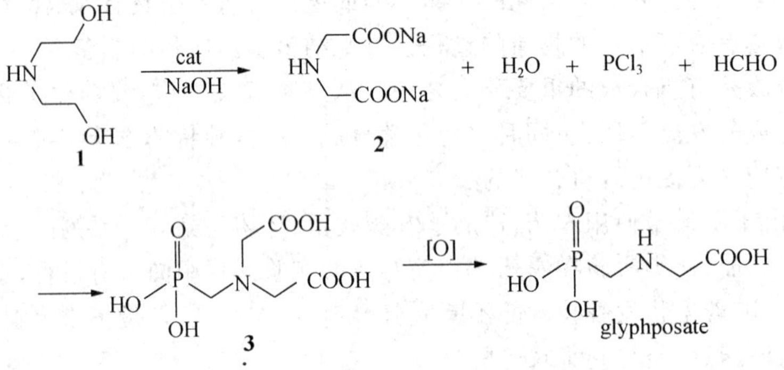

【实验材料】

(1)试剂：双甘膦、去离子水、双氧水、钨酸钠、硫酸亚铁等；

(2)仪器：电子天平(万分之一)、恒温水浴锅、真空泵、电热恒温干燥箱、三口烧瓶、恒压滴液漏斗、磁力搅拌器、冷凝管和酸度计等。

【实验步骤】

草甘膦的制备

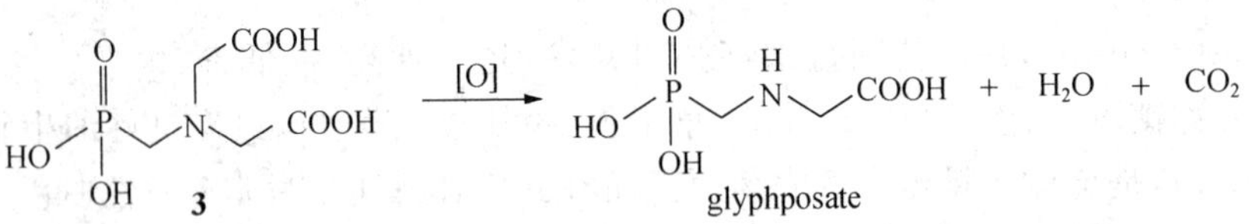

准确称取双甘膦(5.54 g，20 mmol)、水(3.6 g，200 mmol)、钨酸钠(66 mg，0.2 mmol)于干燥的 100 mL 三口烧瓶中，搅拌下加热到 65℃，开始滴加双氧水(5.90 g，26 mmol)，调节滴加速度，控制在 0.5 h 滴完；滴加完后保温反应 1 h 后，冷却至 30℃，缓慢滴加硫酸亚铁溶液(注意滴加过程中会有大量热释放，控制体系温度在 30～40℃)，滴加完毕后冷却至室温静置，草甘膦晶体析出，抽滤、烘干后测定含量及计算产率。

【结果与分析】

反应过程中用 TLC 监测反应进程，所得产物用 HPLC 测定其纯度。

【注意事项】

实验中双氧水的滴加必须控制在 0.5 h 左右，不可滴加过快。

【思考题】

双甘膦氧化的机理是什么？

实验 2　戊吡虫胍原药的合成

烟碱是一种天然生物碱，早在 19 世纪就被人们用作杀虫剂，但其杀虫活性低，并且对人畜有较高的毒性。拜耳公司以烟碱为先导化合物，成功开发出新烟碱类杀虫剂吡虫啉，随后该类杀虫剂取得了长足的发展，出现了噻虫嗪、噻虫胺、呋虫胺等商品化品种。缩氨基脲类化合物也是农药领域研究的热点，开发出了一些畅销的农药品种，如氰氟虫腙、茚虫威等。随着这两类杀虫剂的大量使用，害虫对其产生了较为严重的抗性，为了创制具有多靶标位点的新型农药，中国农业大学覃兆海课题组将新烟碱类与缩氨脲类杀虫剂的活性结构单元结合在一起，成功开发出了高效、低毒、具有自主知识产权的新型杀虫剂戊吡虫胍。

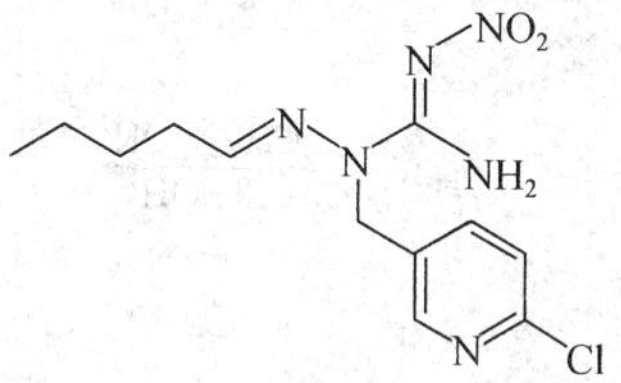

戊吡虫胍 (guadipyr)

【实验目的】

掌握戊吡虫胍原药的合成制备技术，了解其质量检验方法。

【实验原理】

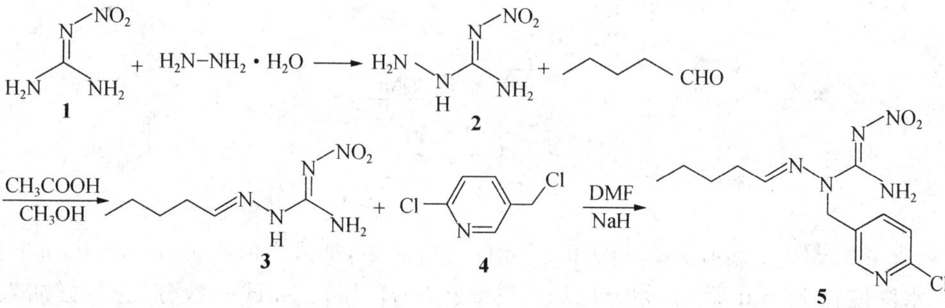

【实验材料】

(1)试剂：硝基胍、水合肼、盐酸、正戊醛、冰乙酸、甲醇、氯吡啶、*N*,*N*-二甲基甲酰胺(DMF)、氢化钠(NaH)；

(2)仪器：电子天平(万分之一)、磁力搅拌器、电热套和调压器、三口烧瓶、恒压滴液漏斗、冷凝管、布氏漏斗、抽滤瓶等。

【实验步骤】

1. 硝基氨基胍 2 的制备

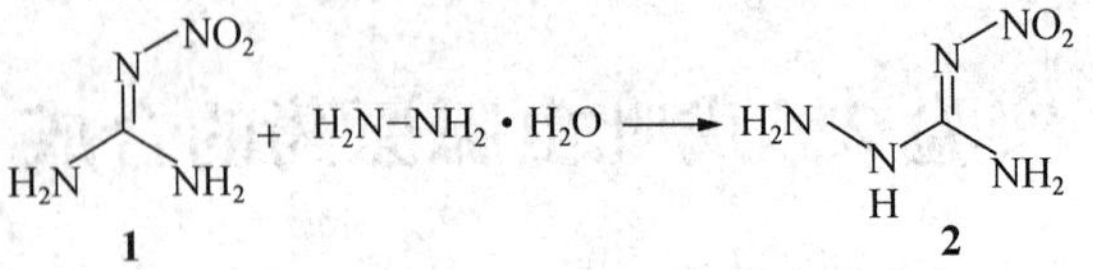

称取硝基胍 **1**(8.0 g,76.9 mmol)于 100 mL 三口瓶中,加水 50 mL,加热至 50℃左右,停止加热,待得温度升高至 55℃时,用恒压滴液漏斗滴加水合肼 5.6 g,滴加过程中控制体系温度在 55～60℃;滴完后,保温搅拌 20 min,用冰水浴迅速冷却到 30℃以下,开始滴加盐酸,调 pH 至 5～6 冰水浴静置(0～10℃)3 h 后,抽滤得黄色粗品。

取粗品加入到 50 mL 单口瓶中,加水 30 mL,加热至沸腾,固体溶解,如有不溶,可加水,至全溶。溶液这时呈红棕色。停止加热,冷却结晶,抽滤得白色固体。

2. 戊醛胍 3 的制备

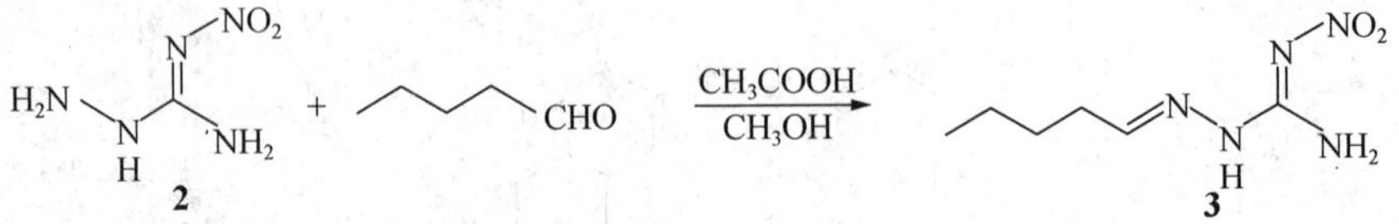

称取干燥的硝基氨基胍 **2**(2.0 g,16.8 mmol)加入到 50 mL 的三口瓶中,加入约 20 mL 甲醇,1 mL 醋酸,搅拌加热到 60℃左右,开始滴加戊醛 1.59 g(溶于 5 mL 甲醇中),滴加时间控制在 10 min 左右。加热回流 1.5～2 h,停止加热,冷却后冷藏或冷冻,固体析出,抽滤得白色泥状固体。

3. 戊吡虫胍 5 的制备

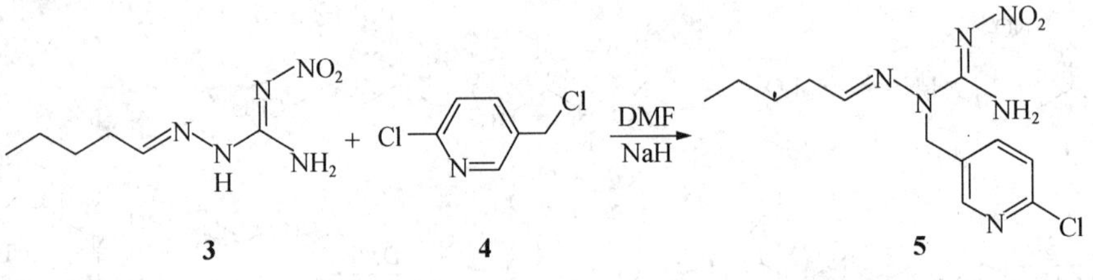

称取戊醛胍 **3**(0.8 g,4.3 mmol)于 25 mL 三口瓶中,加入 DMF 10 mL,0.05 g KI,加干燥管,冰水浴搅拌 15 min 后,开始分批加入 0.3 g NaH,加入 NaH 一般分三次,慢加入,搅拌 1.5 h。中间注意观测,防止冲料。1.5 h 后开始分批加入氯甲基吡啶 0.8 g。加料完成后,撤去冰水浴,在常温下继续搅拌 24 h,反应结束后,加 10 mL 水,摇晃,固体析出在水面上。静置,抽滤得粗品。

粗品用乙酸乙酯加热回流,热过滤,滤去不溶物。滤液脱去部分乙酸乙酯,搅拌下加入石油醚重结晶。冷藏,抽滤,得固体。再次用乙酸乙酯加石油醚在搅拌下重结晶,冷藏,抽滤得白色固体。

【结果与分析】

反应过程中用 TLC 监测反应进程,所得产物用 HPLC 确定其纯度。

【注意事项】

1. 实验中用到强酸（盐酸）和强碱（NaH），要求学生全程戴上乳胶手套，身穿实验服，以免受到伤害；

2. 实验过程中涉及多次加热，要注意调节加热调压器，切忌开得太大；

3. 部分学生可能会对氯吡啶 **4** 过敏，应着双层手套称取。

【思考题】

第三步在制备戊吡虫胍时，为什么要用氢化钠？其作用是什么？

实验3　嘧菌酯原药的合成

热带雨林中的一种密环菌，存在有天然杀菌物质，可杀死与其共生的多种真菌，而自身生长旺盛。先正达公司的科研部门对该天然物质进行了研究，研制出仿生合成杀菌剂——嘧菌酯（azoxystrobin，又称阿米西达）。嘧菌酯已经在全球 72 个国家，80 多种作物病害上获得登记。嘧菌酯拥有前所未有的超广杀菌谱，对四大类病原真菌所引起的霜霉病、白粉病、番茄早疫病、脐橙炭疽病、脐橙溃疡病、叶斑病、黑星病等大部分病害均有很好的防效。

嘧菌酯作用机理及特点：嘧菌酯通过在细胞色素 b 和 Q 间电子转移抑制线粒体的呼吸，抑制孢子的萌发和菌丝的生长从而杀灭病菌。作用于线粒体呼吸的杀菌剂较多，但嘧菌酯作用的部位（细胞色素 b）与以往所有杀菌剂均不同，其对甾醇抑制剂（sterolinhibitors）、苯基酰胺类（phenylamides）、二甲酰亚胺类（diearboximides）和苯并咪唑类（benzimidazoles）产生抗性的菌株均有效，且与目前已有杀菌剂无交互抗性，具有高效、广谱、保护、治疗、铲除、渗透、内吸活性等特点。嘧菌酯可用于作物茎叶喷雾、种子处理，也可以进行土壤处理，在推荐剂量下使用对作物安全。嘧菌酯毒性低，易降解、无残留、环境友好、无致癌和致突变性，可单独或与其他杀菌剂混合使用，符合绿色农药的特点。能同时有效地防治子囊菌门、担子菌门、半知菌门真菌和卵菌引起的病害，对环境和非靶标生物友善，对作物的产量和品质均有一定的提高和改善作用。

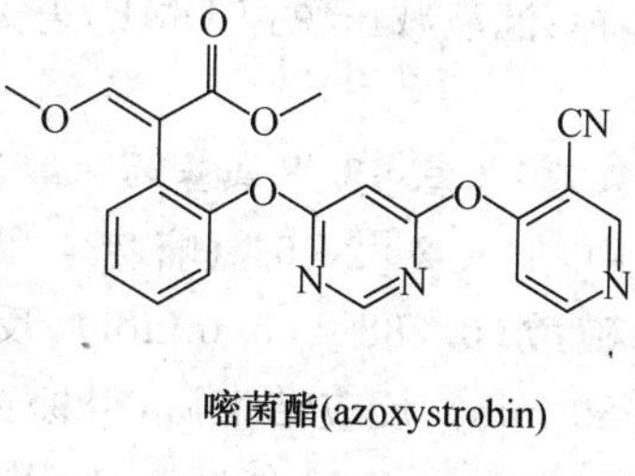

嘧菌酯(azoxystrobin)

【实验目的】

掌握嘧菌酯原药的合成制备技术，了解其质量检测方法。

【实验原理】

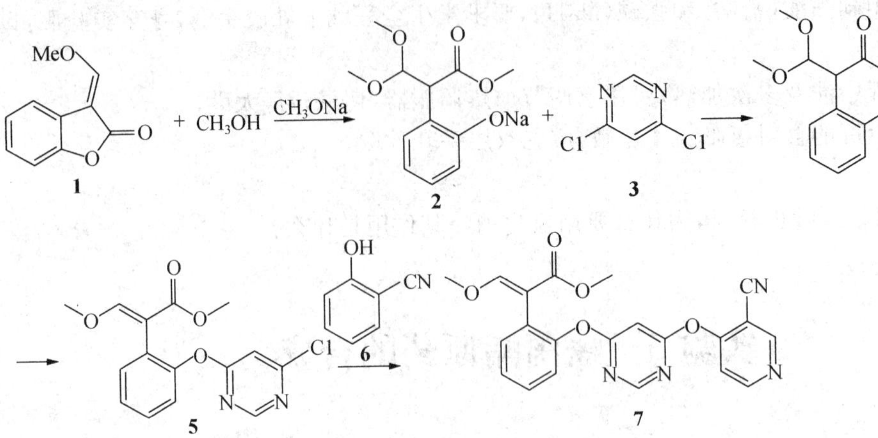

【实验材料】

(1)试剂:3-(α-甲氧基)-亚甲基苯并呋喃-2(3 氢)-酮、4,6-二氯嘧啶、碳酸钾、2-氰基苯酚、甲醇、甲醇钠、甲基磺酸、DABCO、碳酸钾、甲苯、DMF 等;

(2)仪器:电子天平(万分之一)、磁力搅拌器、电热套和调压器、三口烧瓶、烧杯、温度计、恒压滴液漏斗、布氏漏斗、抽滤瓶、冷凝管、分液漏斗等。

【实验步骤】

1. 2-(2-羟基苯基)-3,3-二甲氧基丙酸甲酯的酚钠盐 **2** 的制备

在干燥的 100 mL 三口烧瓶中,加入 3-(α-甲氧基)-亚甲基苯并呋喃-2(3 氢)-酮 1(17.6 g,100 mmol),溶于 40 mL 甲醇中,冰盐浴降温至−5℃;将甲醇钠溶于 16 mL 甲醇中,于−5℃滴液至反应液中,30 min 滴加完毕,即得 2-(2-羟基苯基)-3,3-二甲氧基丙酸甲酯的酚钠盐 2。由于该钠盐对热敏感,冰浴下保存,直接用于下步反应。

2. 2-[2-(6-氯嘧啶-4-甲氧基)苯基]-3,3-二甲氧基丙酸甲酯 **4** 的制备

在干燥的 100 mL 三口烧瓶中,加入 4,6-二氯嘧啶 **3**(15 g,100 mmol)、50 mL DMF,三口瓶上加蒸馏装置。加热体系至 60℃,在 50 min 内滴加含有 80 mmol 的 2-(2-羟基苯基)-3,3-二甲氧基丙酸甲酯的酚钠盐 2 的反应液,随着反应的进行,甲醇不断被蒸出。滴加结束,继续保温 20 min,趁热减压滤掉盐,弃掉;滤液减压脱掉 DMF,得 2-[2-(6-氯嘧啶-4-甲氧基)苯基]-3,3-二甲氧基丙酸甲酯 **4**。

3. (*E*)-2-[2-(6-氯嘧啶-4-甲氧基)苯基]-3-甲氧基丙烯酸甲酯 **5** 的制备

在干燥的 100 mL 三口烧瓶中,加入 2-[2-(6-氯嘧啶-4-甲氧基)苯基]-3,3-二甲氧基丙酸甲酯 **4**(7.04 g,20 mmol)、甲基磺酸(0.288 g,3 mmol),反应装置连接减压泵和加热,于−0.095 MPa、95~100℃下反应 80 min。反应结束后,得棕黄色黏稠物,降至室温后固化,无须提纯可直接应用于下一步反应。(*E*)-2-[2-(6-氯嘧啶-4-甲氧基)苯基]-3-甲氧基丙烯酸甲酯 **5** 纯化后为浅黄色至白色固体,熔点:104~106℃。

4. 嘧菌酯 **6** 的合成

在干燥的 100 mL 三口烧瓶中,加入(*E*)-2-[2-(6-氯嘧啶-4-甲氧基)苯基]-3-甲氧基丙烯酸甲酯 **5**(3.5 g,100 mmol)、25 mL 甲苯、2-氰基苯酚(1.5 g,12.5 mmol)、碳酸钾(1.1 g,8 mmol)及 2 mL DMF 和 0.2 g DABCO 组成的混合物搅拌,在 100℃保温反应 6 h。反应结

束降至室温，过滤掉盐，加入少量甲苯洗涤滤饼，合并有机相；有机相减压脱去溶剂得嘧菌酯粗品。将嘧菌酯粗品用活性炭脱色、甲醇重结晶后，得嘧菌酯 **6** 原药，产品为浅黄色至米白色结晶固体。

嘧菌酯纯品熔点 118～119℃。

【结果与分析】

反应过程中用 TLC 监测反应进程，所得产物用 HPLC 确定其纯度。

【注意事项】

1. 2-(2-羟基苯基)-3,3-二甲氧基丙酸甲酯的酚钠盐 **2** 对热不稳定，长期加热会产生大量副产物；

2. 实验过程中涉及多次加热，要注意调节加热调压器，切忌开得太大；

3. 3-(α-甲氧基)-亚甲基苯并呋喃-2(3 氢)-酮 **1** 对部分人皮肤接触会产生过敏现象，取用时严格穿戴防护装备。

【思考题】

嘧菌酯用甲醇重结晶时，怎么样操作可以使产率最高？

实验 4　2,4-二氯苯氧乙酸原药的合成

2,4-二氯苯氧乙酸（2,4-dichlorophenoxyacetic acid）是一类具有代表性的合成植物生长素（auxin），简称 2,4-D。1942 年 Zimmermann P. W. 等首次报道 2,4-D 用作植物生长调节剂，1944 年美国农业部报道了 2,4-D 的除草效果。后因其用量少、成本低而一直是世界主要除草剂品种之一。

2,4-D 纯品为白色结晶，水中溶解度很小，易溶于乙醇、苯等有机溶剂；但其钠盐、胺盐则极易溶于水。商品有多种盐类和酯的加工剂型。在 30 mg/L 以下低浓度时可作为植物生长调节剂，用于防止番茄、棉、菠萝等落花落果及形成无子果实等。2,4-D 在植物体内能相当迅速地转移，根据 ^{14}C 示踪的结果证实，2,4-D 是按照羧基碳，继而亚甲基碳的顺序迅速进行分解代谢的，但其苯核部分并不轻易拆开。洒入土中的 2,4-D 可被革兰氏阴性球菌和水生黄杆菌（*Flavobacterium aquatile*）等细菌所分解。

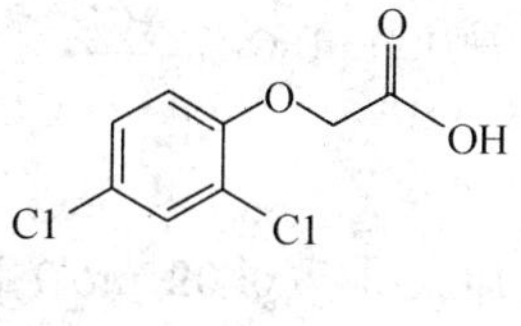

2,4-二氯苯氧乙酸(2,4-D)

【实验目的】

掌握 2,4-二氯苯氧乙酸原药的合成制备技术，了解各种氯化反应的原理及操作方法。

【实验原理】

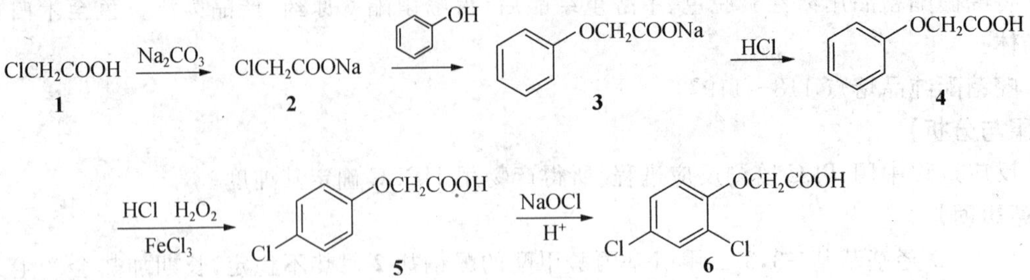

【实验材料】

(1)试剂:氯乙酸、苯酚、碳酸钠、氢氧化钠溶液(30%)、盐酸、冰乙酸、过氧化氢、氯化铁、氢氧化钠标准溶液(0.1 mol/L)、酚酞指示剂和0.2%乙醇溶液;

(2)仪器:电子天平(万分之一)、磁力搅拌器、电热套和调压器、三口烧瓶、烧杯、温度计、恒压滴液漏斗、布氏漏斗、抽滤瓶、冷凝管、分液漏斗和刚果红试纸等。

【实验步骤】

1. 苯氧乙酸**4**的制备

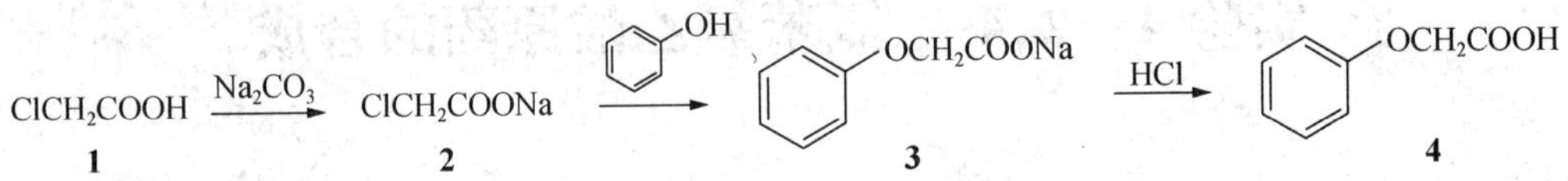

在干燥的100 mL三口烧瓶中,加入3.8 g氯乙酸和5 mL水,加冷凝管和滴液漏斗并搅拌。缓慢滴加饱和碳酸氢钠溶液(约需7 mL),至溶液pH为7~8。然后加入2.5 g苯酚,再慢慢滴加35%的氢氧化钠溶液至反应混合物pH为12。将反应物在沸水浴中加热约0.5 h。反应过程中pH会下降,应补加氢氧化钠溶液,保持pH为12,在沸水浴上再继续加热15 min。反应完毕后,将三口烧瓶移出水浴,趁热转入锥形瓶中,在搅拌下用浓盐酸酸化至pH为3~4。在冰浴中冷却,析出固体,待结晶完全后,抽滤,粗产物用冷水洗涤2~3次,在60~65℃下干燥后称重并测定熔点。粗产物可直接用于对氯苯氧乙酸的制备。

纯苯氧乙酸的熔点为98~99℃。

2. 对氯苯氧乙酸**5**的制备

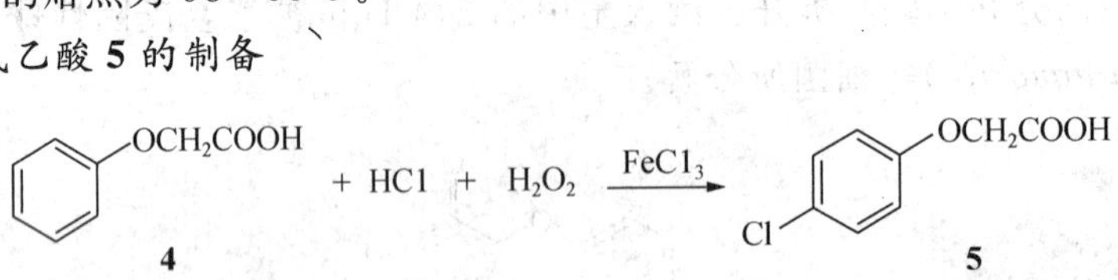

在干燥的100 mL三口烧瓶中,加入3 g(0.02 mol)上述制备的苯氧乙酸和10 mL冰醋酸,加冷凝管和滴液漏斗,加热并搅拌;待温度上升至55℃时,加入少许(约20 mg)三氯化铁和10 mL浓盐酸。当温度升至60~70℃时,在10 min内慢慢滴加3 mL过氧化氢(33%),滴加完毕后保持此温度再反应20 min。升高温度使瓶内固体全溶,慢慢冷却,析出结晶。抽滤,粗产物用水洗涤3次。粗品用1∶3乙醇-水重结晶,干燥后称重并测定熔点。

纯对氯苯氧乙酸的熔点为158~159℃。

3. 2,4-二氯苯氧乙酸 **6** 的制备

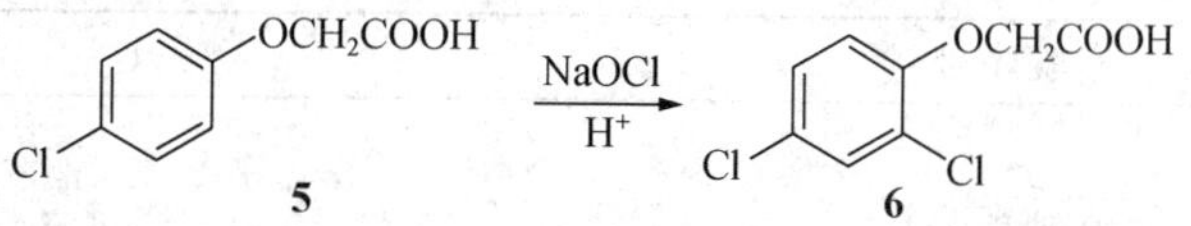

在 250 mL 单口烧瓶中，加入 2.0 g(0.013 2 mol)干燥的对氯苯氧乙酸和 24 mL 冰醋酸，搅拌使固体溶解。将单口烧瓶置于冰浴中冷却，在摇荡下分批加入 40 mL 5%的次氯酸钠溶液。然后将单口烧瓶从冰浴中取出，待反应物升至室温后再保持 5 min。此时反应液颜色变深。向单口烧瓶中加入 80 mL 水，并用 6 mol/L 的盐酸酸化至刚果红试纸变蓝。反应物每次用 25 mL 乙醚萃取 3 次。合并乙醚萃取液，在分液漏斗中用 25 mL 水洗涤后，再用 25 mL 10%的碳酸钠溶液萃取产物(注意有二氧化碳气体逸出)。将碱性萃取液移至烧杯中，加入 40 mL 水，用浓盐酸酸化至刚果红试纸变蓝，抽滤析出的晶体，并用冷水洗涤 2～3 次，干燥后计算产率，粗品用四氯化碳重结晶，测定熔点。

纯 2,4-二氯苯氧乙酸的熔点为 138℃。

【结果与分析】

2,4-二氯苯氧乙酸的产品纯度测定

(1)0.1 mol/L NaOH 标准溶液的标定。用碱量法准确称取 0.4～0.6 g 邻苯二甲酸氢钾基准物质两份分别放入两个 250 mL 锥形瓶中，加入 40～50 mL 水使之溶解(必要时可加热)，加入 2～3 滴酚酞指示剂，用 0.1 mol/L NaOH 标准溶液滴定至呈微红色，保持 30 s 内不褪色，即为终点。计算每次标定的 NaOH 溶液的浓度、平均浓度及相对相差(表 2-1)。

表 2-1　NaOH 溶液浓度的测标数据

实验序号	1	2
邻苯二甲酸氢钾质量/g		
碱滴定管滴定初始刻度/mL		
碱滴定管滴定终了刻度/mL		
NaOH 溶液的体积/mL		
NaOH 溶液浓度/(mol/L)		
NaOH 溶液浓度平均值/(mol/L)		
相对偏差/%		

(2)2,4-二氯苯氧乙酸产品纯度的测定。准确称取产品 0.45～0.50 g 两份，用 20～30 mL 50%乙醇水溶液溶解，加入 2～3 滴酚酞指示剂，用标准 NaOH 溶液滴定至呈微红色，保持 30 s 内不褪色，即为终点。平行测定两次，计算每次所测样品中 2,4-二氯苯氧乙酸的百分含量、平均百分含量及相对相差(表 2-2)。

表 2-2 2,4-二氯苯氧乙酸含量的测定数据

实验序号	1	2
样品质量/g		
碱滴定管滴定初始刻度/mL		
碱滴定管滴定终了刻度/mL		
NaOH 溶液的体积/mL		
样品的量百分含量/%		
样品的量百分含量平均值/%		
相对偏差/%		

【注意事项】

1. 在减压过滤较强酸性溶液时，为防止滤纸受吸而破裂，最好使用两层滤纸；

2. 为防止氯乙酸水解，先用饱和碳酸钠溶液使之成盐，并且加碱的速度要慢；

3. 开始滴加时，可能有沉淀产生，不断搅拌后又会溶解，盐酸不能过量太多，否则会生成锌盐而溶于水，若未见沉淀生成，可再补加 2～3 mL 浓盐酸。

【思考题】

在 2,4-D 合成基础上，设计 2,4-D 丁酯的合成策略。

实验 5 天然脱落酸制备——灰绿葡萄孢发酵

脱落酸(abscisic acid，ABA)是一种具有倍半萜结构的内源性植物激素，1963 年，由 Ohkuma K. 等首次从棉铃中分离得到。研究表明，脱落酸对植物生长的诸多过程起着重要作用，包括植物离层形成、诱导休眠、抑制发芽、促进器官衰老和脱落、增强抗逆性等，其主要的生理功能是通过控制气孔的关闭，阻碍赤霉素和细胞分裂素对植株的促生长作用，加速器官脱落；随着科学的发展和技术进步，近年来人们发现脱落酸在植物受干旱、高盐、低温和病虫害等逆境胁迫下的生理过程也起着重要作用，被誉为“植物抗逆因子”。脱落酸的合理利用对促进农作物的增产、增收及改良作物品种等具有十分重要的意义。

ABA 含有一个不对称碳原子(1′-位)，可形成两种旋光异构体，植物体内的天然 ABA 是右旋的，为(+)-ABA，而化学合成法步骤长，且产物为消旋体混合物，需经手性拆分才能得到天然型 ABA，因而其成本居高不下，极大地限制了它的研究应用。

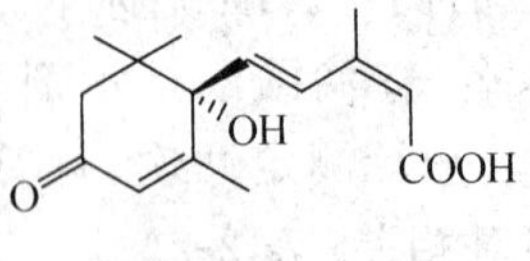

脱落酸 ABA

【实验目的】

掌握微生物发酵制备农药原药的方法。

【实验原理】

微生物能产生天然 ABA，科研人员经过分离筛选得到了 ABA 高产菌株，对发酵液中 ABA 进行分离纯化即可得到大量的天然 ABA。

【实验材料】

(1)材料：脱落酸产生菌灰绿葡萄孢(*Botrytis cinerea*)、斜面培养基(PDA 培养基)、种子培养基(葡萄糖 20 g、硫酸镁 0.2 g、氯化钾 0.5 g、碳酸钙 5 g、磷酸二氢钾 0.8 g、维生素 B_1 1 mg、谷氨酸单钠盐 3 g、硫酸亚铁 0.5 mg、硫酸锌 2.5 mg、硫酸铜 4 mg，溶解于 800 mL 水中，调 pH=6.0，补水至 1 000 mL 即得)；

(2)仪器：250 mL 三角瓶、超净台、高压灭菌锅、5 L 自控搅拌式发酵罐、旋光仪等。

【实验步骤】

1. 菌种的培养发酵

取菌丝粗壮的斜面种子，接种于液体种子培养基，26℃培养 4 d，以 5%的接种量倒入发酵培养基中，上罐培养。罐温 26℃、装液量 3.2 L、通气量 14 L/h、搅拌转速 150 r/min，定期取样测定，发酵 8 d 产量达高峰时放罐。

2. 分离纯化工艺流程

发酵液经预处理后过滤，浓缩至原体积的 1/5，浓缩液用 1.0 mol/L NaOH 调 pH，等体积乙酸乙酯萃取；水相用 1.0 mol/L HCl 调 pH，等体积乙酸乙酯萃取两次，合并有机相，用等体积 0.5 mol/L $NaHCO_3$ 反萃取两次，合并水相，再用 1.0 mol/L HCl 调 pH，等体积乙酸乙酯萃取两次，合并乙酸乙酯相，浓缩至干，粗品用少量氯仿溶解，硅胶柱层析(氯仿：乙酸乙酯梯度洗脱)洗脱液浓缩结晶得脱落酸精品。

【结果与分析】

1. 脱落酸含量测定方法

将脱落酸标准品配成 1 mg/mL 溶液，用外标法测定样品中脱落酸含量。色谱柱采用 SHIMADZU C_{18} VP-ODS 色谱柱(150 mm×4.6 mm，5 μm)，流动相为甲醇：水(6：4，内含 0.1%乙酸)，检测波长为 254 nm。

2. 脱落酸产品性质测定

(1)熔点的测定。脱落酸纯品熔点：160～161℃。

(2)光谱性质测定。^{1}H NMR 和 IR 等。

【注意事项】

菌种的培养发酵中，严格控制杂菌的污染。

【思考题】

怎样提高发酵液中脱落酸的提取率？

实验 6　白僵菌高孢粉的制备

球孢白僵菌[*Beauvria bassiana* (Balsamo) Vuillemin]是一种半知菌类的虫生真菌，具有营养器官—菌丝和繁殖器官—分生孢子，菌丝有横隔有分枝。白僵菌的分布范围很广，从海拔几米至 2 000 多 m 的高山均发现过白僵菌的存在，白僵菌可以侵入 6 个目 15 科 200 多种昆虫、螨类的虫体内大量繁殖,同时不断产生白僵素(大环酯类毒素)和草酸钙结晶,这些物质可引起昆虫中毒,使体液发生机能发生变化,打乱新陈代谢以致死亡。

白僵菌能够在自然条件通过体壁接触感染杀死害虫。白僵菌可寄生15个目149个科的700余种昆虫,对人畜和环境比较安全、害虫一般不易产生抗药性、可与某些化学农药(杀虫剂、杀螨剂、杀菌剂)同时使用。1995年美国环保署(EPA)允许Mycotech公司生产的球孢白僵菌制剂MycotrolRWP,用于防治蚜虫和粉虱。至今为止,白僵菌在国际上已有17种产品注册登记,用于防治蛴螬、家蝇、介壳虫、白粉虱、蚜虫、蓟马、马铃薯叶甲、蜚蠊、蝗虫、蚱蜢、蟋蟀、棉铃象、棉盲蝽、玉米螟、天牛、甘蔗金龟子等害虫。白僵菌高孢粉是国家林业局推广的高效生物杀虫剂之一,可广泛应用于森林害虫,蔬菜害虫,旱地农作物害虫等。多年来,国内应用白僵菌对近40种农林害虫防治成功,如今在生产中防治的主要有:松毛虫、玉米螟、蛴螬、蝗虫、马铃薯甲虫、松褐天牛、白蚁、茶小绿叶蝉、桃小食心虫等。白僵菌防治最成功的是苗圃、草坪、农田等的蛴螬。现在在有机农产品、茶叶生产中广泛应用。

白僵菌高孢粉无毒无味,无环境污染,对害虫具有持续感染力,害虫一经感染可连续浸染传播。白僵菌具有以下优点。

(1)无残留。在农产品频频因农药残留超标被拒之门外的今天,即使施用白僵菌后立刻收获产品也不会造成任何农药残留。

(2)无抗性。害虫对化学农药的抗性使得其杀虫效果逐年减退。白僵菌通过在自然条件下与害虫的体壁接触感染致死,害虫不会对其产生任何抗性。连年使用,效果反而越来越高。

(3)再生长性。白僵菌新型生物农药含有活体真菌及孢子。施入田间后,借助适宜的温度、湿度,可以继续繁殖生长,增强杀虫效果。

(4)高选择性。不同于化学农药不分敌我的将益虫、害虫尽数毒杀,白僵菌专一性强,对非靶标生物如瓢虫、草蛉和食蚜虻等益虫影响较小,整体田间防治效果更好。

【实验目的】

掌握微生物农药——白僵菌孢子的发酵制备;

了解微生物农药的使用知识。

【实验原理】

球孢白僵菌气生分生孢子粉的生产一般以双相发酵原理为基础。利用大米代替传统工艺中的麦麸、谷糠等带有影响孢子粉纯度的天然粉尘作为固相基质而生产球孢白僵菌的高纯度孢子粉。

【实验材料】

供试菌种:球孢白僵菌SG8702菌株可采自麦二叉蚜[*Schizaphis graminum* (Rondnai)]上分离获得,在萨氏平板上保存于4℃冰箱中。

培养基质:萨氏培养基(葡萄糖4%、蛋白胨1%、酵母粉1%、琼脂2%)作为菌种维护的常用平板培养基。常用液体培养基为萨氏培养基去掉琼脂,称为萨氏培养液。固体产孢基质为市场上购得的低价(质差)籼稻米。

接种液:自萨氏平板培养菌落上取少许孢子粉配制成浓度为3×10^7个孢子/mL的悬浮液,吸1 mL接入盛有30 mL萨氏培养液的100 mL三角瓶中,使培养液中孢子浓度为10^6个孢子/mL,振荡培养[(25±1)℃,120 r/min]48 h,转接入100 mL培养液中,继续振荡培养24 h即为大米的接种液。

【实验步骤】

（1）米料装量及接种培养：称取150 g大米置于烧杯中，开水浸泡30 min，洗尽沥干后拌入0.5%（*V*/*w*）色拉油，经湿热灭菌使米粒达到六成熟，冷却后按10%的接种量拌入接种液。然后将拌匀的米料按10%的比例拌入接种液和含KNO_3 0.1%、KH_2PO_4 0.05%及$MgSO_4$ 0.01%的营养液，用搪瓷托盘（24 cm×18 cm）盛装接种的米料，150 g/盘，盘口覆盖保鲜膜，在（25±1）℃和12 L∶12D条件下培养产孢。第一次收孢后，各盘米料按上述相同方法在同一营养液中浸泡30 min，去除多余水分后在相同条件下进行第二次培养产孢。

（2）孢子粉收获：当球孢白僵菌在大米基质培养至充分产孢即米粒上包裹一层淡黄或浅黄色孢子粉时（一般历时5～6 d，多为6～7 d），揭去培养皿或托盘上的保鲜膜，换用吸水纸或烘过的报纸覆盖，在（34±1）℃下通风干燥24 h后取出，然后在XSB-型标准振筛机上振动过120～200目筛，使孢子粉与大米基质分开。

【结果与分析】

（1）孢子粉质量指标检测：含孢量从收获孢子粉中称取5 mg悬于30 mL含0.5%OP表面活性剂的溶液中，经磁力搅拌（500 r/min）30 min，用血细胞计数器测定孢子悬液浓度，每种待测孢子粉重复测定3次，计算孢子粉的平均含孢量。

（2）产粉量与产孢数：每皿或每盘大米培养物上收获的孢子粉重量除以米重即为产粉量（mg/g），产粉量与含孢量之积为每克大米所产孢子数，即产孢数。

（3）含水量：称取200 mg待测孢子粉于已烘干称重的器皿中，在100℃烘箱中烘2 h后将孢子粉和培养皿一起称重，每种待测孢子粉重复测定3次，计算其平均含水量。

（4）活孢率：将待测孢子粉用0.5%OP配成浓度为10^7个孢子/mL的悬液，吸取1 mL加入到盛有9 mL萌发营养液（蛋白胨0.5%、蔗糖2%、另加0.5%OP）的三角瓶中，（25±1）℃振荡（120 r/min）培养24 h后，用血细胞计数器计数液样中发芽和未发芽的孢子数，重复取样测定3次，计算平均萌发率，即为孢子粉的活孢率。孢子萌发的标准为可见芽管长度等于或者大于孢子直径。

【注意事项】

菌种的培养发酵中，严格控制杂菌的污染。

【思考题】

米料中为什么要添加KNO_3？

实验7　印楝素的提取

印楝（*Azadirachta indica* A. Juss.）是楝科楝属植物，含有300多种杀虫活性成分，其中杀虫活性最强的是印楝素（azadirachtin），整株印楝植物中均含有印楝素，尤其种仁中含量最丰富。印楝素自1968年被Butterworth等提取并鉴定后，得到了广泛的研究。印楝素对200多种昆虫（包括几乎所有重要的农林、仓储、卫生害虫）具有很强的生物活性，对这些昆虫具有很强的杀虫、拒食、抑制生长发育、胃毒、忌避、抑制呼吸、抑制昆虫激素分泌和降低昆虫生育能力等作用，其中以杀虫、拒食、忌避和抑制生长发育作用尤为显著，同时对高等动物无害，对昆虫的天敌比较安全，不污染环境，有利于生态平衡及可持续绿色农业发展，是目前研究和应用最广泛的生物农药。此外，印楝素还有广泛的药用价值，如抗疟疾、退热、驱虫、抑制动物和人体内真菌生长、抗生育能力等。

【实验目的】

1. 掌握印楝素的提取方法；

2. 了解植物源农药的使用知识。

【实验原理】

印楝素是四环三萜类化合物，在溶剂萃取方法中其工艺各有特点。首先是先脱脂，然后用极性较大的溶剂，如甲醇、乙醇回流萃取，再用一种中等合适的有机溶剂，如乙酸乙酯从萃取液中萃取出印楝素，最后精制。

【实验材料】

供试原料：带皮印楝种子 300 g；

试剂：印楝素标准品、石油醚、乙酸乙酯、甲醇、蒸馏水、二氯甲烷、无水硫酸钠等；

仪器：电子天平（万分之一）、植物用粉碎机、磁力加热搅拌器、旋转蒸发仪、液相色谱等。

【实验步骤】

(1)印楝种子处理：取印楝种子 300 g，加入 300 mL 石油醚后快速提取多次，除去印楝种子中的印楝油，风干后备用；

(2)印楝素提取：取去油的印楝种子粉碎得粉，加入一定比例甲醇（1∶1，w/V），搅拌 7 min，后取出抽滤，滤饼加入新溶剂重复处理 3 次，合并提取剂，旋转蒸发脱去大部分甲醇，至溶液体积为 100 mL；

(3)印楝素提取：在上述溶液中加入等体积蒸馏水，转移至分液漏斗，加入二氯甲烷萃取（3×200 mL），合并二氯甲烷，旋转蒸发至干，得到棕褐色的印楝素粗提物，即印楝素原药，称重，计算萃取率；

(4)印楝素含量测定：HPLC 条件[C_{18}柱、检测波长 217 nm、流动相为甲醇∶水(65∶35，V/V)]；流速为 1 mL/min。

准确称取 5 mg 印楝素 A 标准品，配成 100 mL 甲醇溶液，得到 50 mg/L 的印楝素 A 的标准溶液，稀释成 5 个系列浓度。在 HPLC 条件下，分别测得不同浓度标准溶液的峰面积，绘制印楝素 A 标准曲线（表 2-3，表 2-4）。

将提取的印楝素原药稀释成 25 mg/L 的溶液，进液相色谱平行测定三次，取峰面积平均值，对照标准曲线求出提取物中印楝素含量。

【结果与分析】

(1)按照公式(2-1)计算印楝素提取率，结果保留两位小数：

$$X=\frac{w}{w_0}\times 100\% \qquad (2\text{-}1)$$

式中：w——印楝素粗提物质量(g)；

w_0——原料印楝种子重量(g)。

(2)印楝素含量测定：

表 2-3　印楝素 A 标准曲线

浓度/(mg/L)	峰面积
5	
10	
15	
20	
25	

表 2-4　提取物种印楝素 A 含量测定

浓度/(mg/L)	峰面积
25	
25	
25	

【注意事项】

1. 印楝种子用石油醚萃取是为了除去印楝油对印楝素的影响，提高提取物中印楝素含量；

2. 印楝种子用甲醇提取时间和提取次数需严格按照实验要求，否则不能做到最大化的提取。

【思考题】

植物活性物质提取中提取溶剂选择的依据是什么？

第3章　农药制剂加工 (Pesticide Formulations Processing)

大多数的农药原药不能直接使用,需要加工成合适的剂型才能有效使用。农药剂型加工是指在农药原药中加入适当辅助剂,赋予其一定使用形态,以提高有效成分分散度,优化生物活性,便于使用的过程,具有使原药获得良好"货架寿命",扩大使用方式和用途,且使高毒农药低毒化的特点。农药剂型加工为农药的商品化生产和大面积推广应用提供了有效途径,是农药工业的关键组成部分,也是农药学研究的重要方向之一。

农药剂型加工的主要目的和作用如下:

(1)对原药进行稀释,赋予合适的使用形态,优化生物活性;

(2)提高稳定性,延长货架寿命;

(3)高毒农药低毒化,扩大使用方式和用途;

(4)控制释放速率,定向施药;

(5)混合制剂具有兼治、延缓抗性,提高安全性的作用。

在农药剂型加工的最初阶段,加工设备简陋,剂型种类单一,主要是乳油、可湿性粉剂等传统剂型。然而,乳油需要大量使用二甲苯等有机溶剂,既污染生态环境,又浪费石化资源;可湿性粉剂在生产和使用中出现粉尘,对施药者安全性低。随着人们环保意识的增强,"水性、粒状、缓释"剂型的研究和开发已经成为人们关注的焦点,陆续出现了水乳剂、悬浮剂和水分散粒剂等高效安全、经济方便、环境友好农药新剂型。

此外,随着物理化学、表面活性化学等相关学科的发展,农药剂型加工行业的发展十分迅速,已能够适应化学防治的不同需要,主要表现在以下几个方面。

(1)农药新剂型的多样化且各具特点;

(2)高性能农药助剂的研发和推广使用;

(3)先进加工工艺、生产设备、包装设备和材料的引进;

(4)农药制剂产品质量控制更加严格;

(5)农药制剂稳定性研究手段和方法的完善;

(6)农药剂型加工专业及其人才受到重视。

实验1　农用助剂表面张力的测定

表面张力是液体表面层由于分子引力不均衡而产生的沿表面作用于任一界线上的张力,其单位通常为 mN/m。添加表面活性剂能够显著降低液体的表面张力,液体表面张力的大小与温度、表面活性剂浓度以及界面两相物质的性质有关。室温下,水的表面张力为 72.7 mN/m,乙醇为 22.3 mN/m,正丁醇为 24.6 mN/m。

溶液表面张力的测定有多种方法，主要包括：毛细管上升法、吊环法、吊片法、悬滴法、滴体积法、最大气泡压力法等。

【实验目的】

1. 了解表面张力及其表面活性剂的基本概念；

2. 掌握测定溶液表面张力的简单方法；

3. 熟悉影响表面活性剂溶液表面张力的主要因素。

【实验原理】

表面活性剂的种类和用量是影响溶液表面张力的关键因素，通常有机硅助剂降低表面张力的能力较强，且在一定浓度范围内，表面张力随着助剂浓度的增大而降低。

【实验材料】

(1)助剂：表面活性剂(OP-10、AEO-3、Tween-80、Span-20、JFC、Silwet 408、Silwet 618)、蒸馏水；

(2)仪器：分析天平、超声波清洗器、烧杯、容量瓶、玻璃棒、温度计、数字湿度计、秒表、移液管、洗耳球、油性记号笔、吸水纸。

【实验步骤】

配制一系列不同浓度的农药助剂水溶液，测量相同体积助剂水溶液排空所需时间。具体操作如下。

(1)配制同一种助剂的不同浓度溶液(×500、×1 000、×2 000、×4 000)；

(2)配制不同种助剂的同一浓度溶液(×1 000)；

(3)使用 1 mL 移液管准确吸取助剂溶液，垂直释放，仔细观察并记录排空溶液所需的时间，重复 3 次求其平均数，以蒸馏水作对照，注意每次使用的移液管需要洁净干燥。

【结果与分析】

比较不同种类和不同浓度助剂溶液表面张力的大小。

【注意事项】

1. 注意每次使用的移液管需要洁净干燥，且移液过程中不要产生气泡；

2. 利用超声波帮助溶解，且实验温度应一致。

【思考题】

列举说明影响溶液表面张力大小的主要因素。

实验 2　乳油的加工与质量检验

乳油(emulsifiable concentrate，EC)是农药加工的基本剂型之一，是由农药原药(原油或原粉)按一定的比例溶解在有机溶剂(如二甲苯、甲苯等)中，再添加一定量的农药专用乳化剂而制成的均相透明油状液体，与水混合形成相对稳定的乳状液。

乳油的优点主要包括：①乳油的药效优于同种药剂的其他剂型；②有效成分含量较高，贮存稳定性好；③组成简单，加工容易，使用方便；④设备成本低，加工过程中基本无三废。乳油的不足之处：①使用相当量的有机溶剂，易燃易爆；②容易发生中毒现象或产生药害，污染环境。

【实验目的】

1. 掌握乳油配方的组成及配制方法；

2. 了解乳油的质量指标及检测方法。

【实验原理】

通过添加合适的乳化剂，非水溶性的液体或固体原药可以溶解在与水不互溶的有机溶剂，在兑水使用时形成稳定的乳状液。

【实验材料】

(1)原药：97%高效氯氰菊酯(*beta*-cypermethrin)、分子式：$C_{22}H_{19}Cl_2NO_3$、相对分子质量：416.3。

结构式：

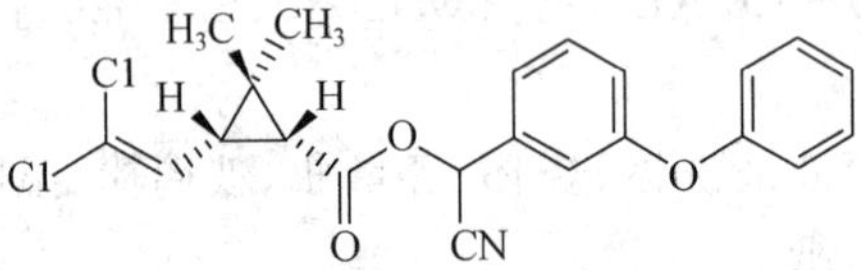

高效氯氰菊酯(*beta*-cypermethrin)

理化性质：白色或略带奶油色的结晶或粉末，熔点 60～65℃，难溶于水，易溶于丙酮和芳烃类溶剂(如甲苯、二甲苯)，中性或弱酸性下稳定，遇碱易分解。

生物活性：触杀、胃毒型杀虫剂，无内吸和熏蒸作用。

毒性：大鼠急性经口 LD_{50} 为 649 mg/kg，急性经皮 LD_{50} ＞5 000 mg/kg，对兔有轻微皮肤和眼刺激。

防治对象：主要防治禾谷类、果树、蔬菜上的鳞翅目、鞘翅目和双翅目害虫，也常用来防治蚊蝇和蟑螂等卫生害虫。

(2)助剂：

溶剂：环已酮、DMF、甲醇；

助溶剂：二甲苯、溶剂油 S-200、生物柴油；

乳化剂：非离子型乳化剂(农乳 601＃、农乳 602＃、农乳 700＃、宁乳 33＃、宁乳 34＃)；

阴离子型乳化剂(农乳 500＃；复配型乳化剂：2201、0201B、0203B)；

其他：蒸馏水，自来水，标准硬水(342 mg/L)、无水氯化钙($CaCl_2$)、氯化镁($MgCl_2 \cdot 6H_2O$)。

(3)仪器：1 mL 玻璃注射器、50 mL 烧杯、250 mL 烧杯、10 mL 具塞玻璃试管、100 mL 玻璃刻度量筒、玻璃棒、一次性滴管、容量瓶、移液管、吸水纸、药匙、电子天平(万分之一)、冰箱、恒温水浴箱、恒温干燥箱、超声波清洗器。

【实验步骤】

1. 拟定配方

采用不同的溶剂和乳化剂制备 2.5%高效氯氰菊酯乳油 30 mL，配方组成如下：2.5%(折百)高效氯氰菊酯；8%～12%乳化剂；溶剂补足 100%。

(1)溶剂筛选：分别测定高效氯氰菊酯原药在溶剂和助溶剂中的溶解度，选择溶解度较大且与水不互溶的溶剂溶解原药，如果原药在溶剂中溶解度小，可使用少量助溶剂，待溶剂选定后进行乳化剂种类和用量的筛选。

(2)乳化剂筛选：使用供试乳化剂中的任意一种制备乳油，用量为8%～12%，观察所制备乳油的外观和乳液稳定性。若合格，则进行其他性能指标的检测；若不合格，选择非离子型乳化剂与阴离子型乳化剂复配，重复上述操作。

当乳化剂品种确定后，改变乳化剂的用量，观察不同乳化剂用量下制备乳油的外观和乳液稳定性，合格后测定乳油的相关性能指标。

2. 性能指标测定

(1)外观：样品为澄清透明的油状可流动液体。

(2)pH测定：按GB/T 1601—1993进行。

称取1 g样品于100 mL烧杯中，加入100 mL水，剧烈搅拌1 min，静置1 min。将冲洗干净的pH电极插入样品液中，测其pH。

(3)闪点测定：常用的测定仪器有闭口式闪点仪与开口式闪点仪两种，闭口式闪点仪多用于测定闪点较低的物质，开口式闪点仪多用于测定闪点较高的物质。

(4)水分测定(卡尔·费休法)：将样品分散在甲醇中，使用已知水当量的标准卡尔·费休试剂进行滴定。

(5)乳液稳定性测定(GB/T 1603—2001)：在200℃下将无水氯化钙($CaCl_2$)和氯化镁($MgCl_2 \cdot 6H_2O$)烘干2 h，配制342 mg/L的硬水，Ca^{2+} : Mg^{2+} =4 : 1。具体方法：称取30.4 g $CaCl_2$和13.9 g $MgCl_2 \cdot 6H_2O$溶于1 000 mL蒸馏水中，取10 mL过滤后的溶液于1 000 mL容量瓶中，使用蒸馏水定容，备用。

将试样用342 mg/L标准硬水稀释200倍后，在(30±2)℃水浴中静置1 h后观察乳液的稳定性。操作步骤如下：将100 mL 25～30℃标准硬水加入250 mL烧杯中，用一次性滴管吸取0.5 mL样品，在不断搅拌情况下缓慢加入到标准硬水中，样品滴加完毕，继续用2～3 r/s的速度搅拌30 s，立即将乳状液移至清洁干燥的100 mL量筒中，并将量筒置于(30±2)℃恒温水浴中静置1 h，如量筒中无浮油(膏)、沉淀和沉油析出，视为乳液稳定性合格。

评价标准为：

a. 分散性：在100 mL玻璃量筒中加入99.5 mL蒸馏水，使用一次性滴管加入0.5 mL乳油，观察其分散状态。评价标准如下。

优：自动分散成蓝色荧光的乳白雾状，并自动向上翻转，基本无可视粒子，壁上有一层蓝色乳膜。

良：大部分乳油自动分散成乳白雾状，有少量可视粒子或少量浮油。

可：能分散成乳白雾状。

差：不分散，呈油珠或颗粒下沉。

b. 乳化性：将乳油滴入量筒后，上下翻转量筒15次，观察初乳态。

优：乳液呈蓝色透明或半透明状，有较强的乳光。

良：乳液呈浓乳白色或稍带蓝色，底部有乳光，乳液附壁有乳膜。

可：乳液呈乳化状态，无光泽。

差：乳液呈灰白色，有可视粒子。

c. 稳定性：在(30±2)℃下，将乳状液静置1 h观察。

合格：上无浮油，下无沉淀。

不合格:其他情况。

(6)低温稳定性:将10 mL样品转移至刻度玻璃试管中,密封后置于(0±2)℃冰箱中,贮存7 d后取出,待恢复室温后,观察外观情况,若析晶或浑浊现象渐渐消失,能恢复透明状态则为合格。

(7)热贮稳定性:将10 mL样品转移至刻度玻璃试管中,密封后置于(54±2)℃恒温干燥箱中,放置14 d后取出,待恢复室温后进行各项性能指标测试。

【结果与分析】

列表写出本小组所配制乳油的配方组成;

记录乳油样品性能指标的测定结果。

【注意事项】

1. 配制乳油过程中需先用溶剂将原药完全溶解后再添加乳化剂;

2. 配制乳油过程中烧杯及其他玻璃仪器保持清洁干燥。

【思考题】

1. 简述传统乳油溶剂存在的不足之处;

2. 列举当前用于制备乳油的主要环保型溶剂。

实验3 颗粒剂的加工与质量检验

颗粒剂(granule,GR)是有效成分均匀吸附或分散在颗粒中及附着在颗粒表面,具有一定粒径范围可直接使用的自由流动的粒状制剂,通常是由农药原药、载体和助剂组成。

颗粒剂具有以下特点:①避免散布时微粉飞扬,污染周围环境;②减少施药过程中操作人员身体吸入微粉,使高度农药低毒化,避免中毒事故;③控制颗粒剂中有效成分的释放速度,延长持效期;④不附着于植物的茎叶上,避免直接接触产生药害。

【实验目的】

1. 了解颗粒剂的配方组成及各组分的用途;

2. 熟悉颗粒剂的造粒方法,会用挤压造粒法制备颗粒剂;

3. 制备合格的3%辛硫磷颗粒剂。

【实验原理】

利用载体对原药的吸附作用,通过黏结剂进行捏合造粒,最终获得粒径均匀,流动性好的固体颗粒状制剂。

【实验材料】

1. 原药

中文名称:辛硫磷;

英文名称:phoxim;

化学名称:*O*,*O*-二乙基-*O*-*α*-氰基苯叉胺基硫代磷酸酯;

分子式:$C_{12}H_{15}N_2O_3PS$;

CAS登记号:14816-18-3;

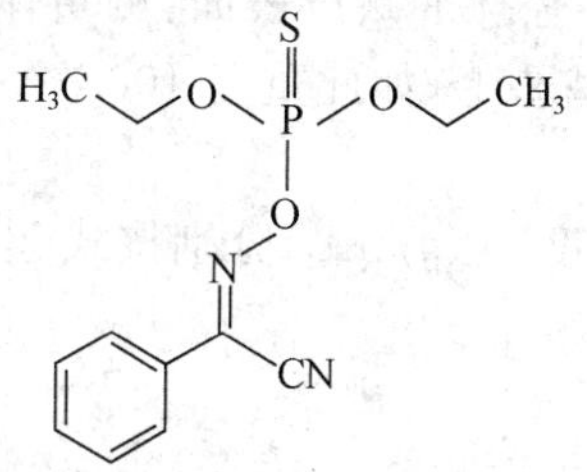

辛硫磷(phoxim)

理化性质：黄色液体(原药为红棕色油)，沸点在蒸馏时分解，密度为1.178(20℃)，水中溶解度为1.5 mg/L(20℃)，在甲苯、正己烷、二氯甲烷中的溶解度＞200 g/L，紫外光下逐渐分解；

毒性：急性经口 LD_{50}＞2 000 mg/kg，急性经皮 LD_{50}＞5 000 mg/kg；

作用特点：高效低毒有机磷杀虫剂，以触杀和胃毒为主，无内吸作用，杀虫谱广，击倒力强，对鳞翅目幼虫很有效。因对光不稳定，在田间很快分解失效，所以残效期很短，残留危险性极小，叶面喷雾一般残效期2～3 d；但该药施入土中，其残效期很长，可达1～2个月。适合于防治地下害虫，特别是防治花生、大豆、小麦的蛴螬、蝼蛄有良好效果，也适于防治仓库和卫生害虫。

2. 助剂

填料：硅藻土、高岭土、白陶土；

润湿剂：拉开粉、十二烷基硫酸钠、EFW；

分散剂：茶枯、木质素磺酸钠、木质素磺酸钙、NNO；

黏结剂：淀粉、阿拉伯树胶粉、糊精、石膏；

崩解剂：蔗糖、硫酸铵、氯化钙；

其他：自来水、342 mg/L标准硬水、蒸馏水。

3. 仪器

电子天平(万分之一)、高速万能粉碎机、气流粉碎机、电热恒温干燥箱、挤压造粒机、超级恒温水浴、水分测定仪、标准筛、显微镜、研钵、秒表、药匙、滤纸、具塞磨口量筒(250 mL)、烧杯(250 mL)、玻璃棒、胶头滴管、自封袋(7号)。

【实验步骤】

1. 拟定配方

按照配比拟定好3%辛硫磷颗粒剂配方，采用挤压造粒法制备样品100 g。

2. 性能指标测试

(1)外观：样品为粒径均匀，松散、可流动的颗粒状制剂。

(2)pH测定：按GB/T 1601—1993进行。

称取1 g样品于100 mL烧杯中，加入100 mL水，剧烈搅拌1 min，静置1 min。将冲洗干净的pH电极插入样品液中，测其pH。

(3)水分测定(卡尔·费休法)：将样品分散在甲醇中，使用已知水当量的标准卡尔·费休试剂进行滴定。

(4)松密度和堆密度测定：称取约占90%量筒体积的样品 m g(精确至0.1 g)于蜡光纸上，

将纸折成斜槽，使样品滑入量筒，轻轻抚平颗粒表面，测量体积，精确至 1 mL(V_1)。轻握量筒上部，提高 25 mm，让其落在橡胶基垫上，如此重复 100 次，每 2 s 颠 1 次。测量并记录颗粒体积，精确至 1 mL(V_2)。

试样松密度 ρ_1(g/mL)和堆密度 ρ_2(g/mL)分别按式(3-1)和式(3-2)计算：

$$\rho_1 = \frac{m}{V_1} \qquad (3\text{-}1)$$

$$\rho_2 = \frac{m}{V_2} \qquad (3\text{-}2)$$

(5)粒度范围测定：粒径比应不大于 1∶4，在产品标准中应注明具体粒度范围。

将标准筛上下叠装，大粒径筛置于小粒径筛上面，筛下装承接盘，同时将组合好的筛组固定在振筛机上，准确称取颗粒剂试样 mg(精确至 0.1 g)，置于上面筛上，加盖密封，启动振筛机振荡，收集规定粒径范围内筛上物称量。

试样的粒度 w_1(%)按式(3-3)计算：

$$w_1 = \frac{m_1}{m} \times 100\% \qquad (3\text{-}3)$$

式中：m——试样的质量(g)；

m_1——为规定粒径范围内筛上物的质量(g)。

(6)脱落率测定：准确称取已测过粒度的试样 50 g，放入盛有 2 个钢球的标准筛中，将筛置于底盘上加盖，移至振筛机上固定后振荡 15 min，准确称取接盘内试样(精确至 0.1 g)。

试样的脱落率 w_2(%)按式(3-4)计算：

$$w_2 = \frac{m_2}{m} \times 100\% \qquad (3\text{-}4)$$

式中：m——试样的质量(g)；

m_2——接盘中试样的质量(g)。

(7)热贮稳定性：将 20 g 试样放入广口玻璃瓶中，不加任何压力，加盖至玻璃瓶于烘箱中，在(54±2)℃下，贮存 14 d。取出玻璃瓶，放入干燥器中，使试样冷至室温，在 24 h 内完成对规定项目的测定。

【结果与分析】

制备 3%辛硫磷颗粒剂并测定相关性能指标。

【注意事项】

在造粒的捏合过程中要注意水的添加量，过多过少都会造成性能下降。

【思考题】

1. 在挤压造粒过程中，载体、黏结剂和水各起什么作用？
2. 比较颗粒剂与水分散粒剂的异同。

实验 4　可湿性粉剂的加工与质量检验

可湿性粉剂(wettable powder，WP)是指由原药、填料和助剂等混合组成，并经粉碎至一定细度而制成的一种粉状制剂，是农药加工的四大基本剂型之一。

可湿性粉剂具有以下特点：使不溶于水的农药原药，加工成兑水使用的农药制剂；附着性强，漂移少，对环境污染轻；生产成本低，便于贮存、运输；有效成分含量比粉剂高等。

【实验目的】

1. 了解可湿性粉剂常用载体的性能；

2. 制备合格的40%莠去津可湿性粉剂。

【实验原理】

通过筛选润湿剂、分散剂和载体制备40%莠去津可湿性粉剂，测定相关质量控制指标。

【实验材料】

1. 原药

中文名称：莠去津；

英文名称：atrazine；

化学名称：2-氯-4-乙胺基-6-异丙氨基-1，3，5-三嗪；

CAS登记号：102029-43-6；

分子式：$C_8H_{14}ClN_5$；

结构式：

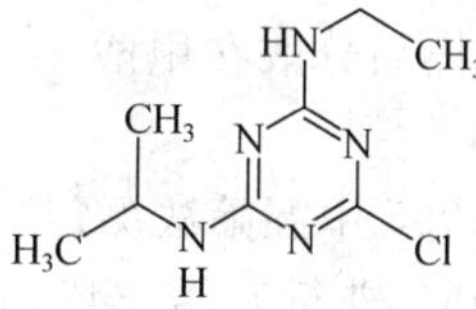

莠去津(atrazine)

理化性质：纯品为无色粉末，熔点175.8℃，密度为1.187（20℃），溶解度（20℃）：水33 mg/L、氯仿28 g/L、丙酮31 g/L、乙酸乙酯24 g/L、甲醇15 g/L。在中性、弱酸、弱碱介质中稳定。

毒性：低毒，小鼠急性经口 LD_{50} 为 1 869～3 080 mg/kg，小鼠急性经皮 LD_{50} 为3 100 mg/kg。

作用特点：内吸选择性苗前、苗后封闭除草剂。根吸收为主，茎叶吸收较少。易被雨水淋洗至土壤较深层，对某些深根草有效，但易产生药害，持效期也较长。杀草谱较广，可防除多种一年生禾本科和阔叶杂草。适用于玉米、高粱、甘蔗、果树、苗圃、林地等旱田作物防除马唐、稗草、狗尾草、莎草、看麦娘、蓼、藜，尤其对玉米有较好的选择性（因玉米体内有解毒机制），对某些多年生杂草也有一定抑制作用。

2. 助剂

载体：高岭土、硅藻土、轻质碳酸钙、白炭黑、凹凸棒土；

润湿剂：十二烷基硫酸钠、拉开粉BX、TERWET 1004、Morwet EFW（烷基萘磺酸盐与阴离子润湿剂混合物）；

分散剂：木质素磺酸钠、NNO、Morwet D-425（烷基萘磺酸盐缩聚物）2 700。

3. 仪器

电子天平（万分之一）、气流粉碎机、高速万能粉碎机、自封袋、药匙、秒表、滤纸、具塞量筒

(250 mL)、烧杯(250 mL)、玻璃漏斗、玻璃吸管、玻璃棒、一次性滴管、恒温干燥箱。

注意：250 mL 量筒需带磨口玻璃塞、0～250 mL 刻度间距为 25.0～21.5 cm、250 mL 刻度线与塞子底部之间的距离应为 4～6 cm、玻璃吸管应长约 40 cm，内径约为 5 mm，一端尖处有 2～3 mm 的孔，管的另一端连接真空泵抽气孔。

【实验步骤】

1. 拟定配方

实验中先固定有效成分，再对润湿剂、分散剂和载体等进行合理组合。

2. 加工工艺

根据拟定的配方进行试制，获得的样品进行相关理化性能测定。具体操作步骤如下：分别称取莠去津原药、润湿剂、分散剂和载体于自封袋，共计 50 g 样品，密封后进行混合，分别通过高速万能粉碎机和气流粉碎机进行粉碎，最后混合后得到 40％莠去津可湿性粉剂，测定其性能指标。

3. 性能指标测定

(1)外观：样品为松散、可流动的粉状固体物。

(2)pH 测定：按 GB/T 1601—1993 进行。

称取 1 g 样品于 100 mL 烧杯中，加入 100 mL 水，剧烈搅拌 1 min，静置 1 min。将冲洗干净的 pH 电极插入样品悬浮液中，测其 pH。

(3)水分测定(卡尔・费休法)：将样品分散在甲醇中，使用已知水当量的标准卡尔・费休试剂进行滴定。

(4)细度测定：按 GB/T 16150—1995 中湿筛法测定。

(5)湿润性能测定(按 GB/T 5451 进行)：取 342 mg/L 标准硬水(100±1)mL，注入 250 mL烧杯，然后置于恒温水浴(25±1)℃中，准确称取(5±0.1)g 试样(试样应具有代表性，粉末均匀，且不允许成团、结块)，将试样从与烧杯口齐平位置一次均匀地倾倒在该烧杯的液面上，但不应过分扰动液面。加样的同时需立即用秒表计时，直至试样全部湿润为止(留在液面上的细粉膜可忽略不计)，记录所用时间。如此重复 5 次，取平均值作为该样品的润湿时间。一般润湿时间＜120 s 为合格，在 40～60 s 润湿性较好。

(6)悬浮率测定(按 GB/T 14825 进行)：使用标准硬水将待测试样配制成适当浓度的悬浮液，在(30±2)℃条件下静置 30 min，测定量筒底部 1/10 悬浮液中固体物的含量，按照公式计算悬浮率。

准确称取 1 g 试样(精确至 0.000 1 g)，置于盛有 50 mL 标准硬水(30±2)℃的 200 mL 烧杯中，以 120 次/min 圆周运动进行振荡 2 min，将悬浮液置于(30±2)℃的水浴中 4 min，然后用同一温度的标准硬水将其全部冲洗至 250 mL 量筒中，并稀释至刻度，盖上塞子后以量筒底部为轴心，在 1 min 内上下翻转 30 次。将量筒垂直浸入水浴至量筒颈部，无振动。静置 30 min 后，从恒温水浴取出量筒，迅速插入玻璃管，用真空泵抽去上部 9/10(225 mL)悬浮液，整个过程中保持管尖恰好在悬浮液水平面之下，在 10～15 s 内完成操作，减小对悬浮液的干扰。留在量筒中的(25±1)mL 稀释液采用过滤方式分离固体物，干燥，称重。平行测定 3 次，取其平均值。悬浮率计算公式(3-5)如下。

$$\text{悬浮率}=\frac{w-w_1}{\frac{9}{10}w}\times 100\% \tag{3-5}$$

式中：w——配制悬浮液所取试样的质量(g)；

w_1——留在量筒底部25 mL悬浮液中固体物的质量(g)。

(7)持久泡沫量：在具塞玻璃刻度量筒中加入标准硬水180 mL，添加1.0 g(精确至0.1 g)试样，再添加硬水至距量筒塞底部9 cm处，盖上塞，以量筒底部为中心，上下颠倒30次(每次2 s)。放在实验台上静置1 min，记录泡沫体积。

(8)热贮稳定性：在250 mL烧杯中称取20 g样品，轻微摇晃使其平铺成一定厚度的均匀层，将圆盘压在试样上面，置烧杯于烘箱中。在(54±2)℃下，贮存14 d，取出烧杯，移开圆盘，将烧杯放入干燥器中冷却至室温，在24 h内按照规定的分析方法对可湿性粉剂进行相关检测。通过加压热贮试验，使产品加速老化，预测常温贮存产品性能的变化。

【结果与分析】

测试莠去津可湿性粉剂的相关性能指标并评价其优劣。

【注意事项】

1. 万能粉碎机使用时不应连续操作，避免产热过多影响机器寿命；

2. 使用玻璃管吸取悬浮液时动作要轻，否则会影响实验结果。

【思考题】

1. 影响可湿性粉剂悬浮率的因素有哪些？

2. 润湿剂和分散剂筛选的顺序及其原则是什么？

实验5　水乳剂的加工与质量检验

水乳剂(emulsion in water，EW)是不溶于水的液体农药或固体农药溶于与水不相溶的有机溶剂，通过输入能量并借助适当的乳化剂，以微小液滴分散在水中形成的一定时期内动力学稳定的O/W型乳状液。水乳剂有水包油型(O/W)和油包水型(W/O)两类，其中有实用价值的是水包油型，即油为分散相，水为连续相，农药有效成分溶解在油相。

水乳剂是以水为介质代替传统有机溶剂的一类新剂型，与乳油相比，具有许多优点：①去除全部或大部分苯类等有机溶剂，避免易燃、易爆问题；②以水代替有机溶剂作为介质，节省生产成本，减少环境污染；③对人眼和皮肤无刺激性、毒性低；④药效与乳油相比相当或稍优。

【实验目的】

1. 熟悉水乳剂常用乳化剂的种类以及乳化剂筛选的方法；

2. 制备合格的高效氯氰菊酯水乳剂。

【实验原理】

通过添加合适的乳化剂，可以将互不相溶的两相液体形成稳定的乳状液。

【实验材料】

1. 原药

高效氯氰菊酯(详见本章实验2)。

2. 助剂

溶剂：甲醇、DMF、二甲苯、溶剂油系列(S-100、S-150、S-200)；

乳化剂：By系列(By-110、By-125、By-140)、农乳601#、农乳602#、农乳500#、农乳

700＃、OP-10、OP-10P；

增稠剂：黄原胶、硅酸铝镁；

防冻剂：乙二醇、丙二醇、丙三醇；

其他：自来水、342 mg/L 标准硬水、蒸馏水。

3. 仪器

高剪切分散乳化机、电热恒温水浴箱、恒温干燥箱、旋转黏度计、精密 pH 计、电子天平（万分之一）、药匙、玻璃烧杯、具塞刻度试管、玻璃棒、一次性滴管、量筒。

【实验步骤】

1. 拟定配方

实验中制备 50 g 样品，首先固定原药质量 2.5%（折百），再确定溶剂的种类和用量（5.0%～10.0%），然后对乳化剂（用量为 6.0%～10.0%）等其他助剂进行筛选，蒸馏水补足至 100%。

2. 加工工艺

准确称取高效氯氰菊酯原药，溶解在一定量的溶剂中，待完全透明后加入乳化剂，搅拌均匀作为油相，再将其他助剂溶解在水中，搅拌均匀作为水相，最后将两相混合在高剪切机下以 10 000 r/min 的速度剪切 5 min，即得到水乳剂样品。

3. 性能指标测定

（1）外观：外观为乳白色或蓝白色的不透明可流动液体。

（2）有效成分含量：具体方法参照原药及其他制剂的分析方法。

（3）pH 测定：按 GB/T 1601—1993 进行。

称取 1 g 样品于 100 mL 烧杯中，加入 100 mL 水，剧烈搅拌 1 min，静置 1 min。将冲洗干净的 pH 电极插入样品溶液中，测其 pH。

（4）乳液稳定性测定（GB/T 1603—2001）：在 200℃ 下将无水氯化钙（$CaCl_2$）和氯化镁（$MgCl_2 \cdot 6H_2O$）烘干 2 h，参照 MT18.1.4 配制 342 mg/L 的硬水，Ca^{2+} ∶ Mg^{2+} ＝4∶1。具体方法：称取 30.4 g $CaCl_2$ 和 13.9 g $MgCl_2 \cdot 6H_2O$ 溶于 1 000 mL 蒸馏水中，取 10 mL 过滤后的溶液于 1 000 mL 容量瓶中，使用蒸馏水定容至刻度，备用。

将试样用 342 mg/L 标准硬水稀释 200 倍后，在（30±2）℃水浴中静置 1 h 后观察乳液的稳定性。操作步骤如下：将 100 mL 25～30℃标准硬水加入 250 mL 烧杯中，用一次性滴管吸取 0.5 mL 样品，在不断搅拌情况下缓慢加入到标准硬水中，样品滴加完毕，继续用 2～3 r/s 的速度搅拌 30 s，立即将乳状液移至清洁干燥的 100 mL 量筒中，并将量筒置于（30±2）℃恒温水浴中静置 1 h，如量筒中无浮油（膏）、沉淀和沉油析出，视为乳液稳定性合格。

（5）持久泡沫量测定：在具塞玻璃刻度量筒中加入标准硬水 180 mL，添加 1.0 g（精确至 0.1 g）试样，再添加硬水至距量筒塞底部 9 cm 处，盖上塞，以量筒底部为中心，上下颠倒 30 次（每次 2 s）。放在实验台上静置 1 min，记录泡沫体积。

（6）低温稳定性：将 10 mL 样品转移至刻度玻璃试管中，密封后置于（0±2）℃冰箱中，贮存 7 d 后取出，待恢复室温后，观察记录外观情况，不分层、无结晶或沉淀则为合格。

（7）热贮稳定性：将 10 mL 样品转移至刻度玻璃试管中，密封后置于（54±2）℃恒温干燥箱中，放置 14 d 后取出，待恢复室温后称取样品质量，观察记录析水，析油和沉淀产生情况，并于 24 h 内进行各项性能指标测试。

【结果与分析】

确定 2.5%高效氯氰菊酯水乳剂的较佳配方并测试相关性能指标。

【注意事项】

高速剪切机的工作头应完全没入水乳剂样品中，切不可空转。

【思考题】

1. 加工成水乳剂对原药的要求？

2. 举例说明水乳剂的其他加工方法及其不同方法间的优缺点。

实验 6　微乳剂的加工与质量检验

微乳剂（micro-emulsion，ME）是由水-表面活性剂-油组分构成的透明或半透明的热力学稳定的均相体系，具有经时稳定性的分散体系，使用时兑水喷雾。微乳剂液滴的直径小于 100 nm，乳化剂用量较大，一般高达 15%～25%，有时添加醇类极性有机物质。微乳剂的特点主要包括：以水为连续相，不用或少用有机溶剂，减轻对环境的污染；粒子超微细，对植物和昆虫具有良好的渗透性，防效显著；热力学稳定体系，拥有较长的货架寿命。

【实验目的】

1. 了解微乳剂形成的原理及条件；

2. 制备合格的 5%高效氯氟氰菊酯微乳剂。

【实验原理】

表面活性剂的浓度高于临界胶束浓度时形成胶束，被增溶物的非极性部分进入胶束内部，极性部分处于胶束表面，于是非水溶性原药可被增溶形成微乳液。

【实验材料】

1. 原药

高效氯氰菊酯（详见本章实验 2）

2. 助剂

溶剂：甲醇、DMF、DMSO、环己酮、甲苯；

乳化剂：0203B、2201、农乳 500＃、农乳 601＃、农乳 602＃、农乳 700＃、OP-10；

助乳化剂：正丁醇、正辛醇；

其他：342 mg/L 标准硬水、蒸馏水。

3. 仪器

电子天平（万分之一）、药匙、烧杯、具塞试管、玻璃棒、一次性滴管、量筒、电热恒温水浴箱、电热恒温干燥箱、pH 计。

【实验步骤】

1. 拟定配方

按照配比拟定微乳剂配方，样品制备 50 g，高效氯氟氰菊酯原药 5%，溶剂 10%～15%，乳化剂 15%～25%，蒸馏水补足 100%。在原药完全溶解的情况下，尽量减少溶剂用量，乳化剂使用非离子型与阴离子型乳化剂复配，效果较佳。

2. 加工工艺

准确称取高效氯氟氰菊酯原药，溶解在一定量的溶剂中，待完全透明后加入乳化剂，搅拌均匀作为油相，再使用蒸馏水补足至100%，使用磁力搅拌器充分搅拌至透明即得到微乳剂样品。

3. 性能指标测试

(1)外观：外观为透明或近似透明的均相液体。

(2)pH 测定：按 GB/T 1601—1993 进行。

称取 1 g 样品于 100 mL 烧杯中，加入 100 mL 水，剧烈搅拌 1 min，静置 1 min。将冲洗干净的 pH 电极插入样品溶液中，测其 pH。

(3)透明温度范围测定：取 10 mL 样品于 25 mL 试管中，用搅拌棒上下搅动，在冰浴中渐渐降温，至出现混浊或冻结为止，此时温度为透明温度下限 t_1，再将试管置于水浴中，以 2℃/min 的速度缓慢加温，至出现混浊，此时温度为透明温度上限 t_2，最后测定透明温度范围为 $t_1 \sim t_2$。

(4)浊点测定：透明温度范围的测定中，t_2 即为浊点。

(5)乳液稳定性测定(GB/T 1603—2001)：在 200℃下将无水氯化钙($CaCl_2$)和氯化镁($MgCl_2 \cdot 6H_2O$)烘干 2 h，参照 MT18.1.4 配制 342 mg/L 的硬水，$Ca^{2+}:Mg^{2+}=4:1$。具体方法：称取 30.4 g $CaCl_2$ 和 13.9 g $MgCl_2 \cdot 6H_2O$ 溶于 1 000 mL 蒸馏水中，取 10 mL 过滤后的溶液于 1 000 mL 容量瓶中，使用蒸馏水定容至刻度，备用。

将试样用 342 mg/L 标准硬水稀释 100 倍后，在(30±2)℃水浴中静置 1 h 后观察乳液的稳定性。操作步骤如下：将 100 mL 25～30℃标准硬水加入 250 mL 烧杯中，用一次性滴管吸取 0.5 mL 样品，在不断搅拌情况下缓慢加入到标准硬水中，样品滴加完毕，继续用 2～3 r/s 的速度搅拌 30 s，立即将乳状液移至清洁干燥的 100 mL 量筒中，并将量筒置于(30±2)℃恒温水浴中静置 1 h，如量筒中无浮油(膏)、沉淀和沉油析出，视为乳液稳定性合格。

(6)持久泡沫量：在具塞玻璃刻度量筒中加入标准硬水 180 mL，添加 1.0 g(精确至 0.1 g)试样，再添加标准硬水至距量筒塞底部 9 cm 处，盖上塞，以量筒底部为中心，上下颠倒 30 次(每次 2 s)。放在实验台上静置 1 min，记录泡沫体积。

(7)低温稳定性：取 10 mL 样品密封于具塞玻璃试管中，在 0℃、−5℃冰箱中贮存 7 d 后观察，不分层、无结晶为合格。

(8)冻熔稳定性：以 24 h 为 1 周期，样品于−5～50℃波动一次，发现分层，停止试验。循环数 5 次以上不分层，即可认为合格。

(9)热贮稳定性：将 10 mL 样品转移至刻度玻璃试管中，密封后置于(54±2)℃恒温干燥箱中，放置 14 d 后取出，待恢复室温后称取样品质量，观察记录分层和结晶情况，并于 24 h 内进行各项性能指标测试。

【结果与分析】

获得 5%高效氯氟氰菊酯微乳剂的较佳配方并测定相关质量指标。

【注意事项】

测定微乳剂透明温度范围尤其是浊点时应控制好升温速度。

【思考题】

1. 列举影响微乳剂浊点的主要因素。

2. 对比微乳剂与水乳剂的异同点。

实验 7　悬浮剂的加工与质量检验

悬浮剂(aqueous suspension concentrate,SC)是指以水为分散介质,将原药、助剂(润湿分散剂、增稠剂、稳定剂、消泡剂等)经湿法超微粉碎制得的农药剂型。悬浮剂是水基性制剂中重要的、性能优良的农药制剂之一。

悬浮剂是未来农药剂型发展的主要方向之一,具有以下优点:①以水为分散介质,可避免使用大量的有机溶剂产生的易燃、易爆、中毒和药害问题;②无粉尘漂移,对操作者和环境安全;③悬浮率高,兑水喷雾后能均匀铺展于靶标作物,有很强的黏附性;④可用来加工悬乳剂和悬浮种衣剂。

【实验目的】

1. 熟悉悬浮率的测定方法及影响因素;

2. 制备合格的 40%多菌灵悬浮剂。

【实验原理】

悬浮剂是典型的固液分散体系,主要通过添加合适的分散剂和增稠剂,将不溶于或难溶于水的原药分散到水中,形成均匀稳定的粗悬浮体系。

【实验材料】

1. 原药

中文名称:多菌灵;

英文名称:carbendazim;

化学名称:*N*-(2-苯并咪唑基)氨基甲酸甲酯;

分子式:$C_9H_9N_3O_2$;

CAS 登记号:10605-21-7。

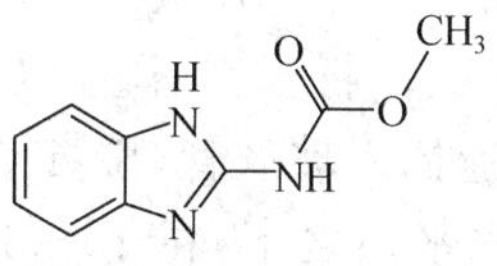

多菌灵(carbendazim)

理化性能:结晶状粉末,熔点 302～307℃(分解),蒸气压 0.09 mPa(20℃),密度 1.45(20℃),不溶于水,微溶于有机溶剂,在碱性溶液中缓慢分解。

作用特点:高效低毒,对子囊菌和半知菌有效,对卵菌和细菌引起的病害无效,具有保护和治疗作用。作用机理为干扰菌的有丝分裂中纺锤体形成,从而影响细胞分裂。

2. 助剂

润湿剂:Morwet EFW、十二烷基硫酸钠、Terspense 4894、4896;

分散剂:木质素磺酸钠、NNO、Morwet D-425(萘磺酸盐)、Tersperse® 2700(聚羧酸盐),SOPROPHOR SC(磷酸酯类);

增稠剂:黄原胶、硅酸铝镁;

防冻剂:乙二醇、丙二醇、尿素;

其他:有机硅消泡剂,蒸馏水。

3. 仪器

电子天平(万分之一)、200 mL 立式砂磨机、药匙、玻璃棒、烧杯、纱布、玻璃漏斗、冰箱、激光粒度分析仪、电热恒温干燥箱、精密 pH 计、黏度计、氧化锆珠($d=2.0\sim3.0$ mm、$d=0.8\sim1.0$ mm)、三角瓶、铁架台、铁圈、具塞量筒(25 mL、250 mL)。

【实验步骤】

本实验制备 40%多菌灵悬浮剂 100 g 测定了相关质量指标。

1. 拟定配方

悬浮剂配方组成如下:40%多菌灵、2%～4%润湿剂、3%～5%分散剂、增稠剂:0.1%～0.5%黄原胶、1%～2%硅酸镁铝、5%防冻剂、蒸馏水补足 100%。

2. 加工工艺

根据拟定配方将原药、润湿剂、分散剂等与水在烧杯中搅拌均匀,转移至砂磨容器中,加入 1～1.2 倍体积的氧化锆珠,在砂磨机上砂磨 1.5～2 h,结束后用纱布过滤,最后测定相关质量指标。

3. 性能指标测定

(1)外观:样品为黏稠状、可流动的不透明液体物。

(2)pH 测定:按 GB/T 1601—1993 进行。

称取 1 g 样品于 100 mL 烧杯中,加入 100 mL 水,剧烈搅拌 1 min,静置 1 min。将冲洗干净的 pH 电极插入样品液中,测其 pH。

(3)悬浮率测定:按 GB/T 14825 进行。

使用标准硬水将待测试样配制成适当浓度的悬浮液,在(30±2)℃条件下静置 30 min,测定量筒底部 1/10 悬浮液中固体物的含量,按照公式计算悬浮率。

准确称取 1 g 试样(精确至 0.000 1 g),置于盛有 50 mL 标准硬水(30±2)℃的 200 mL 烧杯中,以 120 次/min 圆周运动进行摇荡 2 min,将悬浮液置于(30±2)℃的水浴中 4 min,然后用同一温度的标准硬水将其全部冲洗至 250 mL 量筒中,并稀释至刻度,盖上塞子后以量筒底部为轴心,在 1 min 内上下翻转 30 次。将量筒垂直浸入水浴至量筒颈部,无振动。静置 30 min 后,从恒温水浴取出量筒,迅速插入玻璃管,用真空泵抽去上部 9/10(225 mL)悬浮液,整个过程中保持管尖恰好在悬浮液水平面之下,在 10～15 s 内完成操作,减小对悬浮液的干扰。留在量筒中的(25±1)mL 稀释液采用过滤方式分离固体物,干燥,称重。平行测定 3 次,取其平均值。悬浮率计算公式(3-6)如下:

$$\text{悬浮率}=\frac{w-w_1}{\frac{9}{10}w}\times100\% \tag{3-6}$$

式中:w——配制悬浮液所取试样的质量(g);

w_1——留在量筒底部 25 mL 悬浮液中固体物的质量(g)。

(4)持久泡沫量:在具塞玻璃刻度量筒中加入标准硬水 180 mL,添加 1.0 g(精确至 0.1 g)试样,再添加硬水至距量筒塞底部 9 cm 处,盖上塞,以量筒底部为中心,上下颠倒 30 次(每次 2 s)。放在实验台上静置 1 min,记录泡沫体积。

(5)湿筛试验:按 GB/T 16150 中"湿筛法"进行。

(6)细度测定:采用激光粒度分布仪测定样品的平均粒径。

(7)分散性测定:于 250 mL 量筒中,装入 249 mL 自来水,用注射器取 1 mL 待测悬浮剂,从距量筒水面 5 cm 处滴入水中。观察其分散情况,按其分散状况的好坏分为优、良、劣三级。

优级:在水中呈云雾状自动分散无可见颗粒下沉。

良级:在水中自动分散,有颗粒下沉,下沉颗粒慢慢分散或轻微摇动后分散。

劣级:在水中不能自动分散,呈颗粒状或絮状下沉,经强烈摇动后才能分散。

(8)黏度测定:使用旋转黏度计测定,一般在 100～5 000 mPa·s。

(9)低温稳定性:取 30 mL 样品密封于具塞三角瓶中,置于(0±2)℃冰箱中,7 d 后取出,恢复至室温,测定悬浮率和湿筛试验符合要求即为合格。

(10)热贮稳定性:取 30 mL 样品密封于具塞三角瓶中,置于(54±2)℃干燥箱中,14 d 后取出,恢复至室温,于 24 h 内测定悬浮率和湿筛试验符合要求即为合格。

【结果与分析】

悬浮剂优化配方并测定相关性能指标。

【注意事项】

砂磨过程中需要在砂磨容器通冷却水,防止温度过高导致体系被破坏。

【思考题】

1. 列举提高悬浮剂悬浮率的措施。

2. 悬浮剂制备的方法有哪些?

实验 8 水分散粒剂的加工与质量检验

水分散粒剂(water dispersible granules,WDG)是一种入水后能迅速崩解并分散成高悬浮的固液分散体系的粒状制剂。水分散粒剂具有粒剂的性能,但又区别于一般的粒剂,即它能溶解或均匀分散在水中,水分散粒剂由农药活性成分、润湿剂、分散剂、崩解剂、黏结剂和填料等组成。水分散粒剂具有以下优点:

(1)不使用有机溶剂,无粉尘飞扬,降低了对环境的污染,对作业者安全,并且可以使剧毒品种低毒化。

(2)与可湿性粉剂和悬浮剂相比,有效成分含量高,一般在 50%～90%,在水中不稳定的农药,制成此剂型比水悬浮剂要好。

(3)有足够的硬度和强度,相对密度大,不粘连不结块,不沾壁,流动性好,可用纸袋包装,节省成本,便于包装、贮存和运输。

(4)粒的崩解速度快,对水温和水质适应性强,颗粒入水会立即被润湿,并在沉入水下的过程中迅速崩解,很快分散成极小的微粒。

(5)一般不用搅拌或只需稍加搅拌,分散在液体中的颗粒能很好地分散在液体中,悬浮率可高达 90%,直到药液喷完均能保持均匀性。

(6)分散粒剂与 EC、WP、SC 等剂型以及液体化肥和微量元素都有良好掺和性。

【实验目的】

1. 制备合格的 20%苯醚甲环唑水分散粒剂;

2. 熟悉常用的黏结剂和崩解剂。

【实验材料】

1. 原药

中文名称：苯醚甲环唑；

英文名称：difenoconazole；

化学名称：1-{2-[4-(4-氯苯氧)-2-氯苯基]-4-甲基-1，3-二噁戊烷-2-甲基}-*H*-1，2，4-三唑；CAS 登记号：119446-68-3；

分子式：$C_{19}H_{17}C_{12}N_3O_3$；

相对分子质量：406.26；

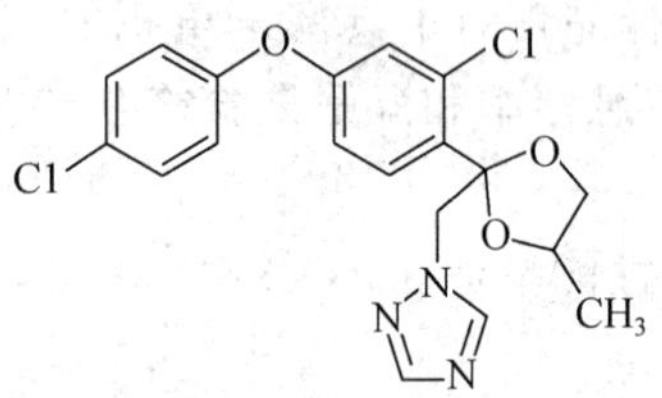

苯醚甲环唑(difenoconazole)

理化性能：原药为灰白色粉状物，密度 1.40 g/cm^3，熔点 78.6℃，不溶于水；

作用特点：属于广谱内吸性杀菌剂，对多种蔬菜和果树的叶斑病、白粉病、锈病及黑星病等病害，有较好的治疗效果。

2. 助剂

载体：白炭黑、硅藻土、高岭土、凹凸棒土、轻质碳酸钙；

润湿剂：十二烷基硫酸钠、Morwet EFW、TERWET 1004；

分散剂：Morwet D-425、Morwet D-500、TERSPENSE 2700、木质素磺酸钠；

黏结剂：蔗糖、淀粉、聚乙烯吡咯烷酮、可溶性淀粉；

崩解剂：尿素、硫酸铵、羧甲基纤维素钠；

其他：蒸馏水、342 mg/L 标准硬水。

3. 仪器

电子天平(万分之一)、高速万能粉碎机、气流粉碎机、电热恒温干燥箱、挤压造粒机、SC-15 型数控超级恒温浴槽、水分测定仪、振筛机、电动搅拌机、不锈钢搅拌棒、旋转真空蒸发仪、秒表、药匙、滤纸、具塞磨口量筒(250 mL)、烧杯(250 mL)、玻璃棒、一次性滴管、自封袋(7 号)。

【实验方法】

1. 拟定配方

实验中制备 100 g 样品，配方组成如下：20%苯醚甲环唑，2%～3%润湿剂，3%～5%分散剂，黏结剂，崩解剂，载体补足 100%。

2. 加工工艺

按照拟定配方，进行水分散粒剂制备，具体操作步骤如下：

(1)混合粉碎将苯醚甲环唑、润湿剂、分散剂和填料等均匀混合后分别经气流粉碎机和万能粉碎机进行粉碎。

(2)捏合在搅拌的情况下，在粉碎后的物料中滴加含有黏结剂的水溶液，加水量通常为物料总量的15%～20%。

(3)造粒将捏合好的湿物料投入到挤压造粒机中进行造粒。

(4)干燥将挤压造粒后的样品置于30～35℃中干燥。

3. 性能指标测定

(1)外观：外观为颗粒均匀、松散且可自由流动的颗粒物。

(2)pH测定：蒸馏水GB/T 1601—1993进行。

称取1.0 g样品，转移至有50 mL水的量筒中，加水配成100 mL，强烈摇动1 min，使悬浮液静置1 min，然后测定上清液的pH。

(3)水分测定(卡尔·费休法)：将样品分散在甲醇中，使用已知水当量的标准卡尔·费休试剂进行滴定。

(4)润湿性测定：在不搅动的情况下，将1.0 g样品快速倒入盛有500 mL 342 mg/L硬水的刻度量筒中，记录99%样品沉入筒底的时间，重复5次，取其平均值，作为该样品的润湿时间。

(5)悬浮率测定：按GB/T 14825进行。

使用标准硬水将待测试样配制成适当浓度的悬浮液，在(30±2)℃条件下静置30 min，测定量筒底部1/10悬浮液中固体物的含量，按照公式计算悬浮率。

准确称取1 g试样(精确至0.000 1 g)，置于盛有50 mL标准硬水(30±2)℃的200 mL烧杯中，以120次/min圆周运动进行摇荡2 min，将悬浮液置于(30±2)℃的水浴中4 min，然后用同一温度的标准硬水将其全部冲洗至250 mL量筒中，并稀释至刻度，盖上塞子后以量筒底部为轴心，在1 min内上下翻转30次。将量筒垂直浸入水浴至量筒颈部，无振动。静置30 min后，从恒温水浴取出量筒，迅速插入玻璃管，用真空泵抽去上部9/10(225 mL)悬浮液，整个过程中保持管尖恰好在悬浮液水平面之下，在10～15 s内完成操作，减小对悬浮液的干扰。留在量筒中的(25±1)mL稀释液采用过滤方式分离固体物，干燥，称重。平行测定3次，取其平均值。悬浮率计算公式(3-7)如下：

$$\text{悬浮率}=\frac{w-w_1}{\frac{9}{10}w}\times 100\% \tag{3-7}$$

式中：w——配制悬浮液所取试样的质量(g)；

w_1——留在量筒底部25 mL悬浮液中固体物的质量(g)。

(6)湿筛实验：按GB/T 16150中的“湿筛法”进行。

(7)分散性：将一定质量的水分散性粒剂加入规定体积的标准硬水中，使用螺旋桨式搅拌棒进行搅拌混合，制成悬浮液后静置一段时间，取出上部9/10的悬浮液，将底部1/10悬浮液和沉淀进行过滤烘干，称重后按照公式(3-8)进行计算：

$$\text{分散率}=\frac{10}{9}\times\frac{m_1-m_2}{m_1}\times 100\% \tag{3-8}$$

式中：m_1——所取样品的质量(g)；

m_2——干燥后残余物的质量(g)。

(8)持久泡沫量测定:蒸馏水 HG/T 2467.5—2003 中 4.11 进行。

(9)堆密度:在玻璃刻度量筒中称取已知质量的水分散粒剂样品,从离试验台 2.5 cm 的高度垂直落至橡胶垫上,反复操作 50 次,使得样品颗粒紧密,测量最终体积并计算出此时的表观密度。

(10)崩解性测定:在 25℃下,将 0.5 g 样品颗粒投入盛有 90 mL 蒸馏水的 100 mL 具塞量筒中,塞住塞子后夹住量筒中部,以 8 r/min 的速度绕中心旋转,直至颗粒在水中完全崩解。

(11)热贮稳定性:将 30 g 试样密封于具塞三角瓶中,在(54±2)℃下贮存 14 d,取出后放入干燥器中,冷却至室温,在 24 h 内完成相关性能指标测试。

【结果与分析】

评价小组制备的 20%苯醚甲环唑水分散粒剂的性能,并讨论其影响因素。

【注意事项】

1. 物料在造粒前应该充分粉碎,否则会导致悬浮率下降;

2. 在捏合过程中加水量要适当,过多过少都可能造成性能下降。

【思考题】

1. 列举常用的黏结剂和崩解剂,对比主要技术指标。

2. 简述水分散粒剂最重要的性能指标。

实验 9　可溶液剂的加工与质量检验

可溶液剂(soluble concentrat,SL)是用水稀释后有效成分形成真溶液的均相液体制剂,其外观是均一透明的稀溶液,用水稀释后活性物质以分子状态或离子状态存在,且稀释液的外观仍是均一透明。

可溶液剂的基本组成包括三部分:农药有效成分、溶剂(水或其他有机溶剂)和乳化剂(表面活性剂)。

【实验目的】

1. 熟悉可溶性液剂的组成及制备方法;

2. 制备合格的 20%啶虫脒可溶液剂。

【实验原理】

可溶液剂配制的关键在于溶剂与乳化剂的筛选,溶剂必须与水混溶,乳化剂具有明显的增溶作用。

【实验材料】

1. 原药

中文名称:啶虫脒;

英文名称:acetamiprid;

化学名称:*N*-(*N*-氰基-乙亚胺基)-*N*-甲基-2-氯吡啶-5-甲胺;

分子式:$C_{10}H_{11}ClN_4$;

CAS 登记号:135410-20-7;

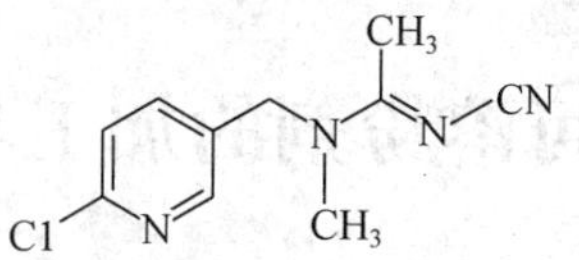

啶虫脒(acetamiprid)

理化性能：原药为浅黄色晶体，熔点 98～101℃，相对分子质量：222.67，水中溶解度约 4 g/L，可溶于大多数极性溶剂。在中性或偏酸性介质中稳定，常温下稳定。

作用特点：属于氯代烟碱类杀虫剂，具有触杀和胃毒作用，并有卓越的内吸活性。啶虫脒具有杀虫谱广、活性高、用量少、速效性好、残效期长等特点。

2. 助剂

溶剂：甲醇、乙醇、乙腈、DMF 和 DMSO 等。

乳化剂：NP-10、农乳 500＃、宁乳 33＃、宁乳 34＃、农乳 601＃、农乳 602＃、农乳 700＃。

3. 仪器

电子天平(万分之一)、冰箱、电热恒温水浴箱、电热恒温干燥箱、烧杯、具塞刻度试管、具塞磨口量筒、玻璃棒、一次性滴管、药匙、称量纸。

【实验步骤】

1. 拟定配方

实验中通过对溶剂和乳化剂的筛选最终获得 20％啶虫脒可溶液剂，样品量 50 g。

2. 加工工艺

先将原药溶解在助溶剂和溶剂中，待完全溶解后，添加乳化剂，搅拌至均匀透明，即得可溶液剂。

3. 性能指标测试

(1)外观：样品为可流动的透明液体。

(2)pH 测定：按 GB/T 1601—1993 进行。

称取 1 g 样品于 100 mL 烧杯中，加入 100 mL 水，剧烈搅拌 1 min，静置 1 min。将冲洗干净的 pH 电极插入样品液中，测其 pH。

(3)与水互溶性：吸取 5 mL 试样置于 100 mL 量筒中，用标准硬水稀释至刻度，混匀。将此量筒放入(30±2)℃恒温水浴中，静置 1 h 后无析出物则为合格。

(4)低温稳定性：按 HG/T 2467.2—2003 中 4.10 进行，析出物不超过 0.3 mL 为合格。

(5)热贮稳定性：按 HG/T 2467.2—2003 中 4.11 进行。

【结果与分析】

获得 20％啶虫脒可溶液剂的较佳配方并测试相关性能指标。

【注意事项】

可溶液剂的与水互溶性性能指标测试时的稀释倍数。

【思考题】

简述可溶性液剂与水剂之间的异同点。

实验10　可溶粉剂的加工与质量检验

可溶粉剂(water soluble powder,SP)是有效成分能溶于水中形成真溶液,可含有一定量的非水溶性惰性物质的粉状制剂。

可溶粉剂具有以下特点:有效成分含量高,贮存时化学稳定性好;生产成本低,便于贮存、运输;细度均匀、流动性好、易于计量;在水中迅速溶解、有效成分以分子状态均匀地分散于水中,更能充分发挥药效。由于SP中不含有机溶剂,故不会因溶剂而产生药害和污染环境。SP的制备方法主要包括:喷雾冷凝成型法、粉碎法和喷雾干燥法。

【实验目的】

1. 了解可溶粉剂对原药及载体的基本要求;

2. 制备80%杀虫单可溶粉剂。

【实验原理】

可溶粉剂外观为可流动粉状制剂,其所使用的原药能够溶于水形成透明的真溶液。

【实验材料】

1. 原药

中文名称:杀虫单;

英文名称:monosultap;

化学名称:2-*N*,*N*-二甲氨基-1-硫代硫酸钠基-3-硫代硫酸基丙烷;

分子式:$C_5H_{14}NNaO_7S_4$;

CAS登记号:52207-48-4;

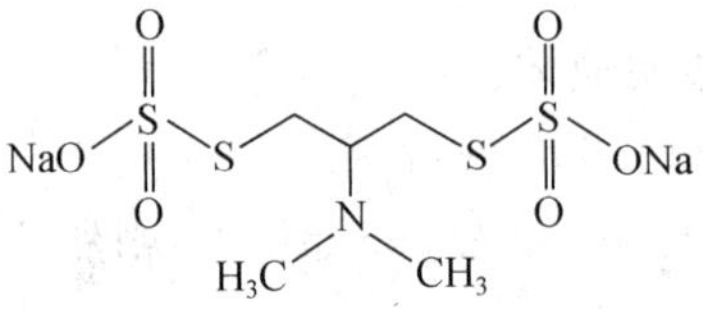

杀虫单(monosultap)

理化性能:纯品为针状结晶,熔点142～143℃,相对分子质量:351.39,工业品为无定形颗粒状固体或白色、淡黄色粉末,有吸湿性,易溶于水,易溶于热无水乙醇中,微溶于甲醇,DMF和DMSO,不溶于丙酮、乙醚、氯仿、苯等,常温下稳定,pH 5～9条件下稳定,在强碱、强酸条件下易分解。

作用特点:属于人工合成的沙蚕毒素类似物,进入昆虫体内迅速转化为沙蚕素或二氢沙蚕毒素。作用机理为乙酰胆碱竞争性抑制剂,具有较强的触杀、胃毒和内吸传导作用,对鳞翅目害虫的幼虫有较好的防治作用。

2. 助剂

(1)填料:轻质碳酸钙、白炭黑、硫酸钠和陶土;

(2)助剂:十二烷基磺酸钠、木质素磺酸钠、尿素、蔗糖、硫酸钠、硫酸铵;

3. 仪器

电子天平(万分之一)、研钵、秒表、滤纸、具塞磨口量筒、高速粉碎机、气流粉碎机、自封袋(5号)、200目试验筛。

【实验步骤】

1. 拟定配方

实验中通过对填料和助剂的筛选,制备80%杀虫单可溶粉剂,样品量为50 g。要求填料具有吸油率高、堆积密度小、活性小等特点。此外,添加适量的黏着剂、抗结块剂或分散剂、润湿剂和稳定剂等。

2. 加工工艺

根据初步拟定的80%杀虫单可溶粉剂配方,按比例称取原料后,将上述混合物先在研钵中初步磨细、混匀,后分别于万能粉碎机(粉碎时间大约1 min)、气流粉碎机中粉碎,制成80%敌百虫SP。

3. 性能指标测定

(1)外观:外观为大小均匀、松散且可自由流动的粉状物。

(2)pH测定:蒸馏水GB/T 1601—1993进行。

称取1.0 g样品,转移至有50 mL水的量筒中,加水配成100 mL,强烈摇动1 min,使悬浮液静置1 min,然后测定上清液的pH。

(3)水分测定(卡尔·费休法):将样品分散在甲醇中,使用已知水当量的标准卡尔·费休试剂进行滴定。

(4)湿润时间测定:取342 mg/L标准硬水100 mL,注入250 mL烧杯中,将此烧杯置于(25±1)℃的恒温水浴中,使其液面与水浴的水平面平齐。待硬水至(25±1)℃时用表面皿称取(5±0.1)g试样,将试样从与烧杯口齐平位置一次均匀地倾倒在该烧杯的液面上,但不要过分地扰动液面。加样时立即用秒表计时,直至试样全部湿润为止,记录润湿时间,重复3次求平均值。依润湿时间,衡量质量好坏(润湿时间小于120 s)。

(5)溶解程度和溶液稳定性测定:将可溶性粉剂溶于25℃标准水中,颠倒15次,静置5 min,用200目试验筛过滤,定量测定筛上残余物。测定溶液稳定性是将该溶液静置18 h后,再次用200目试验筛过滤。

具体操作:在250 mL量筒中加入2/3体积的标准硬水,将其温热至25℃,加入3.0 g样品,加标准硬水至刻度,盖上塞子后静置30 s,用手颠倒量筒15次(180°),一次所用时间应不超过2 s。

5 min后试验:将量筒中试样溶液静置5 min后,倒入已恒重的试验筛上,将滤液收集到500 mL烧杯中。用20 mL蒸馏水洗涤量筒5次,将所有不溶物定量转移到筛上,弃去洗涤液,检查筛上残余物。如果筛上有残余物,将筛于60℃下干燥至恒重,称量。

18 h后试验:静置18 h后,仔细观察烧杯中滤液是否有沉淀。如有不溶物,再将该溶液用试验筛过滤,用100 mL蒸馏水洗涤试验筛。如有固体或结晶存在,将筛于60℃下干燥至恒重,称量。

计算:5 min残余物X_{2-1}(%)和18 h后残余物X_{2-2}(%)分别按式(3-9)和式(3-10)计算:

$$X_{2-1}=\frac{m_2-m_1}{m}\times 100\% \tag{3-9}$$

$$X_{2-2}=\frac{m_4-m_3}{m}\times 100\% \tag{3-10}$$

式中：m_1,m_3——筛子恒重后的质量(g)；

m_2,m_4——筛子和残余物的质量(g)；

m——试样的质量(g)。

(6)持久起泡性：将量筒加标准硬水至 180 mL 刻度线处，量筒置于天平上加入试样 1.0 g(精确至 0.1 g)，加硬水至距量筒塞底部 9 cm 的刻度线上，盖上塞后，以量筒底部为中心，上下颠倒 30 次(每次 2 s)。于实验台上静置 1 min，记录泡沫体积。

(7)细度测定：按 GB/T 16150—1995 中湿筛法测定。

(8)热贮稳定性：按 HG/T 2467.3—2003 中 4.12 进行。

【结果与分析】

获得 80%杀虫单可溶粉剂的较佳配方并测试相关性能指标。

【注意事项】

在选择可溶粉剂填料时要重点考虑其理化性能。

【思考题】

1. 具有什么性质的农药原药适合制备成可溶粉剂？
2. 可湿性粉剂与可溶粉剂两者有何异同？

第4章 农药生物活性测定 (Bioassay of Pesticides)

农药生物活性测定指利用生物(动物、植物、微生物等)的整体或离体的组织、细胞以及细胞中的活性物质(如靶标酶、细胞膜等)对某些化合物的反应(如死亡率、抑制率等),作为评价它们生物活性的量度,运用特定的实验设计,以生物统计为工具,测定供试对象在一定条件下的效应。

生物活性测定可以为新农药的研制与开发提供科学的理论数据。在新农药创制初期,生物活性测定能够对供试化合物的生物活性做出准确的分析,为先导化合物构效关系提供定量的活性资料,也可为待开发化合物的商品化评价提供依据。通过农药生物活性测定,对得出的实验结果进行统计分析,得出科学的结论,并以此指导生产,以期达到科学合理的使用农药。对作物危害最多的有害生物主要为害虫、病原物与杂草,因此农药生物活性测定也主要围绕针对防治这些有害生物的杀虫剂、杀菌剂与除草剂进行探讨。近年来,植物生长调节剂在作物生产中应用愈来愈广泛,对其评价也单独为一节进行讨论。

4.1 杀虫剂生物活性测定 (Bioassay of Insecticide)

随着农药科学及农药工业的迅速发展,农药生物测定作为新农药创制和科学合理使用农药以及农药药理学、毒理学及环境毒理学等研究的重要手段,得到了极大的丰富和发展。杀虫剂的生物测定是利用昆虫、螨类对杀虫剂的反应,来鉴别某种农药或化合物的生物活性,是测定农药对昆虫、螨类毒力与药效的一种基本方法。它涉及靶标生物、测试物质(药剂)、反应症状及强度、测试环境条件等多方面的因素。一个好的生物测定技术或方法应具备易于操作、结果反应灵敏、重现性好且使用物质的剂量与反应之间有良好的相关性。

在杀虫剂生物测定研究中,靶标生物的种类、发育阶段和生理状态等对农药的毒力或药效影响很大;药剂本身的理化特性、加工剂型、助剂种类与含量等也影响药效;而测试环境条件对靶标生物以及靶标生物对药剂的反应程度也存在很大的影响。环境条件、供试药剂、靶标生物三者之间相互作用,相互影响。所以,在进行杀虫剂生物测定试验时,必须严格控制各种影响因子,以确保试验结果的可靠性、可比性以及重现性。在设计和进行杀虫剂生物测定试验研究时,必须掌握和了解以下基本原则。

(1)标准化靶标生物的选择及繁育。不同靶标生物对药剂的反应各不相同,原则上任何生物体或其活体器官、组织、细胞等均可以作为生测靶标选择或用于测试。在杀虫剂生物测定研究中,靶标生物的选择应具备以下几个条件:①在分类学上,经济上或地域上有一定代表性的昆虫。②对药剂敏感性符合要求,且对药剂的反应以及程度便于定性、定量测定,且与剂量有良好的相关性。③易于移取、控制和进行试验操作。④易于大规模工业化培养、繁育和保存,以便保证终年供给，不受地区或季节的限制而影响试验的开展。⑤种群纯正，个体间差异小，生理标准均一。

(2)明确药剂的结构、组成及其有效成分含量。所有测试试验的物质均应是纯品或原药(原油或原粉)，结构明确，若为制剂应了解确切的有效成分含量，若有添加剂和助剂也应了解其成分和含量，以保证试验的重现性。并且，应使用精密的施药机械和正确的使用技术，以确保靶标受试药量的准确性和均一性。

(3)严格控制的、相当均一的环境条件。杀虫剂生物测定大部分是测定靶标生物的反应程度(死亡率)随药剂剂量的变化关系。药剂剂量(或浓度)为自变量，靶标死亡率为因变量。在没有其他因子影响的情况下，二者呈良好的正相关关系，其试验结果也便于测定和分析。而在生测试验中，环境条件(如光照、温度、湿度等)不仅影响靶标生物的生理状态，也影响药剂的吸收、输导以及毒力或药效的高低。所以在进行生测试验时，应严格控制测试环境，以保证所有处理在相对一致的环境下测试。室内试验可以在人工气候箱、光照培养箱、恒温恒湿箱中进行。田间试验应选有代表性的田块，最好有相对控制的小气候环境，田块平整，肥力均一，虫害分布均匀且有代表性，作物长势、管理条件等均力求一致，以减少试验误差。

(4)必须设立对照。由于生物的复杂性和易变性，常会产生一些难以预料的结果，所以，正确设立空白对照，对于取得可信的试验数据非常重要。一般常用杀虫剂生物测定试验的对照设立有 3 种：①不作任何处理的空白对照。以了解供试靶标生物的自然死亡率、生物量变化等，消除供试生物本身的变化对测定结果的影响。②不含有效成分的对照。即除不含农药有效成分外，一切处理均与其他药剂处理一样进行，主要目的是了解溶剂、乳化剂、助剂等以及处理方法对测试靶标的影响。③标准药剂对照。即选择同类已知对测定靶标有明确影响的化合物或商品化学品种作对照，以消除偶然因素的影响，同时也便于比较和评价未知供试化合物的活性。在新化合物筛选试验或其他长期进行的试验中，用于监测靶标生物的生理状态变化以及耐药性水平的变化趋势，以跟踪和消除不同批次试验间的误差。

(5)设置重复，随机排列。生物测定试验的对象是靶标生物，而靶标生物种群中个体之间的大小、生理状态以及耐药性等均存在一定的差异。在生测试验取样时，应有一定的数量，并设置重复，以保证其代表性和结果的可靠性。但重复也不能过多，应根据试验的目的和工作量确定重复次数，一般试验至少应重复 3 次。试验设置应用随机区组法排列，以控制处理间的误差，并便于对调查数据进行统计分析。

(6)应用生物统计的方法分析试验结果。对试验结果用生物统计工具进行比较和分析，对于消除试验误差，了解错综复杂的大量数据之间的内在规律，揭示供试化合物与靶标之间的内在关系等非常重要。尤其是目前计算机的普及和许多生测统计软件的应用，使得生测试验的统计分析、数据处理和保存更加方便和快捷。

实验 1　杀虫剂触杀毒力测定——点滴法 (NY/T 1154.1—2006)

通过昆虫体壁进入虫体而致死的杀虫剂称为触杀型杀虫剂。在测定药剂的触杀毒力时，应尽量避免药剂从口器或气孔进入虫体。常用的直接（点滴法、喷雾法）和间接（药膜法）两种方法。

1. 直接滴加法

（1）点滴法（topical application）是将测试药剂适量地滴加在昆虫体壁的某一部位，然后正常饲养，观察药效，是杀虫剂触杀毒力测定常用的方法，除了螨类及小型昆虫外，可应用于大多数鳞翅目和同翅目等目标昆虫，如蚜虫、叶蝉、二化螟、玉米螟、菜青虫、黏虫等。点滴法的优点是每头虫体点滴量一定，可以准确地计算出每头试虫或单位试虫体重的用药量，方法精确，实验误差小，同时也可以避免胃毒作用的干扰。但点滴法不能处理较大数量的目标昆虫，且实验的准确性在很大程度上取决于昆虫本身的生理状态，点滴部位、滴点大小以及目标昆虫处理前的麻醉方式等都对实验结果有所影响。另外，点滴法操作中不能避免药剂发生熏蒸作用。因此，点滴法测定中，必须选用生理状态一致的目标昆虫，熟练的操作技术。

（2）喷雾（喷粉）法：喷雾（喷粉）是使杀虫剂直接附着于昆虫体表，通过表皮侵入昆虫体内致毒。为了试虫个体间所接受的药量一致，除了试虫本身的因素外，还跟所采用的喷雾装置有关，目前有很多相关的设备被使用。如 Potter 喷雾器，适合于鳞翅目幼虫、飞翔昆虫蝇等的毒力测定；E. J. Gerberg 设计的气雾风道则尤其适用于蚊子、家蝇、蜚蠊等卫生害虫的毒力测定。其优点在于简单易行，实验操作较接近于田间的实际情况，是目前最为常用的触杀性杀虫剂毒力测定的方法。喷雾（喷粉）法的基本操作与点滴法相似。

2. 药膜法（间接法）

药膜法的基本原理是将一定量的杀虫药剂施于物体表面，形成一个均匀的药膜，然后放入一定数量的供试目标昆虫，让其爬行接触一定时间后，再移至正常的环境条件下，于规定时间内观察试虫的中毒死亡反应，计算击倒率或死亡率。药膜法的优点是比较接近实际防治情况，方法简单，操作方便，应用范围广，几乎一切爬行的昆虫都适用，而且结果比较准确，是目前常用的一种方法。但药膜法有一定的局限性，当昆虫的足部表皮是杀虫药剂穿透的主要部位时，采用药膜法测得的毒效就偏高，如家蝇用药膜法测得的毒效高于点滴法。对于某些目标昆虫，足部表皮不是杀虫剂穿透的主要部位或不能穿透的，采用此法测得的结果就偏低。其次是昆虫的活动、习性对试验结果的影响较大，药膜法测得的结果不能用准确的剂量表示，即不能表示单位昆虫体重接受的药量，只能用单位面积的药量来表示，而单位面积的药量并不等于药剂进入虫体的剂量，相对较难定量。

（1）滤纸药膜法：液体药剂采用此法较好。方法是将直径为 9 cm 的滤纸悬空平放，用移液管吸取 0.8 mL 的丙酮药液，从滤纸边缘逐渐向内滴加，使丙酮药液均匀分布在滤纸上。也可用喷雾法向滤纸喷雾。用 2 张经过药剂同样处理过的滤纸，放入培养皿底和皿盖各 1 张，使药膜相对。最好在培养皿内侧壁涂上拒避剂，避免昆虫进入无药的侧壁。随即放入目标昆虫，任其爬行接触一定时间（30～60 min）后，再将目标昆虫移出放入干净的器皿内，置于正常环境条件下，定时观察试虫的击倒率。

（2）容器药膜法：采用干燥的三角瓶或其他容器，放入一定量的丙酮药液（0.3～0.5 mL），然后均匀地转动容器，使药液在容器中形成一层药膜，待药液干燥后（或丙酮挥发后），放入定量的目标昆虫，任其爬行接触一定时间（40～60 min）后，再将试虫移至正常环境条件下，在规定时间内观察试虫击倒中毒反应。

（3）蜡纸粉膜法：将蜡纸裁成一定面积的纸片，把药粉撒在蜡纸的正面中央，两手执纸边使药粉在中间来回移动数次，均匀地分布在一定范围内，倒去多余的药，再轻轻弹动背面1～2次，即成蜡纸粉膜，然后称重，计算单位面积药量。放入一定数量的目标昆虫于粉膜上，用直径为90 mm的培养皿盖扣在药膜上，待试虫爬行接触一定时间后，取出移至正常环境中，定时观察试虫击倒中毒反应。

本实验以点滴法为例，介绍杀虫剂触杀毒力测定。

【实验目的】

学习并掌握杀虫剂的生物活性测定方法——点滴法，学会在实践中使用。

【实验原理】

将一定剂量的药剂滴在昆虫体壁上，以观察药剂对穿透昆虫体壁的触杀毒力。此方法是杀虫毒力测试中最精确的方法，也是目前普遍采用的一种测试技术，大多数的目标昆虫及螨类都可以运用。

【实验材料】

(1)试剂：溴氰菊酯原药、丙酮；

(2)材料：3～4龄菜青虫幼虫(*Pieris rapae*)、甘蓝叶、蓖麻叶等；

(3)仪器：电子天平(万分之一)、微量点滴器、毛细管、滤纸、毛笔、培养皿($d=90$ mm)、烧杯、移液管或移液器、镊子等。

【实验步骤】

(1)药剂配置：用丙酮将溴氰菊酯原药溶解，按照等差或等比的方法设置5个浓度；

(2)药剂处理：用毛笔选取龄期整齐一致的菜青虫幼虫(可用乙醚麻醉)置于培养皿中，用点样器滴1 μL药液于龄菜青虫幼虫前胸背板上，每个处理3次重复，每个重复15头试虫。以点滴丙酮为对照组。处理后将试虫放于垫有吸水纸的干净培养皿内，加新鲜饲料，置于25℃培养箱内，24 h后检查试虫死亡率。

【结果与分析】

1. 求死亡率和校正死亡率

按公式(4-1)和公式(4-2)计算，计算结果均保留到小数点后两位：

$$P_1=\frac{K}{N}\times 100\% \tag{4-1}$$

式中：P_1——死亡率；

K——死亡虫数；

N——处理总虫数。

$$P_2=\frac{P_t-P_0}{1-P_0}\times 100\% \tag{4-2}$$

式中：P_2——校正死亡率；

P_t——处理死亡率；

P_0——空白对照死亡率。

在试验中，如对照组死亡率在5%～20%，必须求出校正死亡率，若对照组死亡率5%以下，用死亡率表示，若对照组死亡率在20%以上，本试验失败(表4-1)。

2. 使用统计软件(SPSS、SAS、Excel等)求致死中浓度LC_{50}

表 4-1　溴氰菊酯药效测定

测试药剂	药剂浓度	每头试虫接受药液量/μL	试虫平均体重/g	单位虫体重受药量/(μg/g)	死亡率/%	校正死亡率/%

【注意事项】

药液点滴时可先用乙醚或二氧化碳麻醉试虫，点滴时轻拿轻放，不得造成虫体的机械损伤。

【思考题】

影响本试验的关键因素是什么？说明其道理。

实验 2　杀虫剂胃毒毒力测定——叶片夹毒法 (NY/T 1154.2—2006)

杀虫剂胃毒作用(stomach action)的毒力测定是利用害虫的贪食性，使杀虫剂随食物一起被目标昆虫吞食进入消化道而发挥毒杀作用。常用的有叶片夹毒法、液滴饲喂法和口腔注射法三种。

(1)叶片夹毒法(sandwich method)：此法适用于植食性、取食量大的咀嚼式口器的昆虫，如鳞翅目幼虫、蝗虫、玉米螟等。基本过程是用两张叶片，中间均匀地涂上一定量的药剂饲喂目标昆虫，然后由被吞服的叶片面积推算出吞服的药量。此法最大的优点是可以减少目标昆虫与药剂的接触，避免发生触杀作用，操作方便，结果比较精确，仍然是目前较理想的胃毒剂毒力测定方法。但是准备夹毒叶片、计算吞服面积等需大量的人力物力，每次处理的样品不能太多。

(2)液滴饲喂法(feeding of measured drops)：不宜用夹毒叶片法测定杀虫剂对舐吸式口器昆虫的毒力，如家蝇、果蝇、蜜蜂等昆虫喜食糖液，可将一定的杀虫剂加入到糖液中，用微量注射器形成一定大小的液滴(0.001～0.01 mL)，直接饲喂试虫；或将形成的液滴放在玻璃片上，让家蝇等目标昆虫自行舐食，试虫在舐食前后都称重，以确定其取食量。

(3)注射法：适用于个体较大的咀嚼式口器的昆虫，但该法从口腔注入药液时易刺破口腔内软组织，技术难以掌握，故目前很少使用。

【实验目的】

学习并掌握杀虫剂的生物活性测定方法——叶片夹毒法。

【实验原理】

在两叶片中间均匀地夹入一定量的杀虫剂，饲喂目标昆虫，药剂随叶片被昆虫取食，然后由被吞食的叶片面积，计算出吞食的药量。优点是可以减少目标昆虫与杀虫剂的接触，避免发生触杀作用，操作方便，结果比较精确。叶片夹毒法只适用于植食性的，取食量大的咀嚼式口器目标昆虫，如黏虫、蝗虫、玉米螟等。

【实验材料】

(1)试剂：敌百虫原药、丙酮；

(2)材料：菜青虫(*Pieris rapae*)或斜纹夜蛾(*Prodenia litura* Fabricius)幼虫(30～50头)、甘蓝叶、蓖麻叶等；

(3)仪器：培养皿 30～50 个、打孔器(口径 2 cm)、微量注射器 10 μL 1 支、浆糊或明胶、电子天平(万分之一)、烧杯、量筒、培养皿、容量瓶、玻璃棒、镊子、记号笔等。

【实验步骤】

(1)药剂配置：用丙酮将敌百虫原药溶解成有效成分为 0.1%的药液；

(2)用打孔器制成直径 2 cm 的圆心叶片 60 片，把圆叶片放在湿润的培养皿中待用。

(3)夹毒叶片的制备：用微量注射器吸敌百虫丙酮液 10 μL，均匀滴在叶片上，计算出每张圆叶片药量(mg/cm^2)。用浆糊(或明胶)涂在无药的圆叶片上，两相对合，即成夹毒叶片，同时制备不夹毒叶片 2～4 片作对照。每培养皿中放一片，另放一团湿棉花或湿水草纸一小块保湿，然后编号。

饲喂：采回的试虫先饥饿数小时，每头虫称重，每培养皿放一头虫，饲喂夹毒叶片。

观察试虫取食情况，控制食叶量：部分虫食叶片 1/3，一部分虫食叶片 1/2，一部分食叶片 3/4 或全部叶片。然后取出剩余的夹毒叶片，饲喂新鲜叶片，经 3～24 h 后，检查死亡率。

【结果与分析】

1. 求试虫吞食药量

按公式(4-3)计算，计算结果均保留到小数点后两位：

食量的计算：将剩余的叶片放在直径 2 cm 的方格纸上，计数被吃去的方格数(1 mm^2/格)，然后按每张圆叶片上的总药量，计算每一方格的剂量，即可求出取食药量。从而求得每头虫单位体重所取食的剂量(mg 或 μg/g 体重)。

$$V_1 = \frac{\rho \times V_2}{m} \times 10^3 \tag{4-3}$$

式中：V_1——每克质量昆虫吞食药液量，单位为微克每克(μg/g)；

ρ——处理药液的质量浓度，单位为毫克每升(mg/L)；

V_2——滴加药液体积，单位为微升(μL)。

2. 死亡率和校正死亡率

按公式(4-4)和公式(4-5)计算，计算结果均保留到小数点后两位：

$$P_1 = \frac{K}{M} \times 100\% \tag{4-4}$$

式中：P_1——死亡率；

K——死亡虫数；

N——处理总虫数。

$$P_2 = \frac{P_t - P_0}{1 - P_0} \times 100\% \tag{4-5}$$

式中：P_2——校正死亡率；

P_t——处理死亡率；

P_0——空白对照死亡率。

在实验中，如对照组死亡率在5%～20%，必须求出校正死亡率，若对照组死亡率5%以下，用死亡率表示，若对照组死亡率在20%以上，本试验失败。

【注意事项】

为了减少实验误差，选用的试虫龄期应一致。

【思考题】

理想的昆虫胃毒剂应具备哪些条件？

实验3　杀虫剂熏蒸毒力测定——锥形瓶法（NY/T 1154.3—2006）

熏蒸剂又称熏蒸杀虫剂，是指在常温常压下容易成为蒸气并由蒸气毒杀害虫和害菌的化学药剂。蒸气一般通过害虫的呼吸系统或皮肤进入体内。用以防治潜伏在房舍、仓库、飞机、车、船中的各种害虫，农业上多用以熏杀种子、贮粮、果树、苗木的害虫，螨类和病菌，也可用作土壤消毒。杀虫时是以毒剂挥发出来的有毒气体混合在空气中，达到一定浓度，通过害虫的呼吸系统，进入组织内部，经过一定时间，引起中毒而致死。由于气体分子有很大的活动性，因此，物理性质上的渗透力和扩散力也大，能侵入到任何缝隙中，在最短时间内达到最高杀虫效果。在熏蒸过程中，往往因其他因子的影响而削弱熏蒸杀虫效果，这些因子包括熏蒸剂本身的理化性质（如蒸气压力、渗透力、分子扩散力、浓度等），熏蒸室的密闭程度，熏蒸对象对毒气的吸着性（吸收和附着的性能），毒气在熏蒸空间的分布情况，熏蒸时间的长短，温湿度的高低以及二氧化碳和氧的含量等。

大多数熏蒸剂为液体，按化学组分可分为卤化物（数量最多）、氰化物、磷化物及其他。主要品种有溴甲烷、四氯化碳、氯化苦、1,2-二氯乙烷、氰化氢、丙烯腈、磷化铝、甲酸甲酯、环氧乙烷、萘和樟脑等。其中，溴甲烷、环氧乙烷、甲酸甲酯等沸点低，在常温下蒸气压很大，磷化铝吸湿水解放出磷化氢气体，它们都有很好的杀虫、杀菌效果，是常用的熏蒸剂。只有当熏蒸剂在空气中的浓度大于害虫的致死浓度，才能起到毒杀作用。因此，熏蒸剂通常适用于具有一定温度的密闭空间，如防治粮仓、货仓、库房、蔬菜暖房或车、船内的各种害虫、病菌。农业上用以熏蒸种子、果树、苗木等的害虫，也用于土壤消毒。许多熏蒸剂对人、畜毒性很大，已被禁止使用的二溴乙烷还是强致癌物质，使用熏蒸剂时，必须注意防护，严防中毒。

【实验目的】

通过本实验可以学习到一种比较准确的杀虫剂熏蒸毒力测定方法，并进行有关毒力数据整理及其可靠性检验。

【实验原理】

熏杀毒力测定一般用于某些化合物是否具有熏蒸毒力，或比较几种熏蒸剂对某种昆虫熏杀毒力的大小，或测定熏蒸剂在不同种类昆虫及同种昆虫不同发育阶段的熏杀毒力等。其基本原理就是药剂在适当温、湿度下，在固定的空间挥发成气态，并达到一定浓度，与试虫接触，在短时间内能杀死试虫。因此，必须在密闭或近于密闭的场所进行熏蒸处理，才能保证具有足够的蒸气浓度。在实验室内多采用密闭的玻璃或金属器皿，如钟罩、干燥器、三角瓶或广口瓶等进行熏蒸试验。

【实验材料】

(1)试剂：辛硫磷、敌敌畏、杀灭菊酯、敌百虫、高效氯氰菊酯乳油；

(2)材料：黄斑皮蠹幼虫；

(3)仪器：三角瓶、培养皿、吸液管、镊子、毛笔、记号笔等。

【实验步骤】

(1)药剂配置：用水将药剂稀释为有效成分为0.5%的乳液，备用；

(2)用毛笔将试虫接入250 mL三角瓶中，每瓶15头，用软木塞塞紧密封；

(3)用移液器吸取供试药液0.5 mL，滴加在滤纸片上(2 cm×2 cm)上，立即用大头针将滤纸片固定在软木塞上，勿使虫体接触药剂；然后用软木塞塞紧瓶口，不漏气。以在瓶中加丙酮的为对照。

【结果与分析】

处理24 h、48 h后，启开瓶塞，检查死、活虫数，并计算死亡率，计入表4-2中。

按公式(4-6)和公式(4-7)计算死亡率和校正死亡率，计算结果均保留到小数点后两位：

$$P_1=\frac{K}{N}\times 100\% \tag{4-6}$$

式中：P_1——死亡率；

K——死亡虫数；

N——处理总虫数。

$$P_2=\frac{P_t-P_0}{1-P_0}\times 100\% \tag{4-7}$$

式中：P_2——校正死亡率；

P_t——处理死亡率；

P_0——空白对照死亡率。

在试验中，如对照组死亡率在5%～20%，必须求出校正死亡率，若对照组死亡率在5%以下，用死亡率表示，若对照组死亡率在20%以上，本试验失败。

表4-2 杀虫剂熏蒸毒力测定

供试药剂	试虫数	处理24 h后			处理48 h后		
		死虫数	死亡率/%	校正死亡率/%	死虫数	死亡率/%	校正死亡率/%
辛硫磷	15						
敌敌畏	15						
杀灭菊酯	15						
敌百虫	15						
高效氯氰菊酯	15						

【注意事项】

熏蒸试验时，一定注意软木塞塞紧瓶塞，防止漏气？

【思考题】

杀虫剂熏蒸实验设计的原则是什么？

实验 4　杀虫剂内吸毒力测定——连续浸液法 (NY/T 1154.4—2006)

药剂的内吸作用，是指不论将药剂施到作物的哪一部位上，如根、茎、叶、种子上，都能被作物吸收到体内，并随着植株体液的传导而输送到全株各个部位；传导到植株各部位的药量，足以使为害这部位的害虫中毒死亡，而药剂又不妨碍作物生长发育。具有内吸传导性能的药剂称之为内吸杀虫剂。内吸杀虫剂的优点，主要是使用方便，喷洒不一定要求很周到，并可采用处理种子的方式使用，省时又省药。内吸杀虫剂还可用于防治那些藏在荫蔽处为害的害虫，如在叶背面的蚜虫、红蜘蛛等。内吸杀虫剂适用于防治刺吸植物汁液的害虫，如蚜虫在刺吸作物时就把药剂也吸到体内去了。从这个角度讲，内吸杀虫剂的作用方式也属于胃毒作用。

【实验目的】

了解内吸杀虫剂的作用方式，掌握内吸杀虫剂的测定方法。

【实验原理】

将药剂接触到植物的某一部分(如根、茎、叶、种子)，药剂可渗入植物体内，并随体液传导到全株或植株的某一部分，在一定时间内，让昆虫取食没有直接用药的植物组织，观察其致毒反应。本实验采用包扎法和药液培养法，目的是通过实验了解药剂的内吸性能并初步掌握内吸杀虫剂的测定原理及方法。

【实验材料】

(1)试剂：50％乐果 EC，25％螟蛉畏 EC，50％杀螟松 EC；

(2)材料：花生蚜虫、花生；

(3)仪器：烧杯(250 mL)，试管(2×180)，移液管，试管架、药棉、塑料布、剪刀、纸套等。

【实验步骤】

1. 药剂配置

将三种供试药剂配成有效含量为 0.5％的乳液各 50 mL，备用。

涂抹包扎法：挑选生长发育一致，叶片带蚜量较一致(20～25 头)的花生苗 12 株，每株在颈部包扎一圈脱脂棉，用移液管吸取上述药液 0.2 mL 滴于脱脂棉上。外部用塑料布缠绕后，用线结扎，防止药剂蒸汽挥发，每一药剂重复 3 次，每处理一株，对照用清水、重复 3 次，将已施药的花生苗用纸袋套住，插在盛有清水的试管中，排列在试管架上，各处理间不要接触，24 h 后解开纸袋，统计蚜虫平均死亡率，比较各药剂的内吸毒效。

2. 药液培养

先将供试药配成 10 mg/L 水溶液，分别注入试管内，每管 20 mL，对照用清水，重复 3 次，挑取生长发育一致，叶片带蚜量较一致(20～25 头)的花生苗 12 株，插入液面 10 cm 处，精确计算苗上蚜虫的数目后，用纸套住，24 h 后统计平均死亡率。

【结果与分析】

求死亡率和校正死亡率。按公式(4-8)和公式(4-9)计算,计算结果均保留到小数点后两位:

$$P_1=\frac{K}{N}\times 100\% \quad (4\text{-}8)$$

式中:P_1——死亡率;

K——死亡虫数;

N——处理总虫数。

$$P_2=\frac{P_t-P_0}{1-P_0}\times 100\% \quad (4\text{-}9)$$

式中:P_2——校正死亡率;

P_t——处理死亡率;

P_0——空白对照死亡率。

在试验中,如对照组死亡率在5%~20%,必须求出校正死亡率,若对照组死亡率5%以下,用死亡率表示,若对照组死亡率在20%以上,本试验失败。

【注意事项】

试验中注意观察蚜虫出现的中毒现象。

【思考题】

1. 描述蚜虫出现的中毒症状。

2. 你认为在内吸作用测定时应注意哪些问题。

实验5 杀螨剂毒力测定——浸玻片法(NY/T 1154.12—2008)

杀螨剂是指专门用来防治蛛形纲中有害螨类的一类农药。如尼索朗、溴螨酯、三氯杀螨砜、三氯杀螨醇、四螨嗪、三唑锡、单甲脒、噻螨酮、喹螨醚、螨净、速螨酮等。杀螨剂大多具有触杀作用或内吸作用,对螨的不同发育阶段常表现一定的选择性,有些杀螨剂对成螨、幼螨和卵都有效,有些只能杀死成螨而对卵无效;还有些只能杀卵,称为杀卵剂。应当根据螨的种类和防治时期来选用合适的杀螨剂。如三氯杀螨砜对螨卵和幼螨的触杀作用很强,但对成螨的效果较差。多种有机磷杀虫剂如氧化乐果、久效磷、水胺硫磷也具杀螨作用,可与常用杀螨剂轮换使用来防治抗性螨类或延缓抗药性的产生。杀螨剂可经试验后与杀虫剂和杀菌剂一起使用,以兼治多种病虫和螨类。

杀螨剂多属低毒物,对人畜比较安全。螨类对杀螨剂产生抗药性较快。不同类型杀螨剂之间通常无交互抗药性。为了防治抗药性螨和延缓螨类抗药性的发展,应重视不同类型杀螨剂轮换使用或混配使用。现有杀螨剂都无内吸传导作用,喷药必须均匀周到。有的杀螨剂杀卵活性高,不杀成螨,有的则相反,这样的两类药剂配合使用往往能提高杀螨活性。专用杀螨剂多无杀虫作用。

【实验目的】

学习浸玻片法测定杀螨剂的实验操作技术和方法。

【实验原理】

浸玻片法被 FAO 推荐为用于杀螨剂毒力测定和害螨抗药性检测的方法，是测定药剂对螨类毒力的最常用方法。

【实验材料】

(1)试剂：2.5%高效氟氯氰菊酯乳油；

(2)材料：朱砂叶螨(*Tetranychus cinnabarinnum* Boisduval)；

(3)仪器：生化培养箱、电子天平、计算器、双目解剖镜、烧杯、移液管、载玻片、双面胶带、零号毛笔、记号笔、搪瓷盘、吸水纸、薄海绵、剪刀等。

【实验步骤】

(1)将双面胶带剪成 2 cm 长，贴在载玻片的一端。

(2)用零号毛笔挑起 3～4 日龄的雌成螨，迅速将其背部粘在胶带上，每行粘 10 头，粘 2～3 行。

(3)双目解剖镜仔细观察粘在胶带上的螨，用毛笔除去粘在胶带上不规则的螨，如足、腹面、头部等粘在胶带上，只保留符合规定的雌成螨。25℃，相对湿度 80%左右的条件下放置 4 h 后，再用解剖镜观察，足能够正常活动的个体符合实验要求，去除不合格的其他个体，并记录存活个体数。

(4)用水将实验药剂配制成 5 个系列浓度，置于 100 mL 烧杯中，用手持玻片无螨的一端，将粘有螨的一端在药液中浸渍 5 s，取出后用吸水纸吸去多余的药液，对照用清水处理；每个处理重复 3～4 次。

(5)在搪瓷盘中铺设厚度为 1.0 cm 的海绵或吸水纸，其上铺蓝布，加水湿透海绵(或吸水纸)和蓝布，不要积水。将玻片平放在上面，置于 25℃的生化培养箱中。

【结果与分析】

处理 24 h 后检查死亡数，用毛笔尖端轻轻触动螨足，以不动者为死亡。计算死亡率和校正死亡率，并求毒力回归方程和 LC_{50} 值。

求死亡率和校正死亡率。按公式(4-10)和公式(4-11)计算，计算结果均保留到小数点后两位：

$$P_1 = \frac{K}{N} \times 100\% \tag{4-10}$$

式中：P_1——死亡率；

K——死亡虫数；

N——处理总虫数。

$$P_2 = \frac{P_t - P_0}{1 - P_0} \times 100\% \tag{4-11}$$

式中：P_2——校正死亡率；

P_t——处理死亡率；

P_0——空白对照死亡率。

在试验中，如对照组死亡率在 5%～20%，必须求出校正死亡率，若对照组死亡率 5%以下，用死亡率表示，若对照组死亡率在20%以上，本实验失败。

【注意事项】

实验中注意用毛笔刷时不要对叶螨造成机械损伤。

【思考题】

对比杀虫剂活性测定实验，杀螨剂活性测定还可以用哪些方法？

实验6 混配的联合作用测定(NY/T 1154.7—2006)

大量应用表明，农药合理混配，不仅可以提高功效，扩大使用范围，而且还可以病虫兼治，减少用药量，提高施药效果，同时还能有效地规避病虫抗药性等。杀虫剂混用后所产生的联合毒力，主要是增效作用、拮抗作用及相加作用，药效可相应表现为增效、减效及平效。杀虫剂混用的目的是多方面的，但主要是为了提高药效、扩大防治谱及延缓抗药性。因此，两种杀虫剂混用是否达到目的，必须通过杀虫剂混配的联合作用测定。

但要使混配农药达到预期效果，实践中必须遵循以下四个原则，一是不能影响有效成分的化学稳定性，混配后不产生毒副作用。二是不能破坏药剂的物理性状，混配后无分层、絮结、沉淀现象。三是农药混配一般应比单用成本降低。四是农药混配的使用范围明确，针对性强。杀虫剂混配主要方式是有机磷与有机磷的混配使用，如甲基对硫磷或乙基对硫磷与敌百虫混配的四敌粉或乙敌粉、敌百虫与马拉硫磷混配的敌马合剂等；有机磷与菊酯类的混配，如氧化乐果与氰戊菊酯混配的氧乐菊酯、乐果与敌虫菊酯混配的菊乐合酯等；氨基甲酸酯与有机磷的混配，如叶蝉散与马拉松混配的叶马乳油、呋喃丹与久效磷颗粒剂混配等；沙蚕毒素类与氨基甲酸类的混配，如杀虫双与速灭威混配的双速可湿粉等。

【实验目的】

学习并掌握杀虫剂混用联合作用的生物测定和农药共毒系数的计算方法，准确评价杀虫剂混用的联合毒力。

【实验原理】

杀虫剂混用后所产生的联合毒力，主要是增效作用、拮抗作用及相加作用，药效可相应表现为增效、减效及平效。若两种杀虫剂可以混用，但不同的混配比例其增效作用是不同的，这不是简单的两种药剂药效的累加。孙云沛公式通过实现以常规方法测出混剂LD_{50}值及组成该混剂的各单剂的LD_{50}值，再以其中一种单剂为标准计算各单剂的毒力指数、混剂的实际毒力指数(ATI)和理论毒力指数(TTI)，最后计算出混剂共毒系数(CTC)表示混用后的毒力。

【实验材料】

(1)试剂：96.5%吡虫啉原粉、10%溴虫腈EC；

(2)材料：生长期一致的桃蚜[*Myzus persicae* (Sulzer)]；

(3)仪器：电子天平(万分之一)、滤纸、微量点滴器、组织培养板、Potter喷雾塔、三角瓶、毛笔。培养皿、烧杯、移液器等。

【实验步骤】

(1)药剂配置：96.5%吡虫啉原粉和10%溴虫腈EC分别用TritonX-100溶液稀释成所需

浓度；

(2)单剂 LD_{50} 的测定：采用 FAO 推荐的浸虫法(NY/T 1154.6—2006)进行毒力测定。设置 6 个药剂浓度，以 0.1% TritonX-100 溶液为对照，分别测定吡虫啉和溴虫腈 2 种杀虫剂的 LD_{50}。

(3)最佳配比筛选：采用交互测定法进行最佳配比的筛选。以单剂 A、B 的 LD_{50} 值为基础，设 5 个浓度梯度及空白对照共 6 个处理进行测定，各处理两单剂比例见表 4-3(以各自 LD_{50} 值为 100%，然后 5 等分，分别计算在各比例中的含量)。

表 4-3　吡虫啉与溴虫腈联合毒力测定

单剂	处理组					对照
	1	2	3	4	5	
吡虫啉	100	75	50	25	0	
溴虫腈	0	25	50	75	100	

【结果与分析】

1. 毒效比率的计算

各处理测定结果计算公式为：预期死亡率 = A 药剂 LD_{50} 值实际死亡率 × A 所占比例 + B 药剂 LD_{50} 值实际死亡率 × B 所占比例。

$$\text{毒效比率} = \frac{\text{实际死亡率}}{\text{预期死亡率}} \tag{4-12}$$

备注：毒效比率大于 1.25 为增效作用，毒效比率小于 0.75 为拮抗作用，毒效比率在 0.75～1.25为相加作用。

2. 共毒系数的计算

选择毒效比率大于 1.25 的配比，对混剂的联合作用进行测定，采用孙云沛法计算出混剂的共毒系数(CTC)。计算公式(4-13)至公式(4-16)为：

$$\text{毒力指数(TI)} = \frac{\text{标准杀虫剂 } LD_{50}}{\text{供试杀虫剂 } LD_{50}} \times 100\% \tag{4-13}$$

$$\text{混剂的理论毒力指数(TTI)} = \text{A 的 TI} \times P_a + \text{B 的 TI} \times P_b \tag{4-14}$$

$$\text{混剂的实际毒力指数(ATI)} = \frac{\text{标准杀虫剂 } LD_{50}}{\text{混剂 } LD_{50}} \times 100\% \tag{4-15}$$

$$\text{共毒系数(CTC)} = \frac{\text{混剂(A + B) 实际毒力指数}}{\text{混剂(A + B) 理论毒力指数}} \times 100\% \tag{4-16}$$

式中：P_a——混剂中 A 的百分含量；

P_b——混剂中 B 的百分含量。

备注：CTC≥120 为增效作用；CTC≥200 为显著增效作用；CTC≤80 为拮抗作用；80<CTC<120 为相加作用。

【注意事项】

杀虫剂联合毒力作用测定时，用等效方法检验两种药剂混合的最佳配比。

【思考题】

杀虫剂联合毒力作用测定时应注意哪些问题？

4.2 杀菌剂生物活性测定
(Bioassay of Fungicide)

杀菌剂活性测定是指将杀菌物质作用于真菌、细菌、病毒等病原物或植物体，根据其作用大小或对病原物的抑制程度，评价药剂效果的实验方法。当前，在新农药开发、病害抗药性监测以及杀菌剂作用机理探析等多个方面均有广泛应用。

近年来，随着计算机科学、分子生物学、植物病理学等学科的快速发展，杀菌剂的活性测定方法也在不断发展，正逐渐由离体测定向细胞水平、活体测定向植物组织水平和生化水平方向、测定技术向标准化和微型化方向过渡。但目前，杀菌剂的室内活性测定仍以常规生物测定方法为主。

根据杀菌剂生物测定方法的基本原理，常规的活性测定方法可以归纳为三大基本类型：离体法、活体法和组织筛选法。

1. 离体法

离体法是将药剂和病原菌直接接触，进而评价药剂的杀(抑)菌效果的方法。该方法最显著的特征是体系中不包含寄主植物。当前被广泛应用的离体法主要有孢子萌发法、生长速率法、抑菌圈法等。该类方法优点明显，如操作十分简单、测定周期相对较短、实验材料较易获取、测定条件便于调控等；但其最大的缺点是容易造成一些具有抗病性的化合物漏筛，如三环唑在离体条件下没有活性，但可以抑制真菌侵入寄主所需的黑色素等物质的合成。因此，该类方法只能在一定程度上体现药剂的生物活性。

2. 活体法

与离体法不同，活体法是在药剂、病原菌和寄主共存的条件下进行活性测定的，因此，该方法与田间活性测定相关性更紧密，实验结果具有更强的参考价值。但活体法也存在明显缺点，如需要寄主多，占用空间大，测定周期长，人力和物力花费大等。一般而言，该方法应用于通过离体法筛选出一定活性的物质之后的进一步筛选。当前，被常用的活体法主要有盆栽法、叶片法等。

3. 组织筛选法

组织筛选法是利用植物部分组织、器官或替代物作为实验材料评价化合物杀(抑)菌活性的方法。该方法介于离体法和活体法之间，因此兼具了离体法的简单快速和活体法的相关性强、数据更可靠等特点。目前，被广泛应用的活体法包括蚕豆叶片法、叶鞘内侧接种法、玉米叶段法、洋葱鳞片法、子叶筛选法等。

实验1 杀菌剂生物活性测定——孢子萌发法
(NY/T 1156.1—2006)

孢子萌发法主要针对较易在人工培养基中产生大量孢子、易萌发、易着色、遗传和成熟度一致且形状较大、便于镜检的病原菌，通过测定杀菌剂对病菌孢子直接杀死或抑制作用的强弱，来进行杀菌剂的药效评价。该方法操作简单，过程与孢子萌发常用的几种方法（悬滴法、液滴法、琼脂培养基法等）近似，目前被广泛应用。其基本原理是先将杀菌剂配制成一定浓度后负载在载玻片上，然后将供试病菌的孢子悬浮液滴于载玻片上（也可将孢子悬浮液和药液混合以后滴在载玻片上），控制温度、湿度、光照等，一定时间后进行镜检，以孢子萌发率评价杀菌剂的杀（抑）菌活性。值得注意的是，在统计孢子萌发率时，不能仅关注孢子萌发和不萌发这两种形态，还需观察芽管是否膨大、长短大小、是否有附着器形成、附着器颜色深浅及侵入菌体形成情况等。

【实验目的】

学习并掌握如何使用孢子萌发法测定杀菌剂的杀（抑）菌活性。

【实验原理】

将孢子培育在含有一定药剂的介质中，通过测定孢子萌发率的大小，评价药剂的杀菌活性。

【实验材料】

（1）试剂：50％多菌灵可湿性粉剂；

（2）材料：水稻稻瘟病病株（采用常规组织分离法获得菌株，经纯化并将病菌于 PDA 培养基平板上扩培后制成孢悬液）；

（3）仪器：离心机、电子天平（万分之一）、显微镜、培养箱、计数器、载玻片、凹玻片、移液管或移液器等。

【实验步骤】

（1）药剂配制：将多菌灵可湿性粉剂配制成 0.625 μg/mL、1.25 μg/mL、2.5 μg/mL、5 μg/mL、10 μg/mL、20 μg/mL 的浓度梯度，6 个处理，用无菌水作对照。

（2）孢子悬浮液配制：将在 PDA 培养基上纯化培养好的水稻稻瘟病原真菌孢子用去离子水洗脱，然后过滤、离心（1 000 r/min）5 min，倒去上清液，加入去离子水，再离心。最后用去离子水将孢子重悬浮至每毫升 $1\times10^5\sim1\times10^7$ 个孢子，并加入 0.5％葡萄糖溶液。

（3）药剂处理：用移液管或移液器从低浓度到高浓度依次吸取药液 0.5 mL 分别加入小试管中，然后吸取制备好的水稻稻瘟孢子悬浮液 0.5 mL，使药液与孢子悬浮液等量混合均匀（混合后的药剂浓度较之前减半，分别为 0.312 5 μg/mL、0.625 μg/mL、1.25 μg/mL、2.5 μg/mL、5 μg/mL、10 μg/mL）。用微量加样器吸取上述混合液滴到凹玻片上，然后架放于带有浅层水的培养皿中，加盖保湿培养于 26℃恒温箱中。每处理不少于 3 次重复，6 h 后镜检。

【结果与分析】

当空白对照的水稻稻瘟病原菌孢子萌发率达到 90％以上时，检查各处理的孢子萌发情况。

孢子芽管长度大于孢子的短半径视为萌发。每处理各重复随机观察 3 个以上视野，调查孢子总数不少于 200 个，分别记录萌发数和孢子总数。

（1）计算出各浓度的孢子萌发率、校正萌发率和相对抑制率，计算结果保留小数点后两位（表 4-4）。

$$孢子萌发率=\frac{孢子萌发数}{调查的孢子总数}\times100\% \tag{4-17}$$

$$处理校正孢子萌发率=\frac{处理孢子萌发率}{空白对照孢子萌发率}\times 100\% \quad (4\text{-}18)$$

$$孢子萌发相对抑制率=\left(1-\frac{处理孢子萌发率}{空白对照孢子萌发率}\right)\times 100\% \quad (4\text{-}19)$$

表 4-4　多菌灵对水稻稻瘟病菌孢子萌发的抑制率

药剂浓度/(μg/mL)	孢子萌发率/%	处理校正孢子萌发率/%	孢子萌发相对抑制率/%
0			
0.312 5			
0.625			
1.25			
2.5			
5			
10			

(2)使用统计软件(SPSS、SAS、Excel 等)求出毒力回归式及各药剂的 EC_{50}、EC_{90} 和 95% 置信限。

【注意事项】

采集孢子萌发数据时,不能仅关注孢子萌发和不萌发这两种形态,还需观察芽管生长异常情况、附着孢形成数等。

【思考题】

孢子萌发法适用于哪些菌种的毒力测定?

实验 2　杀菌剂生物活性测定——生长速率法(NY/T 1156.2—2006)

生长速率法又叫含毒介质法,是离体法中测定杀菌剂毒力最常用的方法之一。基本原理是利用病菌在含有不同浓度药剂的培养基上生长速度的快慢,来判定药剂的毒力大小。该方法适用于不产孢子或产生孢子缓慢,而菌丝生长迅速、整齐、平伏于培养基上呈放射状生长的病菌。

病原菌生长速率通常采用在一定时间内病原菌生长的菌落直径大小(即扣除接入病原菌菌落直径)表示,也可用菌落达到一定直径所需时间表示。需要注意的是,在测定中一定要同时设置不加药剂和只加药剂配置时的溶剂和助剂的空白对照,用于在计算毒力时抵消溶剂和助剂对结果的影响;另外,选取测定实验结果的时间,一般以空白对照中菌落直径生长到原始菌饼的 80%左右时较宜。

生长速率法的优点是操作比较简单,适用范围广(乳油、水剂、可湿性粉剂等均可),重复性好。缺点是对供试菌种要求严格,必须容易培养,生长速率快且边缘整齐,孢子产生较慢,同时还要求是农业生产上主要的病原菌;另外,还要求供试药剂要有一定的耐热性,遇热不易分解。

【实验目的】

学习并掌握如何使用生长速率法测定杀菌剂的离体杀菌活性。

【实验原理】

将不同浓度的药液与融化的培养基混合，制成带毒培养基平面，在平面上接种病原菌，以病菌生长速度的快慢来判定药剂毒力的大小。

【实验材料】

(1)供试药剂：95%的嘧菌酯原药。

(2)供试病原菌：辣椒疫霉病原菌。

(3)材料：马铃薯、葡萄糖、琼脂培养基(PDA)。

制作方法：按照 1 L 水∶200 g 马铃薯∶20 g 琼脂∶20 g 蔗糖比例配制。先将土豆洗净削皮后准确称量 1 600 g，切成小块，用纱布包好放入锅内，加水 6 L 左右，待水沸腾后继续煮 30 min，此时将包着马铃薯的纱布取出，加 160 g 琼脂，边搅拌边加热(此过程易煮糊)，待琼脂全部溶解后，加入 160 g 蔗糖，并定溶至 8 L。将其分装至锥形瓶中，封口后高压锅灭菌。

(4)仪器：电子天平(万分之一)、生物培养箱、培养皿、移液管或移液器、接种器、卡尺、高压灭菌锅、超净工作台、酒精、纱布、打孔器等。

【实验步骤】

(1)菌种准备：在 90 mm 的培养皿中，倒入 10～15 mL 的 PDA 培养基，从培养皿或斜面培养基上取一块病菌，放在培养皿中间，于 25℃下培养备用。

(2)药剂配制：准确称量 95%嘧菌酯 21.052 6 mg，将其溶于 1 mL 的 *N*,*N*-二甲基甲酰胺溶解后，配制成 2 0000 μg/mL，然后用移液枪移取 0.2 mL，置于 80 mL 已灭菌的 PDA 培养基中，充分摇匀，即配制成 50 μg/mL 含药液的培养基溶液，参照上述方法继续配制其他浓度培养基溶液。

(3)药剂处理：试验全部在超净工作台操作，所用材料均使用高压灭菌锅灭菌。将含嘧菌酯药液的 PDA 培养基溶液倾入灭菌培养皿中制作成平板，在无菌条件下，使用 4 mm 打孔器打孔，然后挑取辣椒疫霉病原菌株饼置于含不同药剂浓度的 PDA 培养基平板中央，以空白 PDA 培养基为对照，置于 25℃恒温培养箱中培养 96 h，每种梯度平行测试 3 次。

【结果与分析】

根据空白对照培养皿中辣椒疫霉病原菌落的生长情况调查病原菌菌丝生长情况，待空白对照中菌落充分生长后，以十字交叉法测量各处理的菌落直径(表 4-5)。菌丝生长抑制率计算公式(4-20)如下：

$$\text{菌丝生长抑制率}=\frac{\text{对照菌落增长直径}-\text{药剂处理菌落增长直径}}{\text{对照菌落增长直径}}\times 100\% \qquad (4\text{-}20)$$

表 4-5　嘧菌酯对辣椒疫霉生长抑制率表(96 h)

药剂浓度/(μg/mL)	对照菌落直径/mm	处理菌落直径/mm	菌丝生长抑制率/%

进一步，以药剂浓度的对数值为横坐标，以菌丝生长抑制率的概率值为纵坐标，使用统计软件(SPSS、SAS、Excel 等)可求出毒力回归式及嘧菌酯的 EC_{50}、EC_{90} 和 95%置信限。

【注意事项】

1. 选择病原菌菌丝生长时间要适当，以保证空白对照充分生长为宜；

2. 空白对照实验，切莫忘记使用溶解药剂的溶剂和助剂，使用量与药剂一致。

【思考题】

1. 生长速率法适用于哪些菌种的毒力测定？

2. 用生长速率法测定杀菌剂的毒力有何优点和缺点？

实验 3 杀菌剂生物活性测定——抑菌圈法

抑菌圈法即水平扩散法，基本原理是在已经接种供试病原菌的琼脂培养基表面上，利用管碟法、滤纸片法或孔碟法等使药液和培养基接触，恒温培养一段时间之后，由于药剂的渗透扩散作用，施药部位周围的病菌被杀死或生长受到抑制，从而产生了抑菌圈。根据抑菌圈的大小即可比较不同杀菌剂的毒力大小。

该法的最大优点是精确度高，而且操作简单，能快速得到结果，尤其适用于在培养基中扩散能力较强的药剂，如抗生素等。由于大多数抗生素都有一定的水溶性，因此该法是国际上抗生素标准的效价测定方法。但对相当一部分杀菌剂原药来说，在水中溶解度很小，因此扩散性也较差，只有先用适量的乙醇或丙酮溶解后，再用水稀释至所需浓度才能进行测定。

在进行抑菌圈法测定结果观察评价时，仅从抑菌圈的大小来评价活性是不够的，还要注意抑菌圈的透明程度及周边菌落形态和色素的是否存在变化，从而帮助研究人员了解药剂的作用特点。如果抑菌圈透明，一般可表明药剂能抑制孢子萌发或较强抑制菌体的生长；如果抑菌圈模糊，则在显微镜下观察会发现孢子已经萌发，说明药剂仅对菌丝体生长有抑制作用。如果抑菌圈周边菌落色素变淡，说明药剂可能有抑制黑色素合成的作用。

【实验目的】

学习并掌握如何使用抑菌圈法测定杀菌剂的离体杀菌活性。

【实验原理】

通过抑菌圈的大小判断杀菌剂对病原菌的毒力。

【实验材料】

(1)供试药剂：50%速克灵可湿性粉剂；

(2)供试病原菌：葡萄灰霉病菌；

(3)马铃薯、葡萄糖、琼脂培养基(PDA)；

(4)仪器：电子天平(万分之一)、生物培养箱、灭菌培养皿、无菌移液管或移液器、接种针、卡尺、高压灭菌锅、超净工作台、酒精灯、纱布、小烧杯、镊子等。

【实验步骤】

(1)药剂配制：准确称量一定质量的 50%速克灵可湿性粉剂，直接用无菌水稀释至所需浓度，一般可设置 5～7 个系列浓度。

(2)孢子悬浮液的制备：方法同实验 1(杀菌剂生物活性测定——孢子萌发法)。

(3)接种培养基的制备：将锥形瓶中的PDA培养基融化冷却到45℃左右，加入已制备好的孢子悬浮液，摇匀后迅速倾入四个直径为90 mm的培养皿中，每皿约15 mL培养基。

(4)注药：用灭菌小烧杯分别盛不同浓度的速克灵药液，用灭菌镊子夹取已消毒的4 mm的圆滤纸片蘸取药液，取出滤纸片后晾干，然后按不同的浓度放入已固化好的接种培养基上，每处理重复4次，每皿4片，以蘸无菌水的滤纸片作对照。

(5)结果检查：培养皿上做好标记，置于25℃培养箱中培养一定时间后，取出用十字交叉法测量抑菌圈的直径，取平均值，将结果记入表4-6。

【实验数据及其处理】

实验结果记录于表4-6中。

表4-6　实验结果记录

药剂	浓度	浓度对数	抑菌圈直径/cm					抑菌圈直径平方
			重复1	重复2	重复3	重复4	平均	

以抑菌圈直径的平方为纵坐标、浓度对数为横坐标，使用统计软件(SPSS、SAS、Excel等)绘出毒力曲线，根据毒力曲线的中等浓度来比较不同药剂的相对毒力。

【注意事项】

1. 放置滤纸片时要快速、平放、准确，放下后不能再移动；

2. 各滤纸片的间距要适当，以防形成的抑菌圈不圆。

【思考题】

1. 抑菌圈法适用于哪些菌种的毒力测定？

2. 如何对测定结果进行观察评价？

实验4　杀菌剂抑制水稻纹枯病菌实验——平皿叶片法(NY/T 1156.3—2006)

平皿叶片法属于组织筛选法的一种，材料易得，条件易于控制，较活体法更为简单快捷；同时又能克服离体法下对病菌无效而在活体条件下有效的化合物的漏筛，测定结果反映了药剂、病菌和植物组织之间的相互作用和影响，更接近实际情况。

该法的基本原理是将容易感染供试菌的植物叶片(如蚕豆叶片)经不同浓度的药剂处理后平放在培养皿内，再将一块培养好的供试菌菌丝体(如纹枯病菌)放在叶片上，经保湿培养一定时间，检查其病斑面积，并以此衡量供试药剂的毒力。

【实验目的】

学习并掌握叶碟法杀菌剂的生物活性测定方法及基本要求。

【实验原理】

从植物体切取某部分组织器官，用于药物处理和接种病原菌，通过考察组织感染病斑情况来评价药物的抑菌活性。

【实验材料】

(1)供试药剂：15%三唑酮可湿性粉剂；

(2)供试病原菌：水稻纹枯病菌；

(3)仪器：电子天平(万分之一)、喷雾器械、人工气候箱、生物培养箱、培养皿、移液管或移液器、接种针、卡尺等。

【实验步骤】

(1)药剂配制：准确称量一定质量的15%三唑酮可湿性粉剂，直接用无菌水稀释至所需浓度，一般可设置5～7个系列浓度。

(2)药剂处理：将叶片在已配制好一定浓度的三唑酮药液中充分浸润5 s，沥去多余药液，自然风干后，按处理标记后保湿培养。试验以无菌水作空白对照。

(3)接种与培养：用接种器将直径为5 mm菌饼有菌丝的一面接种于处理叶片中央。每处理接种30片叶。若要评价药剂的保护作用，需在药剂处理后24 h接种；若要评价药剂的治疗作用，需在药剂处理前24 h接种。接种后置于人工气候箱有光照的保湿箱内，在26～28℃和相对湿度为80%～90%的条件下培养。

【结果与分析】

待空白对照充分发病以后，用卡尺分别测量对照和每个处理的30片叶中病斑的长度和宽度，求出平均值来表示病斑直径(单位mm)。

1. 计算不同浓度药剂的防治效果

$$防治效果=\frac{空白对照病斑平均直径-药剂处理病斑平均直径}{空白对照病斑平均直径}\times 100\% \qquad (4\text{-}21)$$

2. 各药剂的EC_{50}、EC_{90}、95%置信限的计算

根据各药剂浓度对数值与对应的防效概率值作回归分析，或利用统计软件(SPSS、SAS、Excel等)即可求出各药剂的EC_{50}、EC_{90}和95%置信限。

【注意事项】

利用十字交叉法测量病斑的长度和宽度时，应尽量避开量取不规则部位。

【思考题】

叶碟法有哪些优点，及其适用范围是什么？

实验5 杀菌剂防治黄瓜霜霉病实验——盆栽法 (NY/T 1156.4—2006)

盆栽法是活体法中测定杀菌剂防治效果最常用的方法。该法的基本原理是在利用盆、钵培育的幼嫩植物上接种病原菌，喷洒药剂，根据病情指数考察杀菌剂的防治效果。盆栽法具有多种优点。

(1)该法接近大田实际情况,克服了在离体条件下对病菌无效而在活体条件下有效的化合物的漏筛,其测定结果对生产实践有较大的参考价值;

(2)与大田药效实验相比,供试菌的培养不受自然条件限制,可快速得出结果,能用于大量化合物的活性筛选;

(3)多种条件易于控制,测定结果比较稳定可靠。不过,其不足之处是:和室内离体法相比,由于寄主植物参与,测定工作相对麻烦,且测定周期较长。

使用盆栽法时,选取的供试植物要求容易栽培、生长迅速,是主要农作物;同时,供试植物应选对病原敏感的品系,不能选抗病品种。而选取的供试病菌必须是由供试植物决定的。如供试植物是水稻,就需用水稻主要病害的病原菌(水稻稻瘟病、水稻纹枯病等)。

【实验目的】

学习并掌握盆栽法测定杀菌剂对黄瓜霜霉病菌的生物活性。

【实验原理】

在利用盆、钵培育的幼嫩植物上接种病原菌,喷洒药剂,根据病情指数考察杀菌剂的防治效果。

【实验材料】

(1)供试药剂:94.5%氰霜唑原药;

(2)供试病原菌:黄瓜霜霉病菌;

(3)供试作物:黄瓜(盆栽待幼苗长至 4～6 叶备用);

(4)仪器:电子天平(万分之一)、喷雾器械、人工气候箱、移液管或移液器、烧杯、卡尺等。

【实验步骤】

(1)孢子囊悬浮液的准备:采病原叶片,用 4℃的蒸馏水洗下叶面霜霉菌孢子,配制成悬浮液(浓度为每毫升 50×10^5～100×10^5 个孢子),在 4℃下存放备用。

(2)药剂配制:准确称量 0.211 6 g 94.5%氰霜唑原药,将其溶解并稀释至浓度为 100 μg/mL,设置 100、50、25、12.5、6.25 μg/mL 5 个浓度梯度。

(3)药剂处理:设 5 个不同质量浓度处理,另设不含药剂的空白对照处理 1 个,每处理 5 盆,每盆 2 株。

(4)接种与培养:将新鲜孢子囊悬浮液喷雾接种于叶片背面,24 h 后用喷雾法将药液均匀喷施于叶片两面至全部润湿,待药液自然风干后置于 17～22℃、相对湿度为 90%以上条件下培养 7 d,待清水对照充分发病后调查药效。

【结果与分析】

根据清水对照的发病情况对实验组和对照组进行分级调查。采用如下分级方法:

0 级——无病;

1 级——病斑面积占整片叶面积的 5%以下;

3 级——病斑面积占整片叶面积的 6%～10%;

5 级——病斑面积占整片叶面积的 11%～25%;

7 级——病斑面积占整片叶面积的 26%～50%;

9 级——病斑面积占整片叶面积的 50%以上。

根据调查数据,计算各处理的病情指数和防治效果。

$$病情指数=\frac{\sum(各级病叶数\times病叶数代表级数值)}{调查总病叶数\times最高代表级数值}\times100\% \quad (4-22)$$

$$防治效果=\frac{对照组平均病情指数-处理组平均病情指数}{对照组平均病情指数}\times100\% \quad (4-23)$$

以供试药剂质量浓度的对数值为自变量(x),以防治效果的概率转换值为因变量(y),采用最小二乘法求出各药剂的毒力回归方程和 EC_{50} 值及 r 值(表 4-7)。

表 4-7　94.5%氰霜唑原药对黄瓜霜霉病菌毒力测定结果

质量浓度/(μg/mL)	病情指数	相对防效/%	毒力回归方程($y=$　　　)	r	EC_{50} 值/(μg/mL)
0					
6.25					
12.5					
25					
50					
100					

【注意事项】

供试植物一定要选用易感病黄瓜品种。

【思考题】

怎样配制黄瓜霜霉病菌的孢子囊悬浮液?

4.3　除草剂生物活性测定
(Bioassay of Herbicide)

除草剂生物测定是指利用生物体(主要指有害植物)对除草剂的反应来测定除草剂及其效果的基本方法。室内除草剂生物测定的主要目的在于:①筛选除草剂,了解除草剂防治杂草的种类(即杀草谱)及适用的作物范围;②测定除草剂在土壤中的残留动态(半衰期等),掌握其吸附、淋溶、持效期、光解、挥发速度、水解、微生物降解等;③除草剂的定量研究。

除草剂对植物的影响往往是多方面的。不同植物的不同器官对不同除草剂及其不同剂量反映出症状和程度不同,可以利用适当植物器官作为除草剂生物测定的试材。根据除草剂生物测定所用植物及器官的不同,除草剂的生物测定可分为以下 3 个方面。

(1)萌芽鉴定。许多除草剂能强烈抑制敏感植物种子的萌发,或明显地抑制植物幼芽及胚根的生长。随除草剂剂量的变化,抑制反应也有相应的变化,萌发法能够较为准确的反应剂量和抑制率之间的关系。一般情况下,典型的根系或初生茎叶的受抑症状可在处理后,培养 24～96 h 观察到。

(2)植株鉴定。通过测定供试植物的生长量来确定各种除草剂对供试材料的抑制程度以及除草剂的生物活性,通常以鲜重为测定指标,如对试验要求较准确时,还需要测定供试植株或特定部位的干重。

(3)生理和形态效应鉴定。除草剂施用后会引起植物生理、生化变化,这些反应与除草剂剂量有关系。这些生理生化变化可以通过测定叶绿素、酶蛋白等生理生化指标进行鉴定。

除草剂生物活性测定的供试植物选取时应遵循的原则如下。

(1)供试植物的来源充分;

(2)供试植物个体一致,应尽量选取常规品种(杂交种会出现性状分离)作为试材;

(3)在一定的剂量范围内,供试植物对除草剂的反应随着剂量的增加而有规律地提高;

(4)在环境条件相同或相似的条件下,这种成比例的损害关系是可以重现的。

除草剂生物活性测定的浓度设定应遵循原则:所用的某种除草剂(单剂或混剂),生物测定必须设置系列浓度(或剂量),系列浓度(或剂量)可以设置成等比或等差数列浓度,并且至少应设置 5 个以上,同时一定要设置空白(清水)对照,有些试验必须设置对照药剂,即标准样品或当地常用的除草剂。通常情况下,浓度设置范围应在植物无反应,直到反应程度超过空白对照的 90%才能求得合理的回归方程,并应用该方程计算出抑制 10%、50%和 90%所需的浓度(或剂量)。每种浓度至少要重复 4 次,如果一个培养器皿中只有一株供试植物,则应该增加重复次数,才能保证结果的可靠性。

实验 1　除草剂生物活性测定——黄瓜幼苗形态法

黄瓜幼苗形态法是测定激素类除草剂及其他植物生长调节剂活性的经典方法。

2,4-D(2,4-dichlorophenoxy)属于茎叶处理除草剂,主要用于禾本科作物(麦、稻、玉米、甘蔗)等作物田中防除藜、苋等阔叶杂草及萌芽期禾本科杂草。该除草剂具有内吸性特点,可从根、茎、叶进入植物体内,降解缓慢,并积累一定浓度,从而干扰植物体内激素平衡,破坏核酸与蛋白质代谢,促进或抑制某些器官生长,使杂草茎叶扭曲、茎基变粗、肿裂等。禾本科作物在其 4～5 叶期具有较强耐药性,是喷药的最佳时期。这类药剂的药效与温度密切相关,温度 20～28℃时,药效随温度上升而提高,低于 20℃则药效降低。

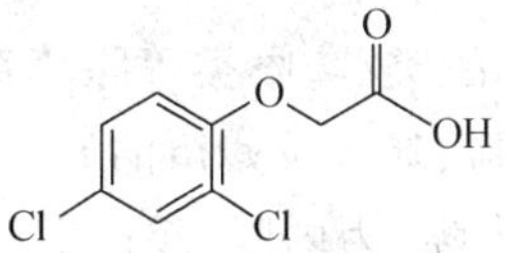

2,4-二氯苯氧乙酸(2,4-D)

【实验目的】

掌握黄瓜幼苗形态法测定除草剂生物活性的步骤、原理及注意事项。

【实验原理】

双子叶植物黄瓜苗的根部及地上部分对除草剂 2,4-D 特别敏感,因此,可根据黄瓜根长及地上部分对除草剂的反应来评价除草剂的活性大小。

【实验材料】

(1)药剂:2,4-D 原药(95%);

(2)材料:黄瓜种子;

(3)仪器：智能光照培养箱、电子天平(万分之一)、培养皿、烧杯、移液器等。

【实验步骤】

(1)药剂配置：用适量甲醇溶解 2,4-D 原药，再用水稀释配成 5 个浓度：0.1 mg/L、0.5 mg/L、1 mg/L、2.5 mg/L 和 5.0 mg/L。

(2)药剂处理：挑选 10 粒黄瓜种子摆放于烧杯(100 mL)底部，加入 3 cm 石英砂将种子充分覆盖。用定量系列浓度的药液将种子充分浸着，用封口膜封口置于培养箱内，在温度(28±1)℃、湿度 80%～90%的黑暗条件下培养。每个处理不少于 3 次重复，并设置不含药剂的处理作为空白对照。

(3)调查：在 28℃恒温箱中培养 96 h 后，测量初生根和地上部分长度或描绘整个幼苗图形。除草剂的浓度与生长受抑程度间存在着定量关系。

【结果与分析】

(1)计算方法：根据调查数据，按公式(4-24)计算各处理的根长或地上部分的生长抑制率，单位为百分率(%)，计算结果均保留到小数点后两位：

$$生长抑制率=\frac{对照组根长-处理组根长}{对照组生长量}\times 100\% \tag{4-24}$$

(2)使用统计软件(SPSS、SAS、Excel 等)求抑制浓度(ED_{50})。

【注意事项】

黄瓜种子应尽量挑选大小一致的种子。

【思考题】

黄瓜幼苗形态法适合哪类除草剂的生物测定？

实验 2 除草剂生物活性测定——玉米根长法 (NY/T 1155.2—2006)

玉米根长法是磺酰脲类、咪唑林酮类、喹啉类等除草剂较理想的测定方法，该方法简单、快速、准确。还可用于除草剂淋溶、吸附、降解及残留的研究。

氯磺隆(chlorsulfuron)又称绿磺隆，为内吸、超高效磺酰脲类除草剂。药剂被杂草叶面或根系吸收后，可传导到植株全身，通过抑制乙酰乳酸酶的活性，阻碍支链氨基酸缬氨酸和亮氨酸的合成，从而使细胞分裂停止，植株失绿，枯萎而死。用于防除禾谷作物田的阔叶杂草及禾本科杂草，如藜、蓼、苋、猪殃殃、苘麻、田旋花、田蓟、荞麦蔓、母菊，以及狗尾草、黑麦草、早熟禾、小根蒜等。对野燕麦、龙葵效果不佳。芽前或芽后早期使用，一般在秋季作物播后芽前或春季杂草芽后施药，更宜芽后叶面处理。氯磺隆与绿麦隆、异丙隆混用效果良好。

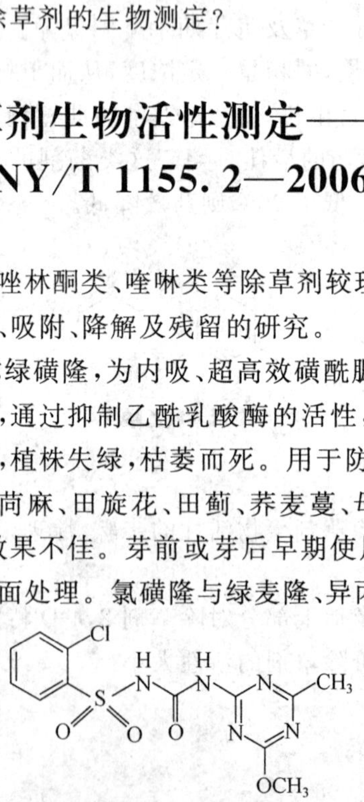

氯磺隆(chlorsulfuron)

【实验目的】

掌握除草剂生物活性测定方法——玉米根长法。

【实验原理】

玉米根部对除草剂具有较高的敏感性，因此可根据玉米根长对除草剂的反应来评价除草剂的活性大小。

【实验材料】

(1)药剂：95%氯磺隆原药；

(2)材料：玉米种子；

(3)仪器：智能光照培养箱、电子天平(万分之一)、培养皿、烧杯、移液器等。

【实验步骤】

(1)催芽：将均匀一致的玉米种子在(25±1)℃条件下浸泡 12 h，在(28±1)℃条件下催芽至露白，胚根长度达到 0.8 cm 时备用。

(2)药剂配置：用适量甲醇溶解氯磺隆原药，再用水稀释配成 5 个浓度：0.1 mg/L、0.5 mg/L、1 mg/L、2.5 mg/L 和 5.0 mg/L。

(3)药剂处理：选 10 粒发芽一致的玉米种子摆放于烧杯(100 mL)底部，加入 3 cm 石英砂将种子充分覆盖。用定量系列浓度的药液将种子充分浸着，用封口膜封口置于培养箱内，在温度(25±1)℃、湿度 80%～90%的黑暗条件下培养。每个处理不少于 3 次重复，并设置不含药剂的处理作为空白对照。

(4)调查：培养 5 d 后用直尺测量各处理的根长，并记录试材的中毒症状。

【结果与分析】

(1)计算方法：根据调查数据，按公式(4-25)计算各处理的根长或芽长的生长抑制率，单位为百分率(%)，计算结果均保留到小数点后两位：

$$\text{生长抑制率} = \frac{\text{对照组根长} - \text{处理组根长}}{\text{对照组生长量}} \times 100\% \tag{4-25}$$

(2)使用统计软件(SPSS、SAS、Excel 等)求致死中量(ED_{50})。

【注意事项】

挑选大小、饱满度一致的玉米种子进行试验。

【思考题】

玉米根长法适用于哪些除草剂的活性测试？

实验 3　除草剂生物活性测定——萝卜子叶法

萝卜子叶法由南开大学元素所谭惠芳等建立的。该方法对测定触杀型除草剂较敏感，如百草枯、杀草快、除草醚、敌稗等。另外，对通过干扰体内含氮化合物代谢而杀草的除草剂也很敏感，如杀草强、杀草胺，2,4-D,2,4,5-T、二氯丁酸等。

百草枯(gramoxone)，化学名称是 1-1-二甲基-4-4-联吡啶阳离子盐，为速效触杀型灭生性季铵盐类除草剂。有效成分对叶绿体层膜破坏力极强，使光合作用和叶绿素合成很快中止，叶片着药后 2～3 h 即开始受害变色，百草枯对单子叶和双子叶植物绿色组织均有很强的破坏作用，有一定的传导作用破坏绿色植物组织，但不能穿透栓质化的树皮，接触土壤后很容易被钝化。不能破坏植株的根部和土壤内潜藏的种子，因而施药后杂草有再生现象。百草枯可防除各种一年生杂草；对多年生杂草有强烈的杀伤作用，但其地下茎和根能萌出新枝；对已木质化的棕色茎和树干无影响。适用于防除果园、桑园、胶园及林带的杂草，也可用于防除非耕地、田埂、路边的杂草，对于玉米、甘蔗、大豆以及苗圃等宽行作物，可采取定向喷雾防除杂草。

百草枯可作为机采收获作物脱叶剂后期辅助药剂。由于作物使用脱叶剂后在采收期接近时未达到理想的脱叶效果，百草枯可以快速杀死作物绿色组织，使其脱水变干，不影响机械采收后收获果实的短期堆放和运输。例如棉花，辣椒等作物收获的是回潮率较低的籽棉和果实，当回潮率较高时，短时间堆放也会产生霉变。这就要求采收时尽量减少新鲜的叶片和茎干，使用百草枯快速杀死绿色组织，从而降低籽棉和辣椒的回潮率，保证机采后可以短时间堆放和运输。

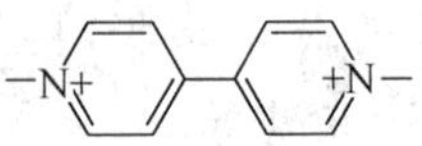

百草枯(gramoxone)

【实验目的】

掌握萝卜子叶法测定除草剂生物活性的方法。

【实验原理】

利用萝卜子叶对触杀型除草剂比较敏感，可根据除草剂抑制叶绿素含量测定除草剂活性。

【实验材料】

(1)药剂：95％百草枯原药；

(2)材料：萝卜种子；

(3)仪器：智能光照培养箱、电子天平(万分之一)、培养皿、烧杯、移液器等。

【实验步骤】

(1)萝卜苗的准备：将洗净的水萝卜种子播种在垫有二层滤纸的培养皿内，加入适量蒸馏水，加盖后置 27℃恒温箱黑暗培养约 30 h。

(2)药剂配置：用适量甲醇溶解百草枯原药，再用水稀释配成 5 个浓度：0.1 mg/L、0.5 mg/L、1 mg/L、2.5 mg/L 和 5.0 mg/L。

(3)药剂处理：从幼苗上切下子叶，选择大小一致的 10 片放于垫有一层滤纸的培养皿内，皿内盛有水配制的一系列不同浓度除草剂溶液 5 mL，加盖置于(25±1)℃的恒温室内培养，给予 2 000～3 000 lx 荧光灯连续光照 3 d 后，称子叶鲜重。

【结果与分析】

(1)计算抑制叶片生长 50％的除草剂浓度；

(2)利用分光光度计可测定叶绿素的含量。

【注意事项】

需要挑选大小一致的萝卜子叶。

【思考题】

哪几类除草剂适合萝卜子叶法进行生物测定？

实验 4　除草剂生物活性测定——去胚乳小麦幼苗法

去胚乳小麦幼苗法主要用于测定光合作用抑制剂类除草剂。与其他测定光合作用抑制剂的方法相比，具有操作简便、测定周期短、专一性好等优点。

莠去津(atrazine)属于三嗪类除草剂，又名阿特拉津，是一种选择内吸传导型苗前、苗后除草剂，可防除一年生禾本科杂草和阔叶杂草，对某些多年生杂草也有一定的抑制作用。莠去津杀草谱较广，可防除多种一年生禾本科和阔叶杂草。适用于玉米、高粱、甘蔗、果树、苗圃、林地等旱田作物防除 马唐、稗草、狗尾草、莎草、看麦娘、蓼、藜、十字花科、豆科杂草，尤其对玉米有较好的选择性(因玉米体内有解毒机制)，对某些多年生杂草也有一定的抑制作用。莠去津主要通过植物根部吸收并向上传导，抑制杂草(如苍耳属植物、狐尾草、豚草属植物和野生黄瓜等)的光合作用，使其枯死。叶绿体膜中存在两套光合作用系统，分别称为光合体系Ⅰ(PSⅠ)和光合体系Ⅱ(PSⅡ)。在 PSⅡ中，存在中心色素 P680、去镁叶绿素及质体醌。当光能传递到 P680 时，电子从 P680 移动，经 PSⅡ色素分子，到达质体醌。这个过程重复进行，直至质体醌在还原反应中接受两个电子，被还原为质体氢醌(二酚)。质体醌充当 PSⅡ和 PSⅠ之间的“电子传输器”。当两个电子搭上这个传输器，新形成的质体氢醌就与 PSⅡ分离，去往 PSⅠ。当质体醌远离 PSⅡ后，一个新的质体醌结合在相同的位置，又重复这一过程。然而，如果有一个具有相似形状的分子存在，如莠去津，它就有可能结合在质体醌的位置，当莠去津结合后，质体醌分子被阻止再结合和传递更多的电子。这些电子就会与细胞膜中的油脂反应，破坏细胞膜，最终导致细胞死亡。

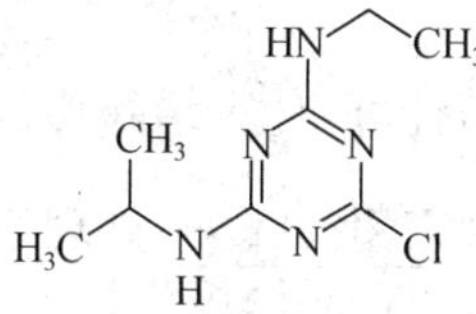

莠去津(atrazine)

【实验目的】

掌握抑制光合作用的除草剂的生物活性测定方法——去胚乳小麦幼苗法。

【实验原理】

植物生长量测定法将所选试材进行催芽处理后，种植在含有供试药剂的基质中(液体基质或土壤)或在植株生长的某个适期施药，经一定时间、一定条件的培育后观察试验结果。常用方法有去胚乳小麦幼苗法、萝卜子叶法、番茄水培法、叶鞘滴注法、再生苗测重法、去胚乳小麦幼苗法。

去胚乳小麦幼苗法是测定光合作用抑制剂的较为经典的方法，其原理是早期人工将小麦剥离胚乳，使幼苗直接生长在含供试样品的培养液中，幼苗不再有胚乳供应养分，只能被迫从培养液中吸收药剂并独立进行光合作用以补充自身营养，而许多光合作用抑制剂只有在植物萌发后能独立进行光合作用时才可发挥作用。该方法去除了胚乳的影响，因此是测定光合作用抑制剂较敏感的方法。

【实验材料】

(1)药剂:40%莠去津;

(2)材料:小麦种子;小麦营养液用 Hoagland's(霍格兰氏)营养液作为培养液,其配方为硝酸钙 945 mg/L、硝酸钾 607 mg/L、磷酸铵 115 mg/L、硫酸镁 493 mg/L、铁盐溶液 2.5 mL/L、微量元素 5 mL/L(碘化钾 0.83 mg/L、硼酸 6.2 mg/L、硫酸锰 22.3 mg/L、硫酸锌 8.6 mg/L、钼酸钠 0.25 mg/L、硫酸铜 0.025 mg/L、氯化钴 0.025 mg/L)、pH=6.0 等。

(3)仪器:镊子、10 mL 烧杯、1 mL 移液管、10 mL 移液管、试剂瓶、尺子等。

【实验步骤】

(1)催芽:将小麦种子浸泡 2 h 后,选择饱满度一致的种子,种沟向下排列在铺有湿滤纸或湿纱布的搪瓷盘中,然后覆盖 0.5 cm 厚度的湿砂,在室温 25℃左右进行催芽,3～4 d 后苗高达 2～3 cm;

(2)剥除胚乳:精选高度一致、幼叶刚露出叶鞘、见绿的麦苗,轻轻取出,避免伤害根部,然后用镊子小心地摘除胚乳(不要损伤根、芽),再用水漂洗掉附在上面的胚乳成分,作为指示生物;

(3)药剂处理:将药剂稀释成 125 mg/L、62.5 mg/L、31.25 mg/L、16.625 mg/L、8.312 5 mg/L 5 个浓度,种植在内径 2.5 cm、高 3.0 cm 的玻璃杯内,每杯注入不同浓度供试药液 1 mL 和稀释 10 倍的培养液 4 mL,每杯插入 10 株上述去胚乳小麦;

(4)培养:在室温 25℃、相对湿度 80%～90%、12 h 光照的培养箱中培养,其间每天早晚两次补足杯中蒸发掉的水分;

(5)结果检查与处理:处理 5 d 后,测量每株小麦苗的生长量,即从芽鞘到最长叶尖的距离,求生长抑制率,并以此评价样品的除草活性。

【结果与分析】

(1)求生长抑制率。按公式(4-26)计算,计算结果均保留到小数点后两位:

$$生长抑制率=\frac{对照组生长量-处理组生长量}{对照组生长量}\times 100\% \tag{4-26}$$

(2)使用统计软件(SPSS、SAS、Excel 等)求致死中量(ED_{50})。

【注意事项】

剥除胚乳时应非常小心,不要损伤根、芽等部位。

【思考题】

从作用机理出发,分析思考莠去津发生抗性的原因。

实验 5　除草剂生物活性测定——土壤喷雾法 (NY/T 1155.3—2006)

二甲戊灵(pendimethalin)化学名称为 *N*-(1-乙基丙基)-2,6-二硝基-3,4-二甲基苯胺,商品名为除芽通、施田补、杀草通,属低毒、高活性除草剂,为二硝基苯胺类选择性土壤处理剂,对禾本科杂草有较好的防除效果,是一种广泛应用于棉花、玉米、水稻、马铃薯、大豆、花生、烟草以及蔬菜田的选择性土壤封闭除草剂。二甲戊灵对一年生禾本科杂草、部分阔叶杂草和莎草。如稗草、马唐、狗尾草、千金子、牛筋草、马齿苋、苋、藜、苘麻、龙葵、碎米莎草、异型莎草等。对禾本科杂草的防除效果优于阔叶杂草，对多年生杂草效果差。

二甲戊灵为选择性芽前、芽后旱田土壤处理除草剂。杂草通过正在萌发的幼芽吸收药剂，进入植物体内的药剂与微管蛋白结合，抑制植物细胞的有丝分裂，从而造成杂草死亡。

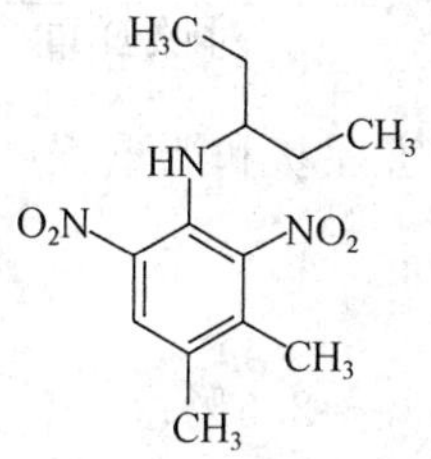

二甲戊灵(pendimethalin)

【实验目的】

学习并掌握除草剂的生物活性测定方法——土壤喷雾法。

【实验原理】

土壤喷雾处理，就是将除草剂用喷雾的方法，施到土壤表层或土壤中，形成一定厚度的药土层，接触杂草种子、幼芽、幼苗及其他部分(如芽鞘)而被吸收，从而杀死杂草。一般多用常规喷雾处理土壤，播种前施药叫播前土壤处理，播后苗前施药叫播后苗前土壤处理。

【实验材料】

(1)试剂：97%二甲戊灵原药和 91%异丙草胺原药(对照药剂)；

(2)材料：马唐[*Digitaria sanguinalis* (Linn.)Scop.]、稗(*Edhinochloa crusgalli* L.)、苘麻(*Abutilon theophrasti*)、反枝苋(*Amaranthus retroflexus* L.)；

(3)仪器：智能光照培养箱、定量喷雾装置、烧杯、电子天平(万分之一)、盆钵、移液器、记号笔等；

(4)实验土壤：试验采用有机质含量≤2%、pH 中性、通透性良好。过筛的风干沙土壤。

【实验步骤】

(1)试材处理：试验土壤定量装至盆钵的 4/5 处，采用盆钵底部渗灌方式，使土壤完全润湿。将预处理的供试杂草种子均匀撒播于土壤表面，然后根据种子大小覆土 0.8 cm。播种 24 h 后进行土壤喷雾处理。

(2)药剂配置：二甲戊灵原药用适量丙酮溶解，再用 0.1%的吐温 80 水溶液稀释成 5 个系列浓度：60、120、180、240 g/hm^2 和 300 g/hm^2；对照药剂异丙草胺为 160 g/hm^2。

(3)药剂处理：标定喷雾设备参数(喷雾压力和喷头类型)，校正喷液量，按试验设计从低剂量到高剂量的顺序进行喷雾处理，每个处理不少于 3 次重复，并设置不含药剂的处理作空白对照。

处理后，移入智能光照培养箱中常规培养，以盆钵底部渗灌方式补水。

(4)调查：处理后定期目测观察记录杂草出苗情况及出苗后的生长状态。

①处理后 14 d 调查杂草的地上部鲜重；

②处理后 14 d，用目测法和绝对值调查法调查记录除草活性，同时描述矮化、畸形、白化等

受害症状。

【结果与分析】

(1)绝对值法:按照公式(4-27)计算各处理的鲜重生长抑制率,求出二甲戊灵抑制杂草生长 90%的剂量(ED_{90});

$$生长抑制率=\frac{对照鲜重-处理鲜重}{对照鲜重}\times 100\% \tag{4-27}$$

(2)目测法:根据测试靶标杂草受害症状和严重程度,评价药剂的除草活性,可以采用下列统一级别进行调差:

1 级:无草;

2 级:相当于空白对照区杂草的 0%~2.5%;

3 级:相当于空白对照区杂草的 2.6%~5%;

4 级:相当于空白对照区杂草的 5.1%~10%;

5 级:相当于空白对照区杂草的 10.1%~15%;

6 级:相当于空白对照区杂草的 15.1%~25%;

7 级:相当于空白对照区杂草的 25.1%~35%;

8 级:相当于空白对照区杂草的 35.1%~67.5%;

9 级:相当于空白对照区杂草的 67.6%~100%。

(3)使用统计软件(SPSS、SAS、Excel 等)求抑制浓度(EC_{90})。

【注意事项】

喷雾处理时,喷雾设备必须校正喷液量,否则会引起较大误差。

【思考题】

分析实验结果,评价药剂活性,结合供试药剂的特点,为二甲戊灵田间药效试验提出合理化建议。

实验 6 除草剂生物活性测定——茎叶喷雾法 (NY/T 1155.4—2006)

内吸传导型除草剂是指喷施后能够被杂草的根、茎、叶或芽鞘等部位吸收进入杂草体内,并在杂草体内输导运送到全株,破坏杂草的内部结构和生理平衡,从而使杂草枯死,这类除草剂称为内吸性除草剂。如草甘膦,只需涂抹在杂草顶端的叶片上即可进入杂草植株,并向下输导到地下根、茎,杀死或抑制地下根茎繁殖。用作土壤处理的内吸性除草剂可以经过杂草的根系吸收后进入杂草植株体内。内吸性除草剂可以防除一年生和多年生的杂草。

草甘膦(glyphosate)是由美国孟山都公司开发,是一种高效、低毒、内广谱灭生性除草剂。草甘膦又称:镇草宁、农达(roundup)、草干膦、膦甘酸。草甘膦具有良好的生物活性,属于氨基酸的衍生物,是全球产量最大的农药原药品种。草甘膦纯品为非挥发性白色固体,比重为 0.5,在 230℃左右熔化,并伴随分解。25℃时在水中的溶解度为 1.2%,不溶于一般有机溶剂,其异丙胺盐完全溶解于水。不可燃、不爆炸,常温贮存稳定。对中碳钢、镀锡铁皮(马口铁)有腐蚀作用。

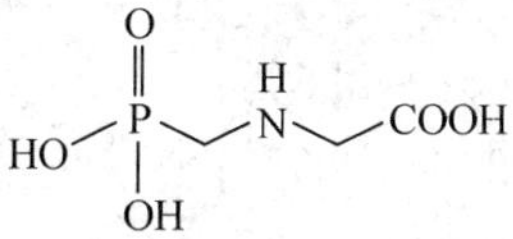

草甘膦(glyphposate)

【实验目的】

学习并掌握除草剂生物活性测定——茎叶喷雾法。

【实验原理】

通过喷雾的方法将除草剂喷施在植物茎叶上，除草剂通过茎叶吸收进入植物体内。

【实验材料】

(1)试剂：41％草甘膦水剂；

(2)材料：龙葵(*Solanum nigrum*)；

(3)仪器：智能光照培养箱、定量喷雾装置、烧杯、电子天平(万分之一)、盆钵、移液器、记号笔等。

(4)实验土壤：试验采用有机质含量≤2％、pH 中性、通透性良好、过筛的风干沙土壤。

【实验步骤】

(1)试材处理：试验土壤定量装至盆钵的 4/5 处，采用盆钵底部渗灌方式，使土壤完全润湿。将预处理的供试杂草种子均匀撒播于土壤表面，然后根据种子大小覆土 0.5 cm，播种后移入温室常规培养，以盆钵底部渗灌方式补水。杂草出苗后进行行间定苗，保证杂草的密度一致(总密度在 120～150 株/m^2)；

(2)药剂配置：41％草甘膦水剂用适量水溶液稀释成 5 个系列浓度：0.4、0.6、0.8、1.0 和 1.2 g(a.i.)/L；

(3)药剂处理：标定喷雾设备参数(喷雾压力和喷头类型)，校正喷液量，按试验设计从低剂量到高剂量的顺序进行喷雾处理，每个处理不少于 3 次重复，并设置不含药剂的处理作空白对照；

处理后待试材表面药液自然风干，移入温室常规培养，以盆钵底部渗灌方式补水至饱和状态。

(4)调查：处理后定期目测观察记录杂草出苗情况及出苗后的生长状态。

①处理后 14 d 调查杂草的地上部鲜重；

②处理后 14 d，用目测法和绝对值调查法调查记录除草活性，同时描述矮化、畸形、白化等受害症状。

【结果与分析】

(1)绝对值法：按照公式(4-28)计算各处理的鲜重防效，求出二甲戊灵抑制杂草生长 50％的剂量(ED_{90})；

$$鲜重防效=\frac{对照鲜重-处理鲜重}{对照鲜重}\times 100\% \tag{4-28}$$

(2)目测法：根据测试靶标杂草受害症状和严重程度，评价药剂的除草活性，可以采用下列统一级别进行调差：

1 级：无草；

2 级：相当于空白对照区杂草的 0%～2.5%；

3 级：相当于空白对照区杂草的 2.6%～5%；

4 级：相当于空白对照区杂草的 5.1%～10%；

5 级：相当于空白对照区杂草的 10.1%～15%；

6 级：相当于空白对照区杂草的 15.1%～25%；

7 级：相当于空白对照区杂草的 25.1%～35%；

8 级：相当于空白对照区杂草的 35.1%～67.5%；

9 级：相当于空白对照区杂草的 67.6%～100%。

(3)使用统计软件(SPSS、SAS、Excel 等)求致死中量(ED_{50})。

【思考题】

用茎叶喷雾法测定除草剂对靶标植物的抑制作用时应注意什么？

实验 7　除草剂室内毒力测定——小杯法

小杯法是利用药剂浓度与植物幼苗的生长抑制程度呈正相关的原理，来检测药剂活性和安全性的除草剂生物测定方法。此法通常在小烧杯内进行，故名小杯法。以 IC_{50} 表示实验结果。此法操作简单，试验周期短。适于对醚、酰胺、氨基甲酸酯、有机磷、氯代脂肪酸、有机胂等类除草剂的活性及选择性测定。为除草剂初筛的基本方法，实验结果与盆栽法接近。

乙氧氟草醚(oxyfluorfen)1975 年由美国罗门哈斯公司开发成功的含氟苯醚类除草剂，其除草活性比相应的除草醚提高 5～10 倍。该除草剂具有使用范围广，杀草谱广，持效期长，亩用量少，活性高特点，可与多种除草剂复配使用，扩大杀草谱，提高药效，使用方便，既可芽前处理，又可芽后处理，毒性低。乙氧氟草醚为选择性芽前或芽后触杀型除草剂，在有光的情况下发挥其除草活性。主要通过胚芽鞘、中胚轴进入植物体内，经根部吸收较少，并有极微量通过根部向上运输进入叶部。用于棉花、圆葱、花生、大豆、甜菜、果树和蔬菜田芽前、芽后施用防除稗草、田菁、旱雀麦、狗尾草、曼陀罗、匍匐冰草、豚草、刺黄花捻、苘麻、田芥菜单子叶和阔叶杂草。可防除移栽稻、大豆、玉米、棉花、花生、甘蔗、葡萄园、果园、蔬菜田和森林苗圃的单子叶和阔叶杂草。陆稻施药可与丁草胺混用；在大豆、花生、棉花田等施药，可与甲草胺、氟乐灵等混用；在果园等处施药，可与百草枯、草甘膦混用。

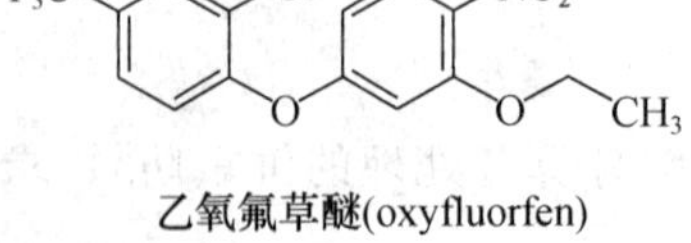

乙氧氟草醚(oxyfluorfen)

【实验目的】

掌握小杯法测定除草剂的步骤、原理。

【实验原理】

小杯法是根据在一定范围内种子发芽率、根与茎的生长量、伸长度或形态的变化与药剂剂量呈相关性而测定除草剂的生物活性。

【实验材料】

(1)供试药剂:乙氧氟草醚;

(2)供试植物:水稻种子;

(3)实验器皿:温室(或智能光照培养箱)、电子天平(万分之一)、烧杯(150 mL、50 mL)、移液管、吸耳球、玻璃棒、记号笔、镊子、培养皿等。

【实验步骤】

(1)催芽:选取大小、色泽一致、健康无病虫害的稻种,在 28℃条件下浸种 24 h,催芽 48 h,至种子破胸露白即可;

(2)药液配制:将药剂配制成 0.5、1.0、2.0、4.0、8.0 μg/mL 5 个浓度的药液各 50 mL 于烧杯中,以水为空白对照;

(3)制作发芽床:取 50 mL 的烧杯,在底部放一张圆滤纸片(如果用小麦、油菜等旱地作物为试材时,需在滤纸下面放入 10~20 粒小玻璃球或者大砂粒);

(4)滴加药液:用 5 mL 移液管分别将所测药液自低至高浓度滴加于铺有滤纸的小烧杯中,写好标记,重复 4 次;

(5)播种:用镊子挑取萌发一致的催芽种子,每杯中放入水稻种子 10 粒,均匀放在烧杯内滤纸上并做好标记;

(6)培养:将处理过的小烧杯放入 28℃培养室内培养,白天给予日光灯光照,注意每天加一定量的蒸馏水,以补足其水分蒸发(或用 150 mL 烧杯扣在 50 mL 烧杯上)。

(7)观察测量:5 d 后药效症状明显时,分别测量株高(或称鲜重),计算株高(或鲜重)抑制率。

【结果与分析】

培养 5 d 后检查实验结果,以直尺量取各稻种的株高(或称鲜重),计算株高(或鲜重)抑制率如式(4-29)所示。

$$\text{株高(或鲜重)抑制率} = \frac{\text{对照处理的平均株高(或鲜重)} - \text{药剂处理的平均株高(或鲜重)}}{\text{对照处理的平均株高(或鲜重)}} \times 100\% \tag{4-29}$$

根据测定结果,以药剂浓度的对数值为 x,株高(或鲜重)抑制率换算成概率值为 y,求毒力回归方程 $y=a+bx$,并求抑制中浓度(IC_{50})值,且进行可靠性检验。

【注意事项】

1. 植物种子的选择,应选取饱满,大小一致,健康无病虫害的种子;
2. 掌握植物种子的浸种、催芽方法,选取刚萌发的种子来进行实验;
3. 应选择适宜的发芽床;
4. 小杯法适用于醚类、酰胺类、氨基甲酸酯类、激素类等除草剂。

【思考题】

1. 求出浓度对数——株高(或鲜重)抑制率概率值毒力回归方程,求出供试药剂的抑制中浓度，并根据实验结果完成实验报告。

2. 在实验过程中哪些地方容易出误差？如何克服？

实验 8　除草剂生物活性测定——浮萍法

浮萍法适合于评价酰胺类、磺酰脲类、三氮苯类、二苯醚类、二硝基苯胺类除草剂的生物活性。

高效氟吡甲禾灵(haloxyfop-P)属于芳氧苯氧基丙酸酯类的除草剂，是一种苗后选择性除草剂，茎叶处理后能很快被禾本科杂草的叶子吸收，传导至整个植株，积累于植物分生组织，抑制植物体内乙酰辅酶 A 羧化酶，导致脂肪酸合成受阻而杀死杂草。喷洒落入土壤中的药剂易被根部吸收，也能起除草作用。用于各种阔叶作物田中防除各种禾本科杂草。该除草剂尤其对多年生禾本科杂草例如芦苇、白茅、狗牙根等具有良好的防除效果，并且对阔叶作物高度安全。

杂草在吸收高效氟吡甲禾灵后很快停止生长，幼嫩组织和生长旺盛的组织首先受抑制。施药后 48 h 可观察到杂草的受害症状。首先是芽和节等分生组织部位开始变褐，然后心叶逐渐变紫、变黄，直到全株枯死。老叶表现症状稍晚，在枯萎前先变紫、橙或红。从施药到杂草死亡一般需 6～10 d。在低剂量、杂草较大或干旱条件下，杂草有时不会完全死亡，但受药植物生长受到严重的抑制，表现为根尖发黑，地上部短小，结实率极低等。用于大豆、棉花、花生、油菜及甘蓝等阔叶作物田防除看麦娘、稗草、马唐、狗尾草、牛筋草、野燕麦等禾本科杂草，对阔叶作物高度安全。

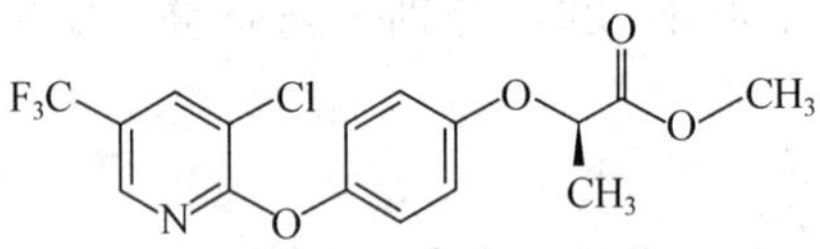

高效氟吡甲禾灵(haloxyfop-P)

【实验目的】

掌握浮萍法测定除草剂的生物活性的步骤、方法及注意事项。

【实验原理】

浮萍对抑制光合作用的除草剂比较敏感。

【实验材料】

(1)药剂：高效氟吡甲禾灵；

(2)材料：浮萍；

(3)器材：锥形瓶、玻璃棒、分光光度计、电导率仪等。

【实验步骤】

(1)取过筛土 100 g 放入皿中，加入 0.1、0.5、1、2.5 和 5.0 mg/L 的高效氟吡甲禾灵溶液 10 mL，然后加清水 90 mL，搅拌半分钟至稀泥状，待上层有清水层时，放入 5～10 丛浮萍。

(2)移至 20℃日光灯下培养 24 h 时进行预处理，然后用百草枯处理浮萍，注意不宜过量喷雾和使用过多黏着剂，以免引起萍体沉没。

(3)在光照下培养 22 h,注意观察各处理浮萍症状。分组标准是:

0 级——无药害(同对照);

1 级——50%以下萍体失去光泽;

2 级——50%以上,100%以下萍体失去光泽;

3 级——100%萍体失去光泽,但仍带有绿色;

4 级——全部失去光泽,部分失绿;

5 级——全部变白。

对每个萍体进行药害分级时,每皿有 15～20 个萍体,只统计大而宽的成熟萍体,叶小的及芽体不计。症状的出现首先是中心部位失去光泽,再扩展至整个叶片,发展成央绿,最终空白或成棕色。

测定的最佳时间是喷百草枯后,待生长在不含有高效氟吡甲禾灵的萍体出现 3～4 级药害症状时,通常为处理后 20～24 h。由于以上分组方法以失去光泽的百分率为依据,所以药害的记载亦可用受害萍体百分率来表示。此法的灵敏度可达 0.1 mg/L。次水,20℃下光照 12 h/12 h(光照/黑暗)进行培养。

【结果与分析】

(1)在冰浴条件下用分光光度计测定叶绿素含量。

(2)计算抑制 50%萍体的除草剂浓度。

【注意事项】

1. 在处理时浮萍不能有下沉;

2. 喷雾应均匀,不能重喷和漏喷。

【思考题】

浮萍法适合哪些类除草剂的生物活性测定?

实验 9　除草剂生物活性测定——小球藻法 (NY/T 1155.10—2011)

绿色植物是通过光合作用来获得的养分,光合作用是植物体内各种生理生化活动的物质基础,是植物特有的生理机制。生物界活动所消耗的物质和能量主要是由光合作用来积累,所有动植物的细胞结构及生存所必需的复杂分子,都来源于光合作用的产物及环境中的微生物。光合作用在温血动物体内并不发生,因此抑制光合作用的除草剂对温血动物的毒性很低。光合作用是绿色植物利用光能将所吸收的二氧化碳同化为有机物并释放出氧的过程,植物在进行光合作用时,可将光能转变成化学能:

$$6CO_2 + 6H_2O \xrightarrow[\text{叶绿体}]{h\nu} C_6H_{12}O_2 + 6O_2$$

光合作用抑制剂就是用于抑制杂草光合作用的除草剂,达到除草的效果以保证农作物正常生长。过去近 40 年发现的除草剂中超过 60%的化合物是影响叶绿体的功能。因此,在除草剂的研究和开发中,光合作用抑制剂一直受到极大的关注。抑制光合作用的除草剂主要通过以下途径来抑制光合作用。

1. 抑制光合电子传递链

大部分光合作用抑制剂抑制光合电子传递链的过程主要在光系统Ⅱ中，作用靶标是质体醌还原前的PSⅠ与PSⅡ之间Q_A与Q_B间的电子传递体β蛋白，除草剂与其结合后，改变蛋白质的氨基酸结构，抑制电子从束缚性质体醌Q_A向质体醌Q_B传递，从而影响光合电子传递，改变Q_B复合物的氧化还原特性。主要种类有取代脲类、三氮苯类、尿嘧啶类等。

2. 分流光合电子传递链的电子

逆转光合作用中的电子传递，使PSⅠ中的电子传递被截断，阻止氧化还原蛋白的还原及其后的反应。联吡啶类除草剂是PSⅠ抑制剂，它们进入植物细胞后，截断PSⅠ及$NADH_2$与$NADPH_2$氧化的电子，而其本身的阳离子在拦截电子后被还原成自由基，在氧的参与下，形成过氧化物。

3. 抑制光合磷酸化

抑制光合磷酸化主要有两种方式：一种是解偶联剂，例如苯氟磺胺、溴苯腈等药剂，它可以增加类囊体膜对质子的透性或增加偶联因子渗漏质子的能力，其结果是消除了跨膜的H^+电化学势，因而无ATP生成。另外一种是能量转换抑制剂，直接作用于ATP合酶，抑制磷酸化，如1,2,3-硫吡唑基-苯脲类除草剂。

4. 抑制色素的合成

高等植物叶绿体内的色素主要是叶绿素和类胡萝卜素。在类囊体膜上，存有大量的叶绿素和类胡萝卜素，前者收集光能，后者则保护前者免受氧化作用的破坏。抑制这两类色素中任何一种的合成，将导致植物出现白化现象。由于植物叶片白化症是这类除草剂使用后的一种症状。因此，典型的干扰植物叶绿素或类胡萝卜素生物合成的除草剂通常被称为“白化除草剂”，叶绿素生物合成抑制剂的作用靶标酶是原卟啉原氧化酶(protox)；类胡萝卜素生物合成抑制剂的作用靶标酶是八氢番茄红素脱氢酶(PDS)、ζ-胡萝卜素脱氢酶(ZDS)；质体醌生物合成抑制剂的作用靶标酶是对-羟基丙酮酸双氧化酶(HPPD)，抑制这些酶的化合物均属于色素合成抑制剂。

前三者是直接抑制光合作用，切断电子传递的途径，后者则通过抑制光合色素的合成间接的抑制光合作用。目前，抑制色素合成的一类除草剂是研发的热点领域之一。

【实验目的】

学习并掌握除草剂生物活性测定——小球藻法。

【实验原理】

通过喷雾的方法将除草剂喷施在植物茎叶上，除草剂通过茎叶吸收进入植物体内。

【实验材料】

(1)试剂：41%草甘膦水剂；

(2)材料：龙葵(*Solanum nigrum*)；

(3)仪器：智能光照培养箱、定量喷雾装置、烧杯、电子天平、盆钵、移液器、记号笔等；

(4)实验土壤：试验采用有机质含量≤2%、pH中性、通透性良好、过筛的风干沙土壤。

【实验步骤】

(1)试材处理:试验土壤定量装至盆钵的 4/5 处,采用盆钵底部渗灌方式,使土壤完全润湿。将预处理的供试杂草种子均匀撒播于土壤表面,然后根据种子大小覆土 0.5 cm,播种后移入温室常规培养,以盆钵底部渗灌方式补水。杂草出苗后进行行间定苗,保证杂草的密度抑制(总密度在 120～150 株/m^2);

(2)药剂配置:41%草甘膦水剂用适量水溶液稀释成 5 个系列浓度:0.4、0.6、0.8、1.0 和 1.2 g(a.i.)/L;

(3)药剂处理:标定喷雾设备参数(喷雾压力和喷头类型),校正喷液量,按试验设计从低剂量到高剂量的顺序进行喷雾处理,每个处理不少于 3 次重复,并设置不含药剂的处理作空白对照;

处理后待试材表面药液自然风干,移入温室常规培养,以盆钵底部渗灌方式补水至饱和状态。

(4)调查:处理后定期目测观察记录杂草出苗情况及出苗后的生长状态。

①处理后 14 d 调查杂草的地上部鲜重;

②处理后 14 d,用目测法和绝对值调查法调查记录除草活性,同时描述矮化、畸形、白化等受害症状。

【结果与分析】

(1)绝对值法:按照公式(4-30)计算各处理的鲜重防效,求出二甲戊灵抑制杂草生长 90% 的剂量(ED_{90});

$$\text{鲜重防效}=\frac{\text{对照鲜重}-\text{处理鲜重}}{\text{对照鲜重}}\times 100\% \tag{4-30}$$

(2)目测法:根据测试靶标杂草受害症状和严重程度,评价药剂的除草活性,可以采用下列统一级别进行调差。

1 级:无草;

2 级:相当于空白对照区杂草的 0%～2.5%;

3 级:相当于空白对照区杂草的 2.6%～5%;

4 级:相当于空白对照区杂草的 5.1%～10%;

5 级:相当于空白对照区杂草的 10.1%～15%;

6 级:相当于空白对照区杂草的 15.1%～25%;

7 级:相当于空白对照区杂草的 25.1%～35%;

8 级:相当于空白对照区杂草的 35.1%～67.5%;

9 级:相当于空白对照区杂草的 67.6%～100%。

(3)使用统计软件(SPSS、SAS、Excel 等)求致死中量(ED_{50})。

【思考题】

用茎叶喷雾法测定除草剂对靶标植物的抑制作用时应注意什么?

实验 10 除草剂生物活性测定——混配联合作用测定(NY/T 1155.7—2007)

除草剂混用是指两种以上不同除草剂混配在一起施用。混用不仅是科学使用除草剂的研究课题，而且是深度开发的潜力所在。早在除草剂发展初期人们就注意到了除草剂混用的作用。混用并非胡拼乱凑或盲目掺和，而是有一定目的的，其目的可概括为“三提三效”，即提高药剂效能、提高劳动效率、提高经济效益，具体说来有六大作用，不过并非所有混用都兼具全部的作用。

(1)扩谱(扩大杀草范围)。迄今为止，尚无一种凡草皆除的“万能”除草剂，每种除草剂都只能防除一些类、一些种或某些生长发育阶段的杂草，即有一定的杀草谱(杀草范围)。混用可以取长补短，扬长避短，相辅相成，扩大杀草范围，兼而除之，一药多治。

(2)增效(增强除草效果)。杀草丹与西草净、敌稗与2甲四氯、甲磺隆与苄嘧磺隆、莠去津与异丙甲草胺混用，均已被证明可显著地提高防效。据试验，莠去津与都尔混用无论是对禾草和阔草的株防效，还是总株防效和鲜重防效，都超过两药单用。有些除草剂混用后，持效增加，控草期变长。

(3)降害(降低药剂毒害)。除草剂混用后的用量一般均低于其单用时的剂量，因而可减轻对当季、旁邻、后茬作物的药害。例如嗪草酮水溶性大，易被大豆幼苗吸收而产生药害，当与氟乐灵混用后，不但药效增强，而且安全性提高。又如莠去津残效长，对小麦和大豆等后茬作物相当敏感，若与乙草胺混用，在玉米田应用除草效果可达95%左右，对下茬作物无药害。

(4)延期(延长施药时期)。禾草丹的最佳施药时期为水稻插秧后4～10 d、稗草1.5叶期前，西草净的最佳施药时期为插秧后5～10 d，两者混用，施药时期可延长为插秧后6～15 d。

(5)节本(节省除草成本)。有些除草剂混用具有增效作用，这可降低某一种或各种除草剂的用量。另外由于防治对象的扩大，施药次数会相应减少，从而可降低产品价格和防除成本。如苄嘧磺隆单用需有效成分20～30 g/hm^2，与甲磺隆混用后，用量降到6.15～8.61 g，外加甲磺隆1.35～1.89 g，两者合计7.5～10.5 g，由于用量减少，混剂的成本比苄嘧磺隆单剂降低50%以上。

(6)克抗(克服杂草抗性)。杀草机制各异的除草剂混用后，作用位点增多，可延缓或克服杂草抗药性的产生或增强，延长除草剂品种的使用年限。

因此，除草剂混用的实验技术和数据处理具有十分重要的地位。

【实验目的】

学习并掌握除草剂混配联合作用的评价方法和应用。

【实验原理】

1. 杀草活力线法

将单用的两种药剂分别稀释成不同浓度作单用和将两种药剂按一定比例的混用试验，做出3条杀草活力线，其中D为混用，A、B两线为单用(图4-1)。这种方法试验设计较准确，适合室内试验。两剂混用无增无减的准线为A、B，两条直线间的虚线C(1∶1混用)。如果混用后的杀草活力线在虚线之上为增效，否则为减效。

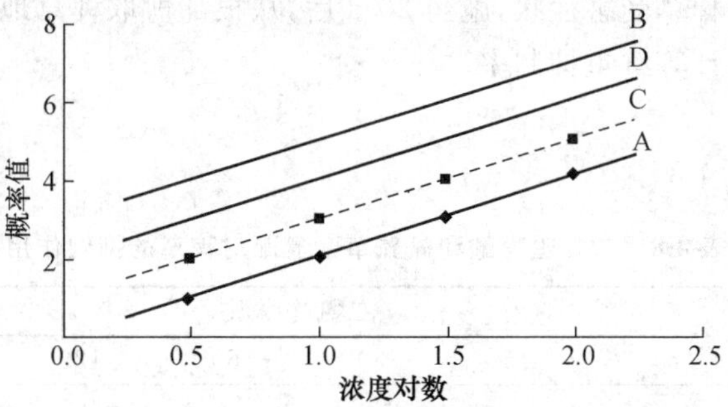

图 4-1　A、B 两剂单用及混用的杀草活力线

2. 等效线法(千版法)

该方法最早常用于医学领域,测定步骤为:①先进行 A 剂的系列浓度试验,求出 A 点的 IC_{50};②进行 B 剂的系列浓度试验,求出 B 剂的 IC_{50};③分别在横轴和纵轴上确定 A、B 两点并划直线;④进行 B 剂为一定剂量和 A 剂为一系列浓度的混用试验及 A 剂为一定剂量 B 剂为一系列浓度的混用试验,求出各混用的 IC_{50};⑤如果混用后的 IC_{50} 各点均在 A、B 线之下则为增效,否则为减效。同时在图 4-2 中可看出增效或减效的配比,该法比较准确合理,适合室内测定应用。

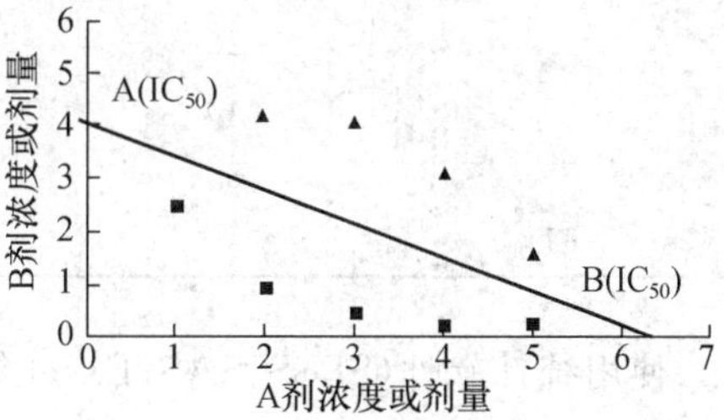

图 4-2　等效线法(千版法)

3. Gowing 法

Gowing 法计算公式为:$E_0 = X + Y(100 - X)/100$,其中 X 为 A 单剂防效(%),Y 为 B 单剂防效(%),E_0 为 A、B 两单剂相混的理论防效(%),E 为 A、B 两单剂相混的实际防效(%),当 $E - E_0 > 0$ 时为增效作用,$E - E_0 < 0$ 时为减效作用,$E - E_0 = 0$ 时为相加作用。

【实验材料】

(1)试剂:二氯喹啉酸和氰氟草酯原药;

(2)材料:稗草(*Echinochloa crus-galli* L.);

(3)仪器:智能光照培养箱、定量喷雾装置、烧杯、电子天平、盆钵、移液器、记号笔等。

【实验步骤】

等效线法(千版法):

(1)药剂配置:二氯喹啉酸和氰氟草酯原药用适量丙酮溶解,再用 0.1%的吐温-80 水溶液稀释成 5 个系列浓度。二氯喹啉酸:0、15、30、60、120 和 240 g(a. i.)/hm^2;氰氟草酯:0、5、10、20、40 和 80 g(a. i.)/hm^2。

(2)试材处理:试验土壤定量装至盆钵的 4/5 处,采用盆钵底部渗灌方式,使土壤完全润湿。每盆播 30 粒稗草种子,盖土 0.5 cm,放入光照培养箱中生长,白天 30℃,夜间 20℃,光照周期 12∶12(D∶L),至稗草长至 2~3 叶期,选择均匀一致的植株定苗至 25 株。

(3)药剂处理:标定喷雾设备参数(喷雾压力和喷头类型),校正喷液量,按试验设计从低剂量到高剂量的顺序进行喷雾处理,每个处理不少于 3 次重复,并设置不含药剂的处理作空白对照;处理后,移入智能光照培养箱中常规培养,以盆钵底部渗灌方式补水。

(4)调查:定期观察稗草受害症状,施药 20 d 后,从根部剪取稗草地上部,并称量每盆稗草地上部鲜重,根据鲜重,计算鲜重抑制率。

【结果与分析】

实验结果记录于表 4-8。

表 4-8 二氯喹啉酸和氰氟草酯复配对稗草的抑制作用

处理剂量		二氯喹啉酸						ED_{90}
		0	15	30	60	120	240	
氰氟草酯	0							
	5							
	10							
	20							
	40							
	80							
ED_{90}								

使用统计软件(SPSS、SAS、Excel 等)求致死中量(ED_{50});

根据等效线,判断二氯喹啉酸和氰氟草酯复配的联合作用效果,并求出最佳增效配比。

【思考题】

分析杀草活力线法、等效线法(千版法)和 Gowing 法适用于何种复配情况?有何优缺点?

4.4 植物生长调节剂室内生物测定
(Bioassay of PGR)

植物的生长发育除需要水分、二氧化碳和各种营养物质外,还需要植物的生理活性物质——植物激素的调节和控制,同时,还受到外界条件的影响,如温度、光照、湿度等变化的影响。植物激素是植物体内代谢产生的有机化合物,在低浓度下就能产生明显的生理效应,使植物产生明显的生理生化和形态反应。目前已发现并公认的植物激素有六大类,即生长素、赤霉素、细胞分裂素、油菜素甾醇、ABA 和乙烯。

植物生长调节剂(plant growth regulators,PGR)是人们在了解天然植物激素的结构和作用机制后,通过是人工合成的、具有植物激素活性的一类有机物质,它们在较低的浓度下即可对植物的生长发育表现出促进或抑制作用。植物生长调节剂在农业生产上使用,能有效调节作物的生育过程,达到稳产增产、改善品质、增强作物抗逆性等目的。

根据不同分类依据可将植物生长调节剂分为多种类型。如根据与植物激素作用的相似性分为:生长素类、赤霉素类、细胞分裂素类、ABA 类、乙烯释放剂、乙烯抑制剂、油菜素甾醇类;根据对植物茎尖的作用方式分为:植物生长促进剂、植物生长抑制剂、植物生长延缓剂;根据实际应用效果分类,可分为:矮化剂、生根剂、催熟剂、脱叶剂、保鲜剂、抑芽剂、疏花疏果剂、抗旱剂、干燥剂、杀雄剂等;根据来源分为;天然或生物源调节剂(赤霉素、玉米素、ABA)、仿生和半合成调节剂(油菜素内酯)、化学合成调节剂。植物生长调节剂具有以下特点。

(1)作用面广,应用领域多。植物生长调节剂可适用于几乎包含了种植业中的所有高等和低等植物,如大田作物、蔬菜、果树、花卉、林木、海带、紫菜、食用菌等,并通过调控植物的光合、呼吸、物质吸收与运转,信号传导、气孔开闭、渗透调节、蒸腾等生理过程的调节而控制植物的生长和发育,改善植物与环境的互作关系,增强作物的抗逆能力,提高作物的产量,改进农产品品质,使作物农艺性状表达按人们所需求的方向发展。

(2)用量小、速度快、效益高、残毒少,大部分作物一季只需按规定时间喷施一次。

(3)可对植物的外部性状与内部生理过程进行双调控。

(4)针对性强,专业性强。可解决一些其他手段难以解决的问题,如形成无籽果实、防治大风、控制株型、促进插条生根、果实成熟和着色、抑制腋芽生长、促进叶片脱落。

(5)植物生长调节剂的使用效果受多种因素的影响,而难以达到最佳。气候条件、施药时间、用药量、施药方法、施药部位以及作物本身的吸收、运转、整合和代谢等都将影响到其作用效果。

根据《农药管理条例》规定,植物生长调节剂属农药管理的范畴,依法施行农药登记管理制度,凡在中国境内生产、销售和使用的植物生长调节剂,必须进行农药登记。在申办农药登记时,必须进行药效、毒理、残留和环境影响等多项使用效果和安全性试验,特别在毒理试验中要对所申请登记产品的急性、慢性、亚慢性以及致畸、致突变等毒理进行全面测试,经国家农药登记评审委员会评审通过后,才允许登记。

实验 1　生长素的生物测定——小麦胚芽鞘伸长法

生长素即 3-吲哚乙酸,分子式为 $C_{10}H_9NO_2$,是最早发现的促进植物生长的激素。英文来源于希腊文 auxein(生长)。生长素的纯品为白色结晶,难溶于水,易溶于乙醇、乙醚等有机溶剂;在光下易被氧化而变为玫瑰红色,生理活性也降低。生长素最明显的作用是促进生长,但对茎、芽、根生长的促进作用因浓度而异。植物体内的生长素有呈自由状态的,也有呈结合(被束缚)状态的,后者多是酯的或肽的复合物。植物体内自由态生长素的含量很低,每千克鲜重为 1~100 μg,因存在部位及组织种类而异,生长旺盛的组织或器官如生长点、花粉中的含量较多。生长素对植物生长的作用,与生长素的浓度、植物种类以及植物的器官(根、茎、芽等)有关。一般来说,低浓度的生长素可以促进生长,高浓度则会抑制植物生长,甚至导致植物死亡;双子叶植物对生长素的敏感度比单子叶植物高;营养器官比生殖器官敏感;根比芽,芽比茎敏感等。

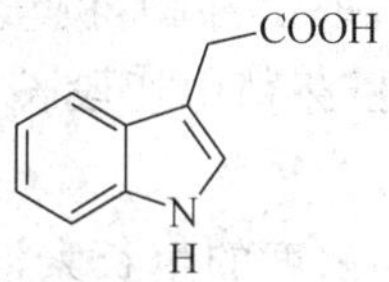

IAA

生长素 (auxin)

【实验目的】

学习并掌握植物生长素的生物活性测定方法——小麦胚芽鞘伸长法。

【实验原理】

生长素能够促进禾本科植物胚芽鞘的伸长。切去顶端的胚芽鞘段，断绝了内源生长素的来源，其伸长在一定范围内与外加生长素浓度的对数呈线性关系。因此，可以用一系列已知浓度的生长素溶液培养胚芽鞘切段，回执成生长素浓度与胚芽鞘伸长的关系曲线，以坚定未知样品的生长素含量。

【实验材料】

(1)试剂：3-吲哚乙酸、5%NaClO 溶液、蔗糖、磷酸二氢钾和柠檬酸。

(2)材料：小麦种子。

(3)仪器：智能光照培养箱、带盖搪瓷盘、电子天平、烧杯、量筒、培养皿、容量瓶、玻璃棒、镊子、记号笔、切割刀等。

【实验步骤】

(1)材料培养：挑选饱满且大小一致的小麦种子 100 粒，将 5%NaClO 溶液稀释十倍，浸泡种子 20 min，取出后用蒸馏水冲洗 5 次，成排摆放在铺有洁净滤纸的搪瓷盘中，搪瓷盘斜放成 40°～50°，使胚倾斜向下；向盘中加入适量的水，盖上盖子，置于 25℃暗室中培养；3 d 后，当胚芽鞘长度为 25～35 mm 时，挑选出 50 株长度一致的胚芽鞘，用镊子从基部取下芽鞘，再用刀片切去芽鞘顶端 3 mm，再向下切取 6 mm 的切断，共计 50 段，放入蔗糖磷酸缓冲液中浸泡 1～2 h，以除去内源生长素。

(2)2%蔗糖磷酸缓冲液(pH=5.0)的配置：称取 K_2HPO_4 1.794 g、柠檬酸 1.019 g、蔗糖 20 g 于 500 mL 烧杯中，加入 300 mL 水溶解，然后倒入 1 L 的容量瓶中，并用蒸馏水涮洗，最后定容至 1 L，得 2%蔗糖磷酸缓冲液。

(3)生长素母液的配置：准确称取生长素 17.5 mg，用上述 2%蔗糖磷酸缓冲液定容至 100 mL，得到 0.001 mol/L 的生长素溶液。

(4)标准溶液的配置：取 5 个干燥的培养皿(70 mm)，并编号。向各皿内加 2%蔗糖磷酸缓冲液 9 mL，1 号皿中加 0.001 mol/L 的生长素母液 1 mL，摇匀既得 10^{-4} mol/L 的生长素溶液；再从 1 号皿中取 1 mL 加入到 2 号皿中，摇匀既得 10^{-5} mol/L 的生长素溶液；依此类推分别得到 3 号皿 10^{-6} mol/L、4 号皿 10^{-7} mol/L 的生长素溶液；5 号皿不加生长素作对照。

(5)药剂处理：从缓冲液中取出胚芽鞘切段，用吸水纸吸去表面水分，将切段套在玻璃丝上(注意仔细操作，勿损伤芽鞘)，同一玻璃丝上可穿 2～3 段芽鞘，但要留出生长的空隙。每一皿中放入 10 段芽鞘，于 25℃暗室中培养。24 h 后，取出芽鞘，测量其长度。

【结果与分析】

(1)标准曲线的绘制：培养 24 h 后，取出芽鞘，测量其长度，求出每种处理的芽鞘平均长度，以处理芽鞘中切段长度(L)与对照胚芽鞘中切段长度(L_0)之比(L/L_0)为纵坐标，以生长素浓度的对数为横坐标，做出标准曲线。

(2)未知浓度样品的测定：对于未知浓度的生长素溶液，按上述步骤求出处理芽鞘中切段长度(L)与对照胚芽鞘中切段长度(L_0)之比(L/L_0)，查出标准曲线即可求得其浓度。

【注意事项】

1. 为了使胚芽鞘有较大伸长生长量，可以采用磷酸盐缓冲液代替蒸馏水配置生长素溶液，并加 2%～3%的蔗糖用以补充营养；

2. 将芽鞘切段套在玻璃丝上是为了防止芽鞘弯曲生长，若有摇床，则可以直接将芽鞘放入培养皿或三角瓶中置于摇床上缓慢摇动使芽鞘经常滚动，可避免弯曲生长。

【思考题】

生长素的室内生物测定方法还有哪些？

实验 2　促进/抑制种子萌发试验——浸种法

脱落酸(abscisic acid，ABA)是植物五大天然生长调节剂之一，是一种具有倍半萜结构的内源性植物激素，1963 年，由 Ohkuma，K 等首次从棉铃中分离得到。研究表明，ABA 对植物生长的诸多过程起着重要作用，包括植物离层形成、诱导休眠、抑制发芽、促进器官衰老和脱落、增强抗逆性等，其主要的生理功能是通过控制气孔的关闭，阻碍赤霉素和细胞分裂素对植株的促生长作用，加速器官脱落；随着科学的发展和技术进步，近年来，人们发现 ABA 在植物受干旱、高盐、低温和病虫害等逆境胁迫下的生理过程也起着重要作用，被誉为“植物抗逆因子”。ABA 的合理利用对促进农作物的增产、增收及改良作物品种等具有十分重要的意义。

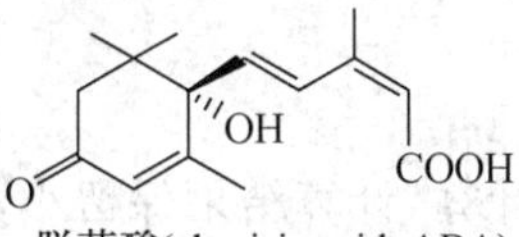

脱落酸(abscisic acid, ABA)

【实验目的】

学习并掌握 ABA 室内生物测定方法——浸种法(抑制或促进种子萌发)。

【实验原理】

ABA(abscisic acid，ABA)是一种较强的植物生长抑制剂，在高浓度时可抑制整株植物或离体器官的生长和种子的萌发；在低浓度时又具有一定的促进植物生长的作用。因此，可以用一系列已知浓度的 ABA 溶液浸种，绘制成 ABA 浓度与种子活力的关系曲线，以探究 ABA 抑制/促进种子萌发的临界浓度。

【实验材料】

(1)试剂：ABA 原药、甲醇、蒸馏水。

(2)仪器：人工智能气候箱(光照强度 0～30 000 lx、温度 10～50℃、湿度 50%～95%)、万分之一电子天平、发芽皿(或发芽盘)、移液器、定性滤纸等。

(3)材料：小麦(*Triticum aestirum*)种子或玉米(*Zea mays*)种子或水稻(*Oryza sativa*)种子。

【实验步骤】

(1)试材准备：选用已经通过休眠的种子经充分混合(种子质量 2 级以上)，种子经蒸馏水初选，用 0.1%的升汞或饱和次氯酸钠溶液杀菌 30 min，流水洗净备用。50～100 粒为一次重复。

(2)溶液配制：准确称取 ABA 原药 2.64 mg，溶于 1 mL 甲醇中得到 10 mmol/L 的 ABA 母液 A；将其用水再稀释 100 倍，得到 100 μmol/L 的母液 B。取 8 个 5 mL 离心管，按表 4-9 进行配置，得到 8 个系列浓度，备用。

表 4-9 处理方法

项目	0	1	2	3	4	5	6	7
母液 B/μL	0	3	15	30	75	150	300	3 000
蒸馏水/μL	3 000	2 997	2 985	2 970	2 950	2 850	2 700	0
总体积/μL	3 000	3 000	3 000	3 000	3 000	3 000	3 000	3 000
ABA 浓度/(μmol/L)	0	0.1	0.5	1.0	2.5	5	10	100

(3)药剂处理:采用纸床发芽法进行。将配好的 ABA 溶液中分别放入消毒的小麦种子 50 粒,在室温下浸种 24 h。浸种后用蒸馏水冲洗种子 3～5 次,用滤纸吸干备用。在发芽皿或发芽盘中放置 2 层定性滤纸,用蒸馏水润湿滤纸,沥去多余水分。将浸种后的小麦种子均匀的排在湿润的发芽床上,种粒间保持一定的距离。将摆好的发芽皿或发芽盘移入人工智能气候箱,20℃避光培养,每个处理重复 4 次。发芽期间经常检查温度、水分和同期状况,根据情况滴加蒸馏水,保持滤纸湿润。

(4)调查:药剂处理后,于第 4 天初次统计发芽数,第 8 天后末次统计发芽数、根长(或根鲜重)、芽长(或芽鲜重)等。

【结果与分析】

活力指数计算方法按式(4-31)计算,计算结果保留小数点后两位。

$$VI = \frac{X_1}{X_0} \times S \times 100\% \qquad (4\text{-}31)$$

式中:VI——活力指数;

X_1——处理萌发种子数;

X_0——处理种子总数;

S——萌发苗平均单株根长(或根鲜重)或芽长(或芽鲜重),单位为厘米(cm)或克(g)。

应用标准统计软件(如 SAS、SPSS 等)对活力指数和药剂浓度的对数建立回归方程,计算 EC_{10}、EC_{50}及 95%置信限。

【思考题】

脱落酸的室内生物测定方法还有哪些?

实验 3 赤霉素生物活性测定——大麦胚乳法

赤霉素(gibberellin,GA),是广泛存在的一类植物激素。其化学结构属于二萜类酸,由四环骨架衍生而得,已知的赤霉素种类至少有 38 种。GA 的生理效应是促进器官的伸长,包括节间、胚轴及禾谷类的芽鞘、叶片等。此外,GA 还具有打破休眠、促进发芽、坐果、开花和单性结实等作用。GA 应用于农业生产,在某些方面有较好效果。例如提高无籽葡萄产量,打破马铃薯休眠;在酿造啤酒时,用 GA 来促进制备麦芽糖用的大麦种子的萌发;当晚稻遇阴雨低温而抽穗迟缓时,用赤霉素处理能促进抽穗;或在杂交水稻制种中调节花期以使父母本花期相遇等。

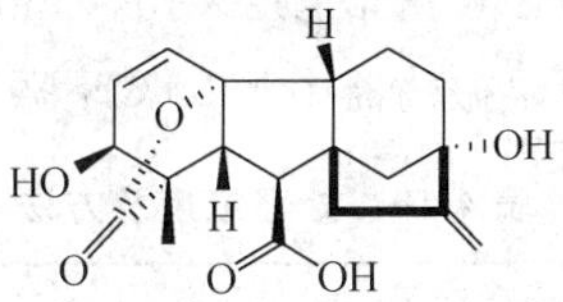

赤霉素(gibberellin, GA)

【实验目的】

学习并掌握赤霉素室内生物测定方法——茎叶喷雾法(抑制或促进植株生长)。

【实验原理】

种子萌发过程中淀粉的分解主要是在淀粉酶的催化下完成的。淀粉酶在植物中存在多种形式,包括 α-淀粉酶、β-淀粉酶等。β-淀粉酶存在于干燥种子中,而 α-淀粉酶不存在或很少存在于干燥种子中,需要在种子吸水后重新合成。实验证明,启动 α-淀粉酶合成的化学信使是赤霉素。萌发的大麦种子的胚产生赤霉素扩散到胚乳的糊粉层中,刺激糊粉层细胞内 α-淀粉酶的合成。合成的淀粉酶进入胚乳,将胚乳内贮藏的淀粉水解成还原糖。因此,没有胚释放赤霉素的活动,α-淀粉酶就不能合成。外加的赤霉素可以代替胚的释放作用,从而诱导 α-淀粉酶的合成。这个极其专一的反应被用来作为赤霉素的生物鉴定法。在一定范围内,由去胚的吸胀大麦粒所产生的还原糖量,与外加赤霉素浓度的对数成正比。根据淀粉可与 I_2-KI 显蓝色,而淀粉分解的产物还原糖不能与 I_2-KI 显色的原理,可以定性和定量地分析 α-淀粉酶的活性。

【实验材料】

1. 试剂

(1)1%次氯酸钠溶液。

(2)0.1%淀粉溶液(取 1 g 淀粉和 8.16 g KH_2PO_4,用蒸馏水定容到 1 000 mL 即得)。

(3)2×10^{-5} mol/L 赤霉素溶液:称取 GA 36.8 mg 放入烧杯中,加少量 95%酒精使其溶解,移入 1 000 mL 容量瓶中,加水定容至刻度,然后再稀释成 2×10^{-6} mol/L、2×10^{-7} mol/L 和 2×10^{-8} mol/L 三种浓度的赤霉素溶液。

(4)10^{-3} mol/L 醋酸缓冲液(pH=4.8):取 2 mL 0.2 mol/L 的醋酸(11.55 mL 冰醋酸稀释至 1 000 mL)、3 mL 0.2 mol/L 的醋酸钠(16.4 g 无水醋酸钠配成 1 000 mL)和 1 g 链霉素,定容至 1 000 mL,每毫升缓冲液中含链霉素 1 mg。

(5)I_2-KI 溶液:取 0.6 g KI 和 0.06 g I_2 溶于 1 000 mL 0.05 mol/L 的 HCl 中。

2. 仪器

分光光度计、恒温振荡器、水浴锅、移液器、50 mL 烧杯 2 只、试管若干、镊子和刀片等。

3. 材料

大麦种子。

【实验步骤】

(1)取样:选取大小一致、完好的大麦或小麦种子 50 粒,用刀片将每粒种子横切成有胚和无胚的半粒,分装于 2 个烧杯中。

(2)表面消毒:向 2 个烧杯中加入 1%次氯酸钠溶液,以浸没种子为度。消毒 15 min 后,用无菌水冲洗 3 次,备用。

(3)处理浓度:取 6 支小试管编号后,按表 4-10 加入溶液和材料。溶液混匀后,1~6 号小瓶中赤霉素的最终浓度分别为:0 mol/L、0 mol/L、2×10^{-5} mol/L、2×10^{-6} mol/L、2×10^{-7} mol/L和 2×10^{-8} mol/L。将小试管置于恒温振荡器中于25℃下振荡培养24 h(表4-10)。

表 4-10 处理浓度及方法

小试管编号	赤霉素溶液		醋酸缓冲液 /mL	实验材料
	浓度/(mol/L)	体积/mL		
1	0	1	1	10 个无胚半粒
2	0	1	1	10 个有胚半粒
3	2×10^{-5}	1	1	10 个无胚半粒
4	2×10^{-6}	1	1	10 个无胚半粒
5	2×10^{-7}	1	1	10 个无胚半粒
6	2×10^{-8}	1	1	10 个无胚半粒

(4)取新的小试管6支并编号,取上述振荡后的上清液0.1 mL对应加入,再在每支试管中加入1.9 mL 0.1%淀粉溶液摇匀,在30℃恒温水浴锅中保温10 min;

(5)淀粉酶活力测定:取出试管各加 I_2-KI溶液2 mL和蒸馏水5 mL,充分摇匀,以蒸馏水作空白对照,用紫外分光光度计测定 OD_{580} 下的吸光值。以吸光值 A 从标准曲线上查得溶液中淀粉的含量,以被分解的淀粉含量衡量淀粉酶的活性。标准曲线可用不同浓度(0~7 μg/mL)淀粉溶液与 I_2-KI显色反应后所测得的吸光值绘制。

【结果与分析】

绘制赤霉素浓度与淀粉酶活性关系曲线,淀粉酶活性以被水解淀粉的含量表示。第1管为淀粉的原始量(X),第2管为带胚半粒种子反应后淀粉的剩余量(Y),第3~6瓶为无胚半粒种子加入不同浓度赤霉素溶液反应后淀粉的剩余量(Y)。

$$\text{被水解淀粉的含量}=\frac{X-Y}{X}\times100\% \qquad (4\text{-}32)$$

【思考题】

1. 实验中为何要用1%次氯酸钠溶液处理小麦种子?为何要在醋酸缓冲液中加入链霉素?

2. 本实验为何要将小麦种子分成有胚和无胚的半粒?为何1号和2号瓶中都没有加入赤霉素溶液,但反应完后两者溶液的吸光值却不同?

实验4 细胞分裂素生物活性测定——黄瓜子叶扩张法

细胞分裂素(cytokinin,CTK)是植物体内普遍存在的一类内源植物激素,其主要生理作用是促进细胞分裂和细胞扩大,延迟叶片衰老,促进侧芽生长和器官分化等。CTK一般在植物根部产生,与植物生长素有协同作用。它是调节植物细胞生长和发育的植物激素。在细胞分裂中起活化作用,也包含在细胞生长和分化及其他相关的生理活动过程中,如激动素(KT)、玉米素(ZT)、6-苄基氨基嘌呤(6-BA)等。

【实验目的】

了解细胞分裂素的生物学功能，掌握细胞分裂素的生物测定方法。

【实验原理】

细胞分裂素能促进细胞的分裂，而不同浓度的细胞分裂素促进细胞分裂的程度不同。在一定的浓度范围内，植物组织的增重与细胞分裂素的浓度存在着线性关系。因而可以通过萝卜子叶增重来测定细胞分裂素的含量。

【实验材料】

(1)试剂：细胞分裂素原药、1 mol/L HCl 溶液、蒸馏水；

(2)仪器：智能人工气候箱、恒温培养箱、叶面积测定仪(扫描时，分辨率 0.1 mm)、万分之一电子天平、带盖搪瓷盘、烧杯(500 mL 以上)、移液器、培养皿、定性滤纸、剪刀和记号笔等；

(3)材料：黄瓜种子。

【实验步骤】

(1)试材准备：挑选籽粒饱满、大小一致、未经包衣处理的黄瓜种子若干，用 0.1%氯化钙溶液表面消毒 10 s 后，蒸馏水洗净；用蒸馏水浸种 8 h。吸干表面水分后播种在盛有含 0.7%水琼脂培养基的带盖搪瓷盘内，琼脂厚度 1.5 cm，置于(28±1)℃的人工气候箱中黑暗培养 72 h。选取子叶完全形成但还未展开的黄瓜幼苗，在子叶下方 1 mm 处剪下子叶，并将两片子叶分开，选择大小均匀的完整子叶放入盛有 300 mL 蒸馏水的烧杯中备用。

(2)溶液配制：称取适量的细胞分裂素原药，配制成不同浓度的细胞分裂素标准液(100、200、300、400、500、600、700 μg/L)。

(3)药剂处理：取 8 个干燥的培养皿，编号。在各培养皿内铺两张定性滤纸，每皿均匀摆放 10 片准备好的黄瓜子叶，子叶正面朝下。用移液器在 1～7 号培养皿中加入不同浓度的细胞分裂素标准液(100、200、300、400、500、600、700 μg/L)9 mL，8 号皿加入等量蒸馏水作为对照。加盖后置入(28±1)℃、湿度 70%、连续光照 3 000 lx 的人工气候箱内 72 h。

(4)调查：培养处理 72 h 后取出黄瓜子叶，用吸水纸吸干黄瓜子叶表面的水分，测量每片叶子叶面积，称量每片子叶的鲜重。

【结果与分析】

黄瓜子叶生长促进率或抑制率按式(4-33)计算，计算结构保留小数点后两位。

$$R=\frac{X_1-X_0}{X_0}\times 100\% \tag{4-33}$$

式中：R——生长促进率或抑制率(%)；

X_1——处理黄瓜子叶面积或鲜重(mm^2 或 mg)；

X_0——对照黄瓜子叶面积或鲜重(mm^2 或 mg)。

应用标准统计软件(如 SAS、SPSS 等)对活力指数和药剂浓度的对数建立回归方程，计算 EC_{10}、EC_{50} 及 95%置信限。

【注意事项】

1. 取黄瓜子叶时注意去除下胚轴；

2. 用蒸馏水浸泡子叶除去内源激素。

3. 最好用 1/10 000 灵敏度的电子天平来称量。

【思考题】

黄瓜子叶做细胞分裂素的生物测定时，为什么要清除它的下胚轴？

4.5 高通量筛选

高通量筛选(high throughput screening，HTS)技术是20世纪80年代后期发展起来的一种用于寻找医学新药物的高新技术。该技术以分子水平和细胞水平的实验方法为基础，以微板形式作为实验工具载体，以自动化操作系统执行试验过程，以灵敏快速的检测仪器采集实验结果数据，以计算机分析处理实验数据，在同一时间检测数以千万的样品，并以得到的相应数据库支持运转的技术体系，它具有微量、快速、灵敏和准确等特点。简言之就是可以通过一次实验获得大量的信息，并从中找到有价值的信息。高通量筛选使用较低剂量，在短时间内完成对大量化合物的生物活性筛选，由于具有微量化、快速、高效等特点，被国内外多数医药研究机构广泛采用，国外许多农药公司亦将这种技术用于新农药的筛选。高通量筛选和组合化学、自动化操作系统等技术的有机结合，可以缩短新农药创制的研发周期，降低研发成本，提高开发的成功率。

高通量筛选技术是在传统筛选技术的基础上，应用生物化学、分子生物学、细胞生物学、计算机、自动化控制等高新技术，使筛选样品微量化(样品用量在几微升到几百微升或者微克至毫克级之间)，样品加样、活性检测乃至数据处理高度自动化、使筛选具有快速、灵敏、特异性高等特点。高通量筛选有利于同时或短时间内完成大量化合物的筛选，年筛选量可达10万甚至100万个化合物。随着筛选量的增大，发现和得到新药物的概率也将随之增加，所以这一技术在现代新医药、新农药的创制研究中备受青睐。

高通量筛选的特点是快速、高效、可在短时间内提供大量化合物可能的作用机制以及生物活性情况，这些信息的迅速反馈对化合物的合成和结构优化具有重要指导作用，但筛选结果并不能完全证明化合物对某种有害生物有防治效果。因此，采用高通量筛选方法来发现新农药，还应结合其他筛选方法。一般采取以下几个步骤。

(1)初筛：即普筛，在离体或活体水平上，使用同一剂量，与同样的试材作用，初步判断化合物有无活性；

(2)复筛：初筛后，选择有活性的化合物，采用系列浓度(设5个以上剂量)，进行同一模型的筛选，确定化合物活性大小；

(3)深入筛选：即温室盆栽实验，是在初筛和复筛的基础上，将得到的化合物在活体靶标生物上作进一步筛选，确定化合物的防治谱、作用方式、选择性、使用剂量和时期以及其他性质等，为全面评价活性化合物的开发价值提供依据。同时，结合活性化合物的化学结构特点，进行综合分析，确定在结构和活性方面具有新颖性和开发价值的化合物作为先导化合物，并根据实际情况进行结构优化，以得到活性更高、缺点更少的活性物质。结构优化后的化合物需要重复上述筛选过程，以确定新化合物的活性。

通常，温室筛选仍需要较多(质量)的化合物。如拜耳公司需要50～80 mg，而组合化学库有时只能提供几毫克的样品。为了验证高通量筛选的结果，必须加大合成量。有的农药公司为了降低成本，已实现了温室筛选的微型和自动化，使筛选速度更快、成本更低，而且更为重要的是所需化合物的量可低于 1 mg。

高通量筛选技术的出现并不排斥传统农药筛选技术。高通量筛选主要用于大数量、微质量样本的快速初筛和复筛，筛选得到的活性化合物仍需通过传统筛选方法确定对活体生物是否有效、活性大小及作用方式等。

第5章 农药田间药效试验
(Efficacy Evaluation of Pesticides)

农药田间药效试验是在室内毒力测定的基础上，在田间进行的农药对有害生物防治效果的试验，这是确定新的农药品种能否在农业生产上大面积推广应用的重要方法。田间药效试验可分为小区、大区与大面积示范等几种。这是在自然条件下研究比较几种不同的农药，采用几种不同的即时条件和要求，从中鉴定出最有效、最有经济效果的农药品种，同时确定其大田使用范围、防治对象、最低有效使用剂量、浓度及其他技术条件等。一般农药经室内试验证明有效，需先进行小区试验，获得较好试验结果的项目，再进行大区试验。在正式推广之前，常常还要进行大面积示范，以便取得广泛经验。田间药效试验是农药登记管理工作重要内容之一，是制定农药产品标签的重要技术依据，而标签是安全、合理使用农药的唯一指南。

1. 农药田间药效试验分类

农药田间药效试验可分为两大类：一类是以药剂为主体的系统田间试验，另一类是以防治对象为主体的试验。

(1)药剂为主体的系统田间试验：

①田间药效筛选。在毒力测定的基础上，将新合成的化合物或新的组合物加工成不同剂型进行田间筛选；

②田间药效评价。经过田间药效筛选出的制剂，通过设计不同剂量、不同施药时间与施用方法，考察其对主要防治对象的效果，对作物产量和对有益生物的影响，总结出其切实可行的应用技术；

③特定因子试验。为了全面评价田间药效或明确生产中提出的问题而专门设定的试验，包括环境条件对药效的影响，不同剂型药效的比较，农药混用的增效或拮抗作用，耐雨水冲刷能力和农作物与土壤中的残留等。

(2)以防治对象为主体的试验：即针对某种防治对象筛选最有效的农药品种，确定最佳剂量，最佳施药次数与最佳使用方法等。

田间药效试验包括小区试验、大区试验和大面积示范试验。试验结果用“药效”表示。

我国实行农药登记制度，田间药效试验是农药登记管理工作的重要内容之一，是制订农药产品标签的重要技术依据，而农药标签有安全、合理使用农药的指南。

2. 田间药效的试验要求

田间小区试验是在自然条件下，通过植物种类、有害生物、有益生物等多种因素综合作用研究农药在应用上的各种效应，鉴别农药防治病、虫、草、鼠害的效果，对作物的安全性，对有益生物的影响及对环境的影响，是综合评价农药的使用与推广价值所必需的步骤，是新农药室内试验过渡到大田实际应用的中间纽带。为了正确评价一种农药，使药效资料符合农药登记的要求，试验结果有一定的可比性，并要与国际上的试验方法取得一致，以便交流，田间药效试验应按照统一的试验程序，严格的科学性和准确性，内容力求全面。试验单位和地点应由农业部农药检定所统一安排。

(1)每一个新研制的农药、新剂型应在我国不同气候条件,具有代表性的耕作区完成两年以上的田间小区药效试验。

(2)试验地选择:试验地是田间小区药效试验的最基本条件,选择当地有代表性的试验地,要求地势平坦,土壤类型、肥力基本一致,作物种植和管理水平一致,排灌方便的田块,并应记录灌溉的方法、时间及水量。不要将试验地选在树林、房屋、河流、池塘及大路边的田块。否则会影响试验的代表性。

(3)试验作物和防治对象的选择:一般来说,新农药、新剂型在进入田间小区试验之前,基本掌握了它的试验作物和防治对象、为了获得理想结果,应选择敏感品系作物进行试验,创造和提供有利于防治对象发生的条件。也就是说药剂的防治对象是什么,选择的防治对象的寄主(为害作物)是什么,根据这些来选择在哪种作物上进行试验。所选择的作物应该有防治对象发生(在特殊情况下,可以根据需要创造发生的条件),否则没有防治对象试验无法进行,防治对象的发生程度一般中等偏重且发生均匀为宜。

(4)田间小区试验设计:试验药剂应选择三个不同的试验剂量,对照药剂可使用一个常用剂量,也就是用当地推广使用的有效剂量。对照药剂必须选用已登记注册过的产品,并经过实践证明具有较好的防治效果,其剂型和作用方式接近于试验药剂。试验同时要设有只喷清水的空白对照。

试验小区一般情况下应采用随机排列,每个处理最少 4 次重复。一种单剂的田间试验不得少于 20 个小区。

小区面积:各种试验的要求不一样,应该按着农药田间药效试验准则规定的面积执行。但应注意试验地周围及小区之间应该留有保护行。

(5)施药方法:施药方法应与科学的农业实践相适应,采用常用器械施药,保证药量准确,分布均匀。如果是喷雾,使用的药剂要做到正反面均匀周到,否则会直接影响药效结果。

施药的时间和次数应根据试验药剂的种类、理化性质、生物活性等特点以及作物生长特点,病虫害发生规律,自然环境因素和试验的具体要求等来决定。例如,速效性好和持效期长的药剂,调查时间就不能相同,后者就应该延长调查时间并增加调查次数。

药剂剂量的表示方法:试验报告中药剂使用剂量应以千克或升/公顷的制剂量表示,也可以用克(有效成分)/公顷,果树则应用毫克/千克表示或用稀释倍数表示。在试验中另一点值得注意的是:如果对非靶标生物要使用其他药剂处理,应对所有的试验小区(包括空白对照)进行均一处理,且要与试验药剂和对照药剂分开使用,尽量使用作用方式不同的药剂,使其干扰因素保持在最小程度,并在试验报告中提供这类施药的准确记录。

(6)药效调查:在一般情况下,施药前应进行一次基数调查,施药后隔一定时间进行药效调查,根据试验要求和药剂的特点、持效长短来决定调查时间,在报告资料中要说明调查方法、次数及调查时间。例如,速效性好和持效期长的药剂,调查时间就不能相同,后者就应该延长调查时间并增加调查次数。

每点取样数目应视病虫害发生情况,分布类型及作物种类不同而定,一般分布均匀的害虫,每小区取样数可少些,对迁飞性、钻蛀性或分布不均匀的害虫取样数目要适当加大。对病害来讲,一般来说,空气传播的病害,分布较均匀,每小区取样的点数可以减少些。土传病害,受地形、土质、耕作条件等影响较大,每小区取样的点数应适当多些。果树可以每株按东、西、南、北、中(内膛)5个方位取样调查。总之,药效调查时的取样数目要视病虫害的发生情况,分布类型及作物来定。

3. 试验结果与药效计算方法

田间试验中反映的防治效果是多种因素综合作用的结果,如防治对象本身的增值和自然死亡对防治效果有不同程度的影响,必要时要进行校正。

(1)杀虫剂药效计算公式:

$$\text{虫口减退率}=\frac{\text{Pt}_0\text{ 虫数}-\text{Pt}_1\text{ 虫数}}{\text{Pt}_0\text{ 虫数}}\times 100\% \tag{5-1}$$

$$\text{防治效果}=\left(1-\frac{\text{CK}_0\text{ 虫数}\times\text{Pt}_1\text{ 虫数}}{\text{CK}_1\text{ 虫数}\times\text{Pt}_0\text{ 虫数}}\right)\times 100\% \tag{5-2}$$

或
$$=\frac{\text{Pt 虫口减退率}\pm\text{CK 虫口减退率}}{100\pm\text{CK 虫口减退率}}\times 100\%$$

式中:Pt_0——处理区施药前;

Pt_1——处理区施药后;

CK_0——对照区施药前;

CK_1——对照区施药后。

(2)杀菌剂药效计算公式:

$$\text{病情指数}=\sum\frac{\text{各级病叶数}\times\text{相对级指数}}{\text{调查总叶数}\times 9}\times 100\% \tag{5-3}$$

$$\text{病情指数增长率}=\frac{\text{Pt}_1\text{ 病情指数}-\text{Pt}_0\text{ 病情指数}}{\text{Pt}_0\text{ 病情指数}}\times 100\% \tag{5-4}$$

$$\text{防治效果}=\left(1-\frac{\text{CK}_0\text{ 病情指数}\times\text{Pt}_1\text{ 病情指数}}{\text{CK}_1\text{ 病情指数}\times\text{Pt}_0\text{ 病情指数}}\right)\times 100\%$$

或
$$=\frac{\text{Pt 病指增长率}\pm\text{CK 病指增长率}}{100\pm\text{CK 病指增长率}}\times 100\%$$

(当对照区病措施药后比施药前增加时,公式中用"+",减少时,公式中用"-")

或
$$\text{施药前无基数}=\frac{\text{CK}_1\text{ 病情指数}-\text{Pt}_1\text{ 病情指数}}{\text{CK}_1\text{ 病情指数}}\times 100\% \tag{5-5}$$

式中:Pt_0——处理区施药前;

Pt_1——处理区施药后;

CK_0——对照区施药前;

CK_1——对照区施药后。

(3)除草剂药效计算公式:

绝对数调查法:数出每种杂草株数(前期),称量出每种杂草的鲜重(后期称干重)。可对整个小区进行调查,也可在每个小区随即选择0.25~1 m^2 方块进行测定。在某种情况下,也可计数或测量特殊植物器官(例如,单子叶杂草开花数或有效分蘖数)。

$$\text{防效}=\frac{\text{施药前杂草数}-\text{施药后杂草数}}{\text{施药前杂草数}}\times 100\%$$

或 $$=\frac{\text{对照区杂草数}-\text{处理区杂草数}}{\text{对照区施药前杂草数}}\times 100\% \qquad (5\text{-}6)$$

$$\text{鲜(干)重防效}=\frac{\text{对照区杂草重量(g)}-\text{处理区杂草重量(g)}}{\text{对照区杂草重量(g)}}\times 100\% \qquad (5\text{-}7)$$

除草剂试验结果在必要时需要进行测产，这在不同作物的试验中有具体规定，所有药剂的试验结果都应该用邓肯氏新复极差法（DMRT）对试验数据进行统计分析，特殊情况用相应的生物统计学方法。

试验 1　杀虫剂田间药效试验

杀虫剂田间药效试验是在室内毒力测定的基础上，在田间进行的农药对害虫防治效果的试验，这是确定新杀虫剂品种能否在农业生产上大面积推广应用的重要方法。杀虫剂田间药效试验一般按照国家标准《农药田间药效试验准则》要求，根据田间药效试验基本原则设计试验方案，制定试验方法，包括田间药效的筛选、特定因子试验、药剂浓度、施药次数、采样方法、调查时间和评价方法，根据实际防治效果评价杀虫剂的生物活性。

在棉花上已发现的蚜虫有 5 种：棉蚜、棉长管蚜、苜蓿蚜、拐枣蚜、菜豆根蚜。其中危害棉花的以棉蚜为主，是我国棉花上的重要害虫之一。棉蚜以刺吸式口器插入棉叶背面或嫩头部分组织吸食汁液，受害叶片向背面卷缩，叶表有蚜虫排泄的蜜露（油腻），并往往滋生霉菌。棉花受害后植株矮小、叶片变小、叶数减少、根系缩短、现蕾推迟、蕾铃数减少、吐絮延迟。棉蚜排泄物为含糖量很高的蜜露，这能吸引一种个体较小的黄蚁来取食。而这种小黄蚁为了能与棉蚜长期合作，反过来常常帮棉蚜驱赶七星瓢虫等天敌。因此，棉田蚜虫的防治任务十分严峻。

【试验目的】

通过本试验，使学生了解杀虫剂在不同作物上针对不同防治对象的田间药效试验设计、调查取样和评判方法，理论联系实际地解决有害生物在大田防治中的问题，加深对课程基本理论和基本知识的理解、掌握和应用能力。

【试验原理】

根据《农药田间药效试验准则》的试验方法和基本要求，本试验测定戊吡虫胍在不同剂量对棉蚜的田间防治效果，通过农业生产实际和田间的综合作用，获得戊吡虫胍对棉蚜的最佳使用剂量及在各剂量下对棉花的安全性，指导戊吡虫胍在农业生产中的推广和应用。

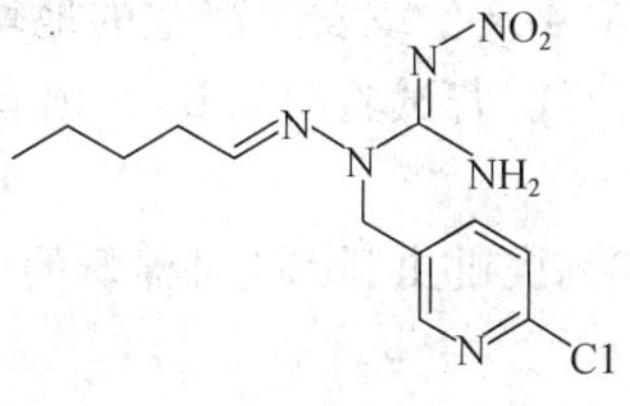

戊吡虫胍 (guadipyr)

【试验材料】

(1)供试药剂:20%戊吡虫胍悬浮剂(SC),对照药剂为25%吡虫啉可湿性粉剂(WP)。

(2)供试昆虫:棉蚜(*Aphis gossypii* Glover)、棉黑蚜(*Aphis atrata* Zhang)、棉长管蚜(*Acyrthosiphom gossypii* Mordviiko)。

(3)供试作物品种:棉花新陆早33号。

(4)试验设备及仪器:背负式手动喷雾器、卷尺、计数器、200 mL烧杯、移液器、量筒等。

【试验步骤】

(1)记录试验地点的地理位置、土质状况及气象资料等。

(2)记录试验地情况。

(3)试验设计。

试验共设7个处理:戊吡虫胍20、30、40、50、60 g/hm^2(有效成分);对照药剂为吡虫啉20 g/hm^2(有效成分);清水为空白对照。

试验小区面积为20 m^2,4次重复,随机排列。背负式手动喷雾器均匀喷雾叶片的正反面,以使药液均匀润湿叶片为度,空白对照喷施等量清水,试验期喷药一次,施药时天气晴好,施药后72 h未出现降雨现象,试验期间靶标对象未喷施过其他杀虫剂。

(4)试验方法。

①规划试验小区。本试验共5个处理,重复4次,随机排列各处理;

②虫口基数调查;

③药剂稀释;

④药剂喷雾处理;

⑤药效调查。

【结果与分析】

虫口密度调查方法及药效统计方法:调查时每小区对角线5点取样,每点调查5株,共计25株,药后3、5和7 d分别调查药剂处理后棉蚜虫口数量,带入下列公式计算百株蚜虫量,统计防效。

$$\text{虫口减退率}=\frac{\text{施药前活虫数}-\text{施药后活虫数}}{\text{施药前活虫数}}\times 100\% \tag{5-8}$$

$$\text{防治效果}=\frac{\text{PT}-\text{CK}}{100-\text{CK}}\times 100\% \tag{5-9}$$

式中:CK——空白对照区虫口减退率;

PT——药剂处理区虫口减退率。

【注意事项】

1. 本药效试验应选择在棉蚜常年发生或发生严重的地块;

2. 田间药效试验应选择晴朗天气,若试验期间24 h内有降雨,试验无效,应重做。

【思考题】

对试验结果进行分析,评价20%戊吡虫胍SC对棉蚜的防治效果。

试验2　杀菌剂田间药效试验

杀菌剂田间药效试验目的是解决生产中出现的实际问题，为病害防治提供新药剂、新剂型及合理的使用方法。因此，科学合理的杀菌剂田间药效试验是杀菌剂生物活性评价的主要依据。通过田间药效试验确定防治辣椒疫霉病药剂的最佳田间使用剂量，测试药剂对作物及非靶标有益生物的影响，为杀菌剂的药效评价和安全、合理使用技术提供依据。

辣椒疫霉病，又称辣椒黑茎病，是辣椒疫霉菌侵染辣椒韧皮部导致辣椒死亡的严重真菌性病害。辣椒疫病的病原菌是辣椒疫霉菌(*Phytophthora capsici* Leonian)，属于鞭毛菌的真菌。病菌孢囊梗简单，菌丝状，淡色。孢子囊顶生，长椭圆形，淡色，顶端有乳头状突起，大小为(27.6～55.8) μm×(15.5～31.6) μm。萌发时产生多个有双鞭毛的游动孢子，卵孢子圆球形，黄褐色，直径为15～28 μm。病菌还能产生球形的厚壁孢子，淡黄色、单孢。辣椒疫霉菌的寄主范围较广，除辣椒外还能危害番茄、茄子和一些瓜类作物。染病辣椒幼苗茎基部呈水浸状软腐，致上部倒伏，多呈暗绿色，最后猝倒或立枯状死亡；定植后叶部染病，产生暗绿色病斑，叶片软腐脱落；茎染病亦产生暗绿色病斑，引起软腐或茎枝倒折，湿度大时病部可见白霉；花蕾被害迅速变褐脱落；果实发病，多从蒂部或果缝处开始，初为暗绿色水渍状不规则形病斑，很快扩展至整个果实，呈灰绿色，果肉软腐，病果失水干缩挂在枝上呈暗褐色僵果。辣椒疫病对产量、品质影响极大，严重时减产50%以上，甚至造成毁灭性的危害。

【试验目的】

1. 通过本试验，掌握杀菌剂田间药效试验的方案设计及药效评价方法；
2. 明确杀菌剂田间药效试验的目的和基本原则；
3. 掌握杀菌剂田间药效试验的基本步骤和方法；
4. 熟悉杀菌剂田间药效试验的药效调查方法和结果计算方法。

【试验原理】

根据《农药田间药效试验准则》的试验方法和基本要求，本试验以20%烯酰吗啉(SC)为对照，测定不同剂量的20%丁吡吗啉(SC)对辣椒疫病的田间防效。

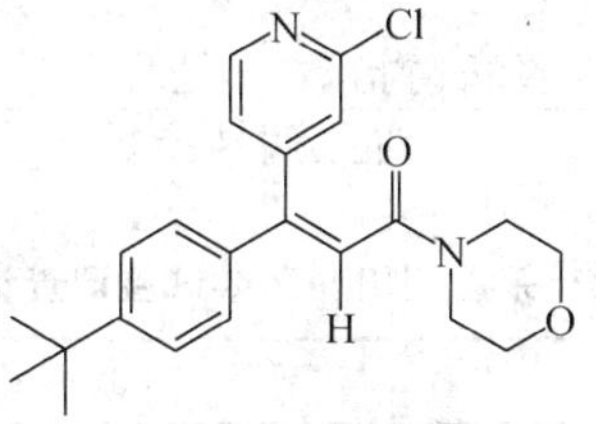

丁吡吗啉(pyrimorph)

【试验材料】

(1)供试药剂：20%丁吡吗啉(SC)，对照药剂为20%烯酰吗啉(SC)；

(2)供试作物：辣椒；

(3)试验设备及仪器：背负式手动喷雾器、烧杯、移液器、量筒等。

【试验步骤】

(1)试验地选择：试验地应选择地势平坦、土壤肥沃、辣椒长势均匀的田块；

(2)试验设计：试验共设 5 个处理：丁吡吗啉 20,25,30 g/hm^2(有效成分)；烯酰吗啉 20 g/hm^2(有效成分)；清水为空白对照。

试验小区面积为 20 m^2,4 次重复，随机排列。背负式手动喷雾器均匀喷雾叶片的正反面，以药液均匀润湿叶片为度，空白对照喷施等量清水，试验期喷药一次，施药时天气晴好，施药后 72 h 未出现降雨现象，试验期间靶标对象未喷施过其他杀菌剂。

(3)施药方式：于发病初期用背负式手动喷雾器喷雾施药一次，7 d 后再次施药，施药前调查辣椒疫病发病基数(表 5-1)。

表 5-1 辣椒疫病分级标准

病情分级	分级标准
0 级	无病
1 级	仅少数叶片或 1/5 以下侧枝发病
2 级	全株 1/5～1/2 侧枝或 1/3 以下果实发病
3 级	全株 1/2～3/4 侧枝或 1/3 以上果实发病
4 级	全株 3/4 以上侧枝发病枯死或主茎发病

(4)药效调查：于第二次施药后 7～9 d 调查最终防效，每小区对角线固定五点采样法，每点调查 0.5 m^2,调查所有叶片数，将调查结果记于表 5-1。

【结果与分析】

根据发病分级标准按照公式(5-10)计算各处理的病情指数，按照公式(5-11)计算防治效果，采用 DPS 或 SPSS 等软件分析各剂量间防效的差异显著性，并将计算结果计入表 5-2 和表 5-3。

$$病情指数=\frac{\sum(L_i \times D_i)}{L \times D} \times 100\% \tag{5-10}$$

式中：L_i——各级病株数；

D_i——病情等级；

L——调查总株数；

D——最高病级值。

$$防治效果=\frac{对照病情指数-处理病情指数}{对照病情指数} \times 100\% \tag{5-11}$$

表 5-2 杀菌剂田间药效试验调查记录表

处理	1	2	3	4(对照药剂)	CK
病株数	0				
	1				
	2				
	3				
	4				

表 5-3　20%丁吡吗啉(SC)对辣椒疫病的田间防治效果

药剂	药剂用量/[g(a.i.)/hm²]	病情指数	防治效果/%	显著性分析	
				$F_{0.05}$	$F_{0.01}$
20%丁吡吗啉(SC)	20				
	25				
	30				
20%烯酰吗啉(SC)	20				
清水(CK)					

【注意事项】

1. 本药效试验应选择在辣椒疫病常年发生或发生严重的地块；
2. 田间药效试验应选择晴朗天气，若试验期间 24 h 内有降雨，试验无效，应重做。

【思考题】

对试验结果进行分析，评价 20%丁吡吗啉 SC 对辣椒疫病的防治效果。

试验 3　除草剂田间药效试验

二甲戊灵(pendimethalin)属于二硝基苯胺类除草剂，是一种优秀的旱田作物选择性除草剂，可以广泛应用于玉米、大豆、花生、棉花、直播旱稻、马铃薯、烟草、蔬菜等多种作物田除草。二甲戊灵为选择性芽前、芽后旱田土壤处理除草剂。杂草通过正在萌发的幼芽吸收药剂，进入植物体内的药剂与微管蛋白结合，抑制植物细胞的有丝分裂，从而造成杂草死亡。二甲戊灵主要防治一年生禾本科杂草、部分阔叶杂草和莎草。如稗草、马唐、狗尾草、千金子、牛筋草、马齿苋、苋、藜、苘麻、龙葵、碎米莎草、异型莎草等。对禾本科杂草的防除效果优于阔叶杂草，对多年生杂草效果差。

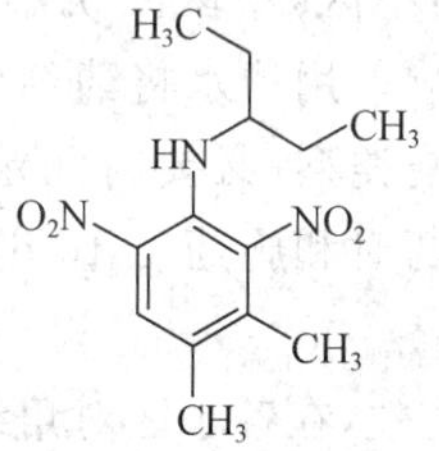

二甲戊灵(pendimethalin)

【试验目的】

1. 通过本试验掌握除草剂土壤处理防治直播棉田杂草小区药效试验的方法；
2. 明确除草剂田间药效试验的目的和基本原则；
3. 掌握除草剂田间药效试验的基本步骤和方法；
4. 熟悉除草剂田间药效试验的药效调查方法和结果计算方法。

【试验原理】

土壤处理是在杂草未出苗前，将除草剂喷撒于土壤表层或喷撒后通过混土操作将除草剂拌入土壤中，建立起一层除草剂封闭层，也称土壤封闭处理。除草剂土壤处理除了利用生理生化选择性外，也利用时差或位差选择性除草保苗。土壤处理剂的药效和对作物的安全性受土壤的类型、有机质含量、土壤含水量和整地质量等因素影响。由于沙土吸附除草剂的能力比壤土差，所以，除草剂的使用量在沙土地应比在壤土地少。从对作物的安全性来考虑，在沙土地，除草剂易被淋溶到作物根层，从而产生药害，所以，在沙土地，使用除草剂要特别注意，掌握好用药量，以免发生药害。土壤有机质对除草剂的吸附能力强，从而降低除草剂的活性。当土壤有机质含量高时，为了保证药效，应加大除草剂的使用量。土壤含水量对土壤处理除草剂的药效影响极大。土壤含水量高，有利于除草剂的药效发挥。反之，土壤含水量低，土表干燥，则不利于除草剂药效的发挥。在干旱季节施用除草剂，应加大用水量，或在施药前后灌一次水，以保证除草效果。整地质量好，土壤颗粒小，有利于喷施的除草剂形成连续完整的药膜，提高封闭作用。

【试验材料】

(1)供试药剂：33%二甲戊灵(SC)；

(2)供试作物：棉花；

(3)试验设备及仪器：分析天平、绳子、卷尺、标签牌、背负式手动喷雾器、烧杯、移液器、量筒等。

【试验步骤】

(1)试验地的选择：选择土壤肥力较均匀，常年有杂草发生的地块，水分管理较方便的覆膜棉田。

(2)试验设计：试验共设 7 个处理：33%二甲戊灵(SC)300、350、400 和 450 g/hm^2 四个处理；对照药剂 45%氟乐灵(EC)，用药量为 150 g/hm^2；并设空白对照和人工除草小区。在棉花播种前 3 d，进行土壤喷雾处理，以喷清水为对照，共 7 个处理，小区面积 20 m^2，重复 4 次，共计 28 个小区。

(3)施药处理：按随机区组法排列小区，小区间筑小田埂，且小区间要有 1 m 以上宽度的隔离带，防止药剂对其他小区产生影响。用清水将药剂稀释后喷雾于土壤表面，施药后 3 d 内覆膜播种。播种 6 d 后浇水，记录土壤类型，必要时测定土壤 pH 与有机质含量，记录各小区的位置及施药处理方法，同时记录施药时和施药后 10 d 的日照、降雨量、温度、空气相对湿度、风力等气象资料。

(4)药效调查：药后 20 d，调查株防效，在各小区对角线上取 3～5 点，每个样点面积 0.25 m^2 (0.5 m×0.5 m)，记录存活杂草的种类和株数(表 5-4)。施药后 45 d，目测记录各小区杂草的总体防效，同时在各小区对角线上取 3～5 点，记录存活杂草的种类和株数，剪取杂草地上部茎叶并分别称每种杂草鲜重，调查株数时一些分生能力很强的杂草的记录从基部发出的分支数。

(5)棉花安全性调查：施药后 3、7、14、20、45 d，目测棉花的生长状况，如发生药害，调查记录棉花出苗、株高、形态、色泽等变化，在棉花收货时测产评价药剂对棉花的安全性。

【结果与分析】

将杂草调查数据记入表 5-4，计算每种杂草和总草的株防效、鲜重防效，应用 SAS、SPSS 等软件进行显著性差异检验，将计算结果记入表 5-5。

表 5-4　除草剂田间药效小区试验调查记录表

杂草名称	重复 1			重复 2			重复 3			重复 4		
	目测防效/%	株数	鲜重/g	目测防效/%	株数	鲜重/g	目测防效/%	株数	鲜重/g	目测防效/%	株数	鲜重/g
1												
2												
3												
4												

表 5-5　33%二甲戊灵 SC 土壤处理对棉田杂草的田间防治效果

药剂	剂量/(g/hm²)	杂草株数/(株/0.25 m²)		株防效/%		杂草鲜重/(g/0.25 m²)	鲜重防效/%	显著性分析	
		20 d	45 d	20 d	45 d	45 d	45 d	$F_{0.05}$	$F_{0.01}$
二甲戊灵	300								
	350								
	400								
	450								
氟乐灵	150								
清水 CK									

【注意事项】

1. 选择试验地时，若杂草种类较少或分布不均，可适当撒入杂草种子；
2. 施药前后喷雾器要反复清洗干净。

【思考题】

为了提高实验的准确性和作物安全性，喷药时应注意哪些问题？

第6章 农药分析与残留分析
(Pesticides Analysis and Residue Analysis)

6.1 农药分析
(Pesticides Analysis)

农药分析可分为原药和制剂分析两大类,属于常量分析。在农药常量分析中,为了获得样品中农药的准确含量,方法的准确度与精密度应达到要求。因为制剂中农药含量较高,但对灵敏度要求不高。农药常量分析对农药生产和应用都有重要作用,农药工厂对中间体和产物的分析是控制合成步骤和改进合成方法的依据,农药产品分析是工厂保证出厂产品质量的重要方面,是农药检定部门和农业生产资料部门质量管理的重要措施,也是检测农药贮藏期的变化,改进制剂性能和改善农药应用技术等必不可缺的手段。农药分析更是农药合成、加工、应用等科学研究的基础。农药分析就是为了控制原材料的质量,生产过程质量控制,产品质量控制,应用技术改善的指导,食品、饲料及其他用品安全性指标之一。

随着化学合成农药的不断涌现,农药分析技术也在不断地提高。经过几十年的发展,目前常用的农药分析的方法有高效液相色谱法、气相色谱法、薄层色谱法以及红外、紫外分光光度法等。

有了准确、易行的分析方法,才能对农药质量进行评价。农药质量的评价依据是各个农药的质量标准,农药的生产必须符合农药标准。农药的质量主要从两个方面来评价:一是有效成分含量是否与标准上标明的含量相符;二是物理化学性质是否达到标准上的要求。这些指标是根据原药及各种制剂的特性而又有不同规定,如细度、悬浮料、润湿性、乳化性、乳液稳定性、含水量和酸碱度等。如果农药的有效成分不足,很难达到防治效果。有效成分含量即使达到要求,如果产品的物理、化学性能很差,药剂也不能充分发挥作用。

实验1 农药水分测定方法
(GB/T 1600—2001)

农药指用于预防、消灭或者控制危害农业、林业的病、虫、草和其他有害生物,以及有目的地调节植物、昆虫生长的化学合成或者来源于生物、其他天然物质的一种物质或者几种物质的混合物及其制剂。在农业生产中,特指用于防治病虫以及调节植物生长、除草等药剂。GB/T 1600—2001《农药水分测定方法》是作为农药检测的主要项目。

【实验目的】

用于农药原药及其加工制剂中水分的测定。

【实验原理】

将样品分散在甲醇中,用已知水当量的标准卡尔·费休试剂滴定。微量水分测定仪是根据卡尔·费休试剂与水的反应,结合库仑滴定原理设计而成的。

卡尔·费休试剂与水的反应式如下:

$$I_2 + SO_2 + 3C_5H_5N + H_2O \rightarrow 2C_5H_5N \cdot HI + C_5H_5N \cdot SO_2$$
$$C_5H_5N \cdot SO_3 + CH_3OH \rightarrow C_5H_5N \cdot HSO_4CH_3$$

反应生成的 I^- 在电解池的阳极上,被氧化成 I_2,反应式如下:

$$2I^- \longrightarrow I_2 + 2e$$

【实验材料】

(1)试剂:

无水甲醇:水的质量分数应≤0.03%。取 5～6 g 表面光洁的镁(或镁条)及 0.5 g 碘,置于圆底烧瓶中,加 70～80 mL 甲醇。在水浴上加热回流至镁全部生成絮状的甲醇镁,此时加入 900 mL 甲醇,继续回流 30 min,然后进行蒸馏,在 64.5～65℃收集无水甲醇。使用仪器应预先干燥,与大气相通的部分应连接装有氯化钙或硅胶的干燥管。

无水吡啶:水的质量分数应≤0.1%。吡啶通过装有粒状氢氧化钾的玻璃管,管长 40～50 cm,直径 1.5～2.0 cm,氢氧化钾高度为 30 cm 左右。处理后进行蒸馏,收集 114～116℃的馏分。

二氧化硫:将浓硫酸滴加到盛有亚硫酸钠(或亚硫酸氢钠)的糊状水溶液的支管烧瓶中,生成的二氧化硫经冷井冷至液状(冷井外部加干冰和乙醇或冰和食盐混合)。使用前把盛有液体二氧化硫的冷井放在空气中气化,并经过浓硫酸和氯化钙干燥塔进行干燥。

卡尔·费休试剂(有吡啶):将 63 g 碘溶解在干燥的 100 mL 无水吡啶中,置于冰中冷却,向溶液中通入二氧化硫直至增重 32.39 g 为止,避免吸收环境潮气,补充无水甲醇至 500 mL 后,放置 24 h。此卡尔·费休试剂的水当量约为 5.2 mg/mL。也可使用市售的无吡啶卡尔·费休试剂。

甲苯。

(2)仪器:试剂瓶 250 mL、反应瓶 60 mL、1.5 V 或 2.0 V 电池组、滴定装置、微量水分测定仪等。

(3)材料:碘(重升华,并放在硫酸干燥器内 48 h 后再用)、硅胶(含变色指示剂)和酒石酸钠等。

【实验步骤】

1. 卡尔·费休试剂的标定

(1)二水酒石酸钠为基准物。加 20 mL 甲醇于滴定容器中,用卡尔·费休试剂滴定至终点,此时迅速加入 0.15～0.20 g(精确至 0.000 2 g)酒石酸钠,搅拌至完全溶解(约 3 min),然后以 1 mL/min 的速度滴加卡尔·费休试剂至终点。卡尔·费休试剂的水当量(mg/mL)按式(6-1)计算:

$$C_1 = \frac{36\ m\ 1\ 000}{230V} \tag{6-1}$$

式中：230——酒石酸钠的相对分子质量；

36——水的相对分子质量的2倍；

m——酒石酸钠的质量(g)；

V——消耗卡尔·费休试剂的体积(mL)。

(2)水为基准物。加20 mL甲醇于滴定容器中，用卡尔·费休试剂滴定至终点，迅速用0.25 mL注射器向滴定瓶中加入35～40 mg(精确至0.000 2 g)水，搅拌1 min后，用卡尔·费休试剂滴定至终点。

卡尔·费休试剂的水当量 C_2(mg/mL)按式(6-2)计算

$$C_2=\frac{1\,000\,m}{V} \tag{6-2}$$

式中：m——水的质量(g)；

V——消耗卡尔·费休试剂的体积(mL)。

2. 测定步骤

加20 mL甲醇于滴定瓶中，用卡尔·费休试剂滴定至终点，迅速加入已称量的试样(精确至万分之一，含水5～15 mg)，搅拌1 min，然后以1 mL/min的速度滴加卡尔·费休试剂至终点。试样中水的质量分数 W，按式(6-3)计算：

$$W_1=\frac{100\,CV}{1\,000\,m} \tag{6-3}$$

式中：C——卡尔·费休试剂的水当量(mg/mL)；

V——消耗卡尔·费休试剂的体积(mL)；

m——试样的质量(g)。

【结果与分析】

试样中水的质量分数 W 按式(6-4)计算

$$W_2=\frac{100V}{m} \tag{6-4}$$

式中：V——接收器中水的体积(mL)；

m——试样的质量(g)。

【注意事项】

测定步骤按具体仪器使用说明书进行。

【思考题】

1. 共沸蒸馏法中，为何在冷凝器顶部塞一疏松棉花？
2. 为什么卡尔·费休法中不能用目测终点法？

实验2 农药酸碱度测定(pH计法)

酸碱度一般用pH表示，pH即氢离子浓度的对数的负值，是溶液中氢离子活度的一种标度，也就是溶液酸碱程度的衡量标准。通常土壤呈弱碱性，所以若农药呈酸性，则在土壤中不会发生作用，降解快，被中和。农药的 pH 涉及农药的稳定性，因此，农药 pH 的测定，即农药氢离子浓度的测定对于农药的应用具有极大的意义。

【实验目的】

1. 学习并掌握 pH 计的使用方法；

2. 学习使用 pH 计法来测定农药氢离子浓度。

【实验原理】

常用 H^+ 浓度来表示溶液的酸碱性，当 $[H^+]$ 小于 1 mol/L 时，为了使用方便，常用氢离子浓度的负对数，及 $-\lg[H^+]$ 来表示溶液的酸度，并称为 pH，即 $pH=-\lg[H^+]$，最常用的 pH 计是将复合电极和温度传感器插入标准溶液校正后对被测样品进行测量。

【实验材料】

1. 试剂与溶液

水：新煮沸并冷至室温的蒸馏水，pH 为 5.5～7。

(1)$c(C_8H_5KO_4)=0.05$ mol/L 邻苯二甲酸氢钾 pH 标准溶液：称取在 105～110℃烘至恒重的邻苯二甲酸氢钾 10.21 g 于 1 000 mL 容量瓶中，用水溶解并稀释至刻度，摇匀。此溶液放置时间应不超过 1 个月；

(2)$c(Na_2B_4O_7)=0.05$ mol/L 的四硼酸钠 pH 标准溶液：称取 19.07 g 四硼酸钠于 1 000 mL 容量瓶中，用水溶解并稀释至刻度，摇匀。此溶液放置时间应不超过 1 个月；

(3)标准溶液 pH 的温度校正：0.05 mol/L 邻苯二甲酸氢钾溶液的 pH 为 4.00(温度对 pH 的影响可忽略不计，见表 6-1)。

表 6-1　0.05 mol/L 四硼酸钠溶液的温度校正值

温度/℃	10	15	20	25	30
pH	9.29	9.26	9.22	9.18	9.14

2. 仪器

(1)pH 计：需要有温度补偿或温度校正图表。

(2)玻璃电极：使用前需在蒸馏水中浸泡 24 h。

(3)饱和甘汞电极：电极的室腔中需注满饱和氯化钾溶液，并保证饱和溶液中总有氯化钾晶体存在。

【实验步骤】

(1)pH 计的校正：将 pH 计的指针调整到零点，调整温度补偿旋钮至室温，用上述中一个 pH 标准溶液校正 pH 计，重复校正，直到两次读数不变为止。再测量另一 pH 标准溶液的 pH，测定值与标准值的绝对差值应不大于 0.02。

(2)试样溶液的配制：称取 1 g 试样于 100 mL 烧杯中，加入 100 mL 水，剧烈搅拌 1 min，静置 1 min。

(3)测定：将冲洗干净的玻璃电极和饱和甘汞电极插入试样溶液中，测其 pH。至少平行测定三次，测定结果的绝对差值应小于 0.1，取其算术平均值即为该试样的 pH。

【结果与分析】

三次平行试验测定结果的绝对差值应小于 0.1，三者的算术平均值即为该试样的 pH。

【注意事项】

1. 测定样品 pH 时，电极及温度传感器不能碰到烧杯壁；

2. 在测试每种药剂时电极都要用蒸馏水清洗干净；

3. 实验完毕后，电极要冲洗干净并妥善保存。

【思考题】

1. 同一样品，同时在两台 pH 计上测量，读数为什么不一致？

2. 如果缓冲液在有效期内已经变质不能使用了，其原因是什么？

3. 为什么有时电极不管在何样品中，测定值都显示不变？这种情况该怎么办？

实验 3　农药溶解度的测定
(NY/T 1860.22—2010)

溶解度是指在特定温度和压力下，物质以分子或者离子的形式均匀分散在溶剂中形成平衡均相混合体系时，该均相体系所能够包含的该物质的最大量，单位为克每升(g/L)。市场上销售的农药制剂是由农药原药和辅助剂构成的。原药大多数是不溶于水的，添加了辅助剂后农药可以均匀地分散在水中形成悬浮液或乳浊液，喷洒时可以很好地附着在目标物上。所以农药溶解度对农药效果和对环境有着重要影响。

【实验目的】

学习并掌握农药的溶解度的测定方法。

【实验原理】

在试验温度下，样品充分分散于试剂中达到饱和时的浓度值，即为样品在该试剂中的溶解度。

【实验材料】

(1)试剂：水(新蒸二次蒸馏水)、甲醇、丙酮、乙酸乙酯、二氯甲烷、正乙烷、甲苯(如果上述试剂不符合标准，可选用其他试剂)；

(2)仪器：恒温水浴(精度为±0.5℃)、磁力搅拌器(带聚四氟乙烯套搅拌棒)、锥形瓶(具塞磨口，50～100 mL)、恒温离心机、进样过滤器(空隙 D4)、色谱仪。

【实验步骤】

1. 预实验

在测定前，首先对试样的溶解度进行初步估测。取约 0.1 g 试样(固体粉碎至 100～200 目)加入 10 mL 具塞量筒中，按照表 6-2 提示的体积逐步加入试剂。

表 6-2　农药溶解度测定实验

项目	第一步	第二步	第三步	第四步	第五步	第六步
量筒中试剂的总体积/mL	0.5	1	2	10	100	>100
估计的溶解度/(g/L)	200	100	50	10	1	<1

每加入一定体积的试剂后，超声振荡 10 min，然后目测是否有不溶颗粒。如果试剂加至 10 mL 后仍有不溶物，则把量筒中的内容物完全转移至 1 个 100 mL 具塞量筒中，逐步加溶剂

至100 mL振荡。静置24 h或超声振荡15 min后观察。如仍有不溶物，应进一步稀释，直至完全溶解。

2. 样品溶液的配制

根据预实验的结果，配制样品饱和溶液。

称取一定量的试样于锥形瓶中，加入50 mL溶剂。将锥形瓶于(30±1)℃的水浴中，用磁力搅拌器搅拌30 min。然后将锥形瓶置于(20±1)℃水浴中搅拌30 min，停止搅拌，离心。

3. 测定

用色谱法测定上清液的质量浓度即为溶解度。

【结果与分析】

用色谱法测定上清液的质量浓度即为溶解度。试样的溶解度 S 按公式(6-5)计算。

$$S=\frac{A_1 m_2}{A_2 m_1}\times \omega \times 100 \tag{6-5}$$

式中：S——试样溶解度(g/L)；

A_1——试样溶液中有效成分峰面积平均值；

A_2——标样溶液中有效成分峰面积平均值；

m_1——试样的质量(g)；

m_2——标样的质量(g)；

ω——标样中有效成分的质量分数。

【注意事项】

两次平行测定值相对差不大于15%。

【思考题】

为什么要首先进行预实验？

实验4　直接碘量法测定代森锌含量(HG 3289—2000)

代森锌(zineb，亚乙基双二硫代氨基甲酸锌)为保护性有机硫杀菌剂。纯品是灰白色或略带黄色的粉末，有硫化物的臭味，难溶于水，也不溶于大多数有机溶剂，室温下水中溶解度为10 mg/L，在光、热和潮湿情况下不稳定，易分解产生二硫化碳而逐渐失效。吸湿性强，在潮湿空气中能吸收水分而分解失效。157℃分解，无熔点。当从浓溶液中形成聚合沉淀后，失去杀菌活性。代森锌对人畜低毒，但对人的皮肤、鼻、咽喉有刺激作用，对植物安全无污染。

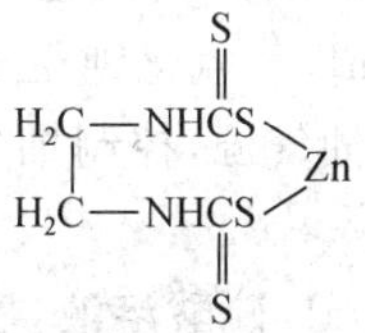

代森锌(zineb)

【实验目的】

1. 了解并掌握直接碘量法的原理及操作；

2. 学习使用直接碘量法测定代森锌的含量。

【实验原理】

试样于煮沸的硫酸溶液中分解，生成二硫化碳及干扰分析的硫化氢气体，先用乙酸镉溶液吸收硫化氢，继之以氢氧化钾-乙醇溶液吸收二硫化碳，并生成乙基磺原酸钾。二硫化碳吸收液用乙酸中和后立即以碘标准溶液滴定。反应式如下：

$$C_4H_6N_2S_4Zn+4H^+ +SO_4^{2-} \longrightarrow (NH_2CH_2CH_2NH_2)\cdot H_2SO_4+2CS_2+Zn^{2+}$$

$$CS_2+C_2H_5OK \longrightarrow C_2H_5OCSSK$$

$$2C_2H_5OCSSK+I_2 \longrightarrow C_2H_5OC(S)SS(S)COC_2H_5+2KI$$

【实验材料】

(1)试剂和溶液：硫酸溶液(0.55 mol/L)、乙酸镉溶液(100 g/L)、冰乙酸溶液(30%)、氢氧化钾乙醇溶液(110 g/L)、碘标准滴定溶液[$c(1/2I_2)$=0.1 mol/L，按 GB/T 601 配制和标定]、淀粉指示液(5 g/L)、酚酞指示液(10 g/L 乙醇溶液)；

(2)仪器：代森锌分解和吸收装置见图 6-1。

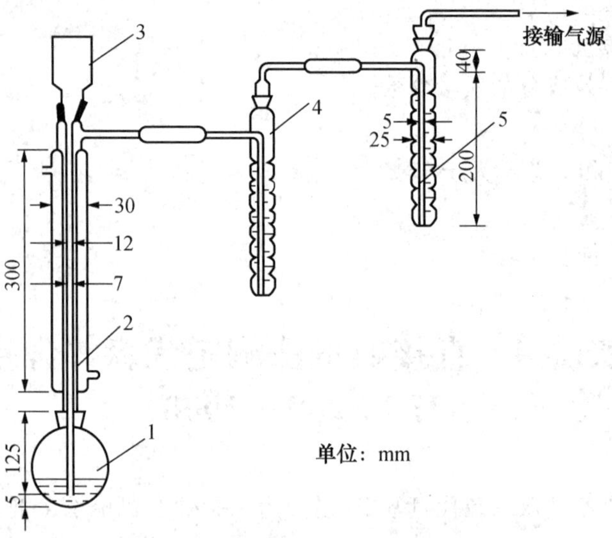

图 6-1　代森锌分解和吸收装置

1—反应瓶(容量 250 mL)；2—直型冷凝器；3—长颈漏斗；4—第一吸收管；5—第二吸收管

【实验步骤】

称取含代森锌试样 0.4 g(精确至 0.000 2 g)，置于干净的反应瓶中，在第一吸收管中加 50 mL 乙酸镉溶液，第二吸收管加 60 mL 氢氧化钾-乙醇溶液，按图 6-1 连接分解和吸收装置，检查装置的密封性。打开冷却水，开启抽气源，控制抽气速度以每秒 2～4 个气泡均匀稳定地通过吸收管；

通过长颈漏斗向反应瓶中加入 50 mL 硫酸溶液，摇动均匀。立即加热，小心控制，防止反应液冲出，保持微沸 45 min，停止加热。将第二吸收管中的溶液定量地移入 500 mL 锥形瓶中，并用 200 mL 水洗涤，洗液并入 500 mL 锥形瓶中，加酚酞指示液检查吸收管，洗至管内无残留物，用乙酸溶液中和至酚酞褪色，再过量 4～5 滴，立即用碘标准滴定溶液滴定，同时不断摇动，近终点时加 10 mL 淀粉指示液，继续滴定至试液刚呈蓝色即为终点。

同时做空白测定。

【结果与分析】

以质量分数表示的试样中代森锌的含量 W_1（%）按式(6-6)计算：

$$W_1 = \frac{c(V_1 - V_0) \times 0.1379}{m} \times 100\% \qquad (6\text{-}6)$$

式中：c——碘标准滴定溶液的实际浓度(mol/L)；

V_1——滴定试样溶液消耗碘标准滴定溶液的体积(mL)；

V_0——滴定空白溶液消耗点标准滴定溶液的体积(mL)；

0.137 9——与 1.00 mL 碘标准滴定溶液[$c(1/2I_2)$=1.000 mol/L]相当的以克表示的代森锌的质量。

两次平行结果测定值差，对 80%代森锌可湿性粉剂应不大于 1.2%，65%可湿性粉剂应不大于 1.0%。取其算术平均值作为测定结果。

【注意事项】

1. 碘具有挥发性，所以碘量瓶严密，瓶口水封；
2. 滴定速度适当，不宜过快；
3. 反应时间要求严格，必须在规定的时间完成；
4. 避免光照。

【思考题】

为什么直接碘量法不能在碱性溶液中进行？

实验5 紫外分光光度法测定恶霉灵原药含量

恶霉灵(hymexazol)是一种广谱的内吸性杀菌剂，高效、低毒，对各种植物真菌病害，如镰刀菌、苗腐菌、腐霉菌、丝核菌、根壳菌、雪微菌等所引起的立枯、根腐、枯萎、死苗等土传病害，均有显著的防治效果。广泛适用于水稻、小麦、棉花、甜菜、烟草、蔬菜、苗木、果树、谷类、油菜、瓜类、草坪、花卉等作物由上述病原真菌引起的作物病害。强力土壤杀菌与种子消毒，对各种土传病害有特效；促进作物生长与根系发达，抗苗期各种生理病害。

恶霉灵具有内吸性和传导性，能直接被植物根部吸收，进入植物体内，传导极为迅速。在根系内移动仅 3 h 便移动到茎部，24 h 内移动至植物全身，其在植物体内的代谢产物为两种葡萄糖苷，对植物有促进生长的作用。

恶霉灵在土壤中能提高药效。大多数杀菌剂，用作土壤消毒，容易被土壤吸附，有降低药效的趋势，而恶霉灵 2 周内仍有杀菌活性。在土壤中能与无机金属盐的铁、铝离子结合，提高抑制病菌孢子的萌发能力。被土壤吸附的能力极强，在垂直和水平方向的移动性很小，这对提高药效有重要作用。

恶霉灵对植物有促进生长作用，使根部的分叉、根毛的数量增加、根的活力提高、地下部分的干物重量增加5%～15%、吸收水分、养分的能力很强；防止根系老化：施用恶霉灵的根比未施恶霉灵的根颜色明显白嫩，有防治根老化作用，可防止苗由于低温引起的生理障碍的萎凋苗，有良好的抗旱、抗寒、减轻除草剂药害功能。提高秧苗的壮苗率，总苗重增加，秧苗移入大田后的成活率提高，缩短移栽后的缓苗时间，移栽后转青快1～2 d；促进大田初期的生长发育：由于花卉是多年生植物，容易感染土传病。常见的土传病有：立枯病、猝倒病、根腐病、枯萎病。花卉土传病的明显特点是：发病快，难治愈，破坏严重，极易导致死苗。

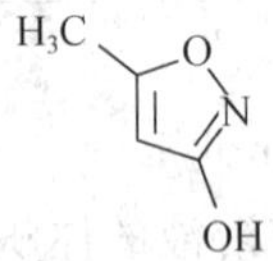

恶霉灵(hymexazol)

【实验目的】

1. 学习UV-2000型紫外可见分光光度计的使用；

2. 学习紫外分光光度计法测定恶霉灵的含量。

【实验原理】

许多农药在紫外区具有特征吸收光谱，若农药结构中含有共轭多烯系统，含有未成键电子对的双键结构或基团，以及芳香基团和部分含有未成键电子对的杂原子的基团，其在紫外区有明显吸收。

【实验材料】

(1)试剂：甲醇；

(2)仪器：紫外可见分光光度计、天平、容量瓶、烧杯、移液管、吸耳球、计算器、擦镜纸、标签纸等；

(3)材料：恶霉灵标样和恶霉灵原药样品。

【实验步骤】

1. 标准溶液的配制

准确称取0.2 g 99.1%恶霉灵纯品于100 mL容量瓶中，用甲醇稀释定容，每组取1 mL移入50 mL容量瓶中定容，再依次取5 mL甲醇至10 mL容量瓶中稀释定容，分别配成40 μg/mL、20 μg/mL、10 μg/mL、5 μg/mL、2.5 μg/mL和1.25 μg/mL的恶霉灵甲醇标准溶液。

2. 吸收曲线的绘制

配制5～10 μg/mL恶霉灵甲醇标准溶液，在200～280 nm波长范围(分别在220 nm、205 nm、210 nm、215 nm、220 nm、225 nm、230 nm、235 nm、240 nm、245 nm、250 nm、255 nm、260 nm、265 nm、270 nm处)读λ值，画出恶霉灵吸收曲线，可以先粗测再细测。

3. 工作曲线的绘制

用上述溶液在最大吸收波长下检测吸光值(220 nm)，以浓度为横坐标，吸光值作纵坐标，画出吸收曲线，确定线性范围，计算线性方程。

4. 样品测定

准确称取0.1 g恶霉灵样品，甲醇稀释定容到100 mL，再取1 mL甲醇稀释定容到100 mL容量瓶中，测定方法同标准样品测定方法，吸光值代入方程，计算恶霉灵含量。

【结果与分析】

定量的依据是光吸收定律，吸光度见式(6-7)

$$A = -\lg T = KcL \tag{6-7}$$

式中：K——样品溶液的吸光系数；

L——样品溶液的厚度(cm)；

c——样品溶液的浓度(mol/L)。

即在吸收池厚度一定，波长一定的情况下，吸光度与浓度成正比。

【注意事项】

1. 试验中所用的容量瓶，移液管均应经校准洗净后使用；
2. 所用溶剂应不超过分光光度计的截止使用波长。

【思考题】

1. 什么样结构的农药可以用紫外分光光度法测定其含量？
2. 简述紫外分光光度法测定农药的步骤。
3. 农药制剂分析中吸收波长是否一定选择最大吸收波长，为什么？

实验6 返滴定法测定磷化铝含量 (GB 5452—2001)

磷化铝是用赤磷和铝粉烧制而成，因杀虫效率高、经济方便而应用广泛。用作粮仓熏蒸的磷化铝含量为56.0%～58.5%，3.20 g/片的规格较多。熏蒸每吨粮食只需3～7片，每立方米仅用1～2片。磷化铝干燥时稳定，易吸潮分解，释放的磷化氢气体具有坏大蒜味或电石气味；遇酸剧烈反应，当触及王水时，发生爆炸和着火；在潮湿空气中可自燃。磷化铝毒性主要为遇水、酸时则迅速分解，放出吸收很快、毒性剧烈的磷化氢气体。

【实验目的】

1. 了解掌握返滴定法的原理及操作方法；
2. 学习使用返滴定法测定磷化铝含量。

【实验原理】

磷化铝与酸生成磷化氢气体，用过量的高锰酸钾溶液氧化吸收，再加入过量的草酸溶液，用高锰酸钾溶液回滴草酸。反应方程式如下：

$$AlP + 3H^+ \longrightarrow H_3P\uparrow + Al^{3+}$$

$$5H_3P + 8MnO_4^- + 9H^+ \longrightarrow 5PO_4^{3-} + 8Mn^{2+} + 12H_2O$$

$$2MnO_4^- + 5C_2O_4^{2-} + 16H^+ \longrightarrow 2Mn^{2+} + 10CO_2\uparrow + 8H_2O$$

【实验材料】

(1)试剂和溶液：

高锰酸钾标准滴定溶液：$c=(1/5KMnO_4)=0.5$ mol/L溶液，按GB/T 601配制；

草酸标准溶液：$c(1/2H_2C_2O_4)=0.5$ mol/L溶液，按GB/T 601配制；

硫酸溶液：$w(H_2SO_4)=40\%$，按GB/T 603配制；

(2)仪器：电动振荡机(国际型，100 次/min)。

【实验步骤】

将抽取的试样全部倒出，轻轻混匀，用四分法快速选取试样约 100 g，装入塑料袋中，将样品砸碎至粒径不超过 3 mm，转入 250 mL 磨口瓶中，混匀。选取约 10 g 试样置于研钵中迅速研细，装入磨口瓶中。用称量瓶迅速称量试样 0.14～0.16 g(精确至 0.000 2 g)，置于预先准确加入 50 mL 高锰酸钾标准滴定溶液的 500 mL 具有磨口塞的锥形瓶中，加入硫酸溶液 25 mL，立即严密盖好，放于振荡机上，振荡 25 min 将瓶取下，准确滴加 30 mL 草酸标准溶液至紫色消失，立即用高锰酸钾标准溶液滴定过量的草酸，近终点时加热至 70℃，继续滴定至微红色即为终点。

残渣和空白测定：在相同条件下，迅速称量研细的磷化铝 0.14～0.16 g(精确至 0.000 2 g)，置于 200 mL 烧杯中，在通风橱中加入 5 mL 水，再缓慢加入硫酸溶液 25 mL，搅拌至无气泡发生后，加热微沸(2～3) min，取出冷却，全部移入预先准确加入 50 mL 高锰酸钾标准滴定溶液的 500 mL 具有磨口塞的锥形瓶中，其他操作同试样测定，准确加入草酸标准溶液 60 mL。

【结果与分析】

试样中磷化铝的质量分数 W_1(%)按式(6-8)计算：

$$W_1=\left(\frac{c_1V_1-c_2V_2}{m_1}-\frac{c_1V_3-c_2V_4}{m_2}\right)\times 0.007\ 244\times 100\% \tag{6-8}$$

式中：c_1——高锰酸钾标准滴定溶液的实际浓度(mol/L)；

c_2——草酸标准溶液的实际浓度(mol/L)；

V_1——测定试样时加入和滴定消耗高锰酸钾标准滴定溶液的总体积(mL)；

V_2——测定试样时加入草酸标准溶液的体积(mL)；

V_3——滴定残渣和空白时加入和滴定消耗高锰酸钾溶液的总体积(mL)；

V_4——滴定残渣和空白时加入草酸溶液的体积(mL)；

m_1——试样质量(g)；

m_2——残渣和空白试样的质量(g)；

0.007 244——与 1.00 mL 高锰酸钾标准滴定溶液[$c(1/5KMnO_4)$=1.000 mol/L]相当的以克表示磷化铝的质量。

两次平行测定结果的之差不大于 0.8%，取其算术平均值作为测定结果。

【注意事项】

1. 磷化铝引起火灾时，应使用泡沫、二氧化碳灭火剂，禁止使用含水的灭火剂；

2. 磷化铝贮运时，严防潮湿和日晒，保证通风良好，远离火源，不得与食物、种子和饲料混放，避免与皮肤接触，防止由口鼻吸入；

3. 如发生中毒应迅速脱离现场至空气新鲜处，保持呼吸通畅，呼吸困难时给予输氧并迅速送医院治疗。

【思考题】

1. 使用返滴定法有什么好处？

2. 为何要做残渣及空白测定？

实验7　气相色谱外标法测定毒死蜱含量

毒死蜱(chlorpyrifos)是一种由美国陶氏益农公司开发的有机磷杀虫剂，对咀嚼式口器和刺吸式口器害虫具有良好的生物活性，是目前使用最广泛的杀虫剂之一。

毒死蜱是一种高效低毒有机磷农药，具有内吸性，作用迅速，在农业和家庭中应用普遍。40.7%毒死蜱乳油是在生产过程中使用毒死蜱原药和有关化学助剂配制而成，该制剂在白蚁等卫生害虫防治工作中占有很大的市场份额，为了确保卫生害虫防治工程质量，有必要对生产的40.7%毒死蜱乳油产品中有效成分毒死蜱含量进行分析并加以控制。

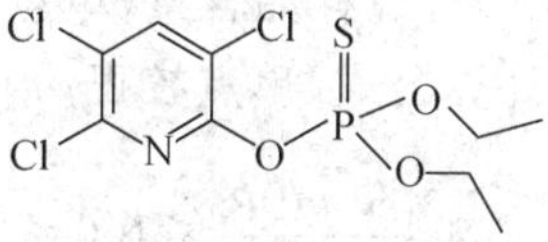

毒死蜱(chlorpyrifos)

【实验目的】

1. 掌握气相色谱外标法的使用；

2. 熟练掌握测量不确定度的评定与表示方法。

【实验原理】

外标法作为色谱分析中的一种定量方法，是在与被测样品相同的色谱条件下单独测定，把得到的色谱峰面积与被测组分的色谱峰面积进行比较求得被测组分的含量。外标物与被测组分同为一种物质但要求它有一定的纯度，分析时外标物的浓度应与被测物浓度相接近，以利于定量分析的准确性。

【实验材料】

1. 实验仪器和实验用品

气相色谱仪，天平，5 μL进样针，色谱柱，容量瓶，试管架，具塞试管，具塞三角瓶，移液管，吸耳球等。

2. 药品及试剂

毒死蜱纯品99.3%，未知含量的毒死蜱样品，三氯甲烷。

【实验步骤】

1. 色谱条件

气相色谱仪：带氢火焰离子化检测器；色谱柱：1 000 mm×3 mm不锈钢柱；固定相：5% OV-101/Gas chrom Q，60～80目；柱温：220℃；检测温：240℃；气化温：240℃；载气：氮气40～60 mL/min，氢气50 mL/min，空气500 mL/min。

2. 仪器操作具体步骤

(1)打开N_2钢瓶、空气压缩机和氢气发生器，注意观察N_2钢瓶压力，当压力小于2个大气压力时，应及时换气瓶。注意氢气发生器的水位，当低于警戒水位时应及时加双蒸水。

(2)检查各接口是否漏气。

(3)打开主机电源，设定气化室和检测室的温度，使之高于柱温20～50℃。

(4)打开工作站。

(5)待仪器稳定后，即流出图为基线状态后进样。

(6)试验结束后，将柱温升高 20～30℃，烧色谱柱 30 min 以去除色谱柱中吸附杂质。

(7)当柱温、气化温、检测室温度降至 100℃以下时，关上主机电源，半小时再将 N_2 关闭。

(8)详细记录仪器使用人、使用时间及仪器状况等。

3. 样品配制及测定

(1)样品配制准确称取纯品 0.05 g、0.08 g、0.10 g、0.15 g、0.25 g(准确至 0.000 2 g)，分别置于 500 mL 容量瓶中，用三氯甲烷溶解，定容摇匀，在上述色谱条件下，待仪器稳定后分别进样，记录纯品峰面积。以峰面积作纵坐标，质量作横坐标，绘制曲线图，计算回归方程 $y=a+bx$。

(2)样品测定：准确称取样品置于 500 mL 容量瓶中，用三氯甲烷溶解、定容，在上述色谱条件下，待仪器稳定后进样，按式(6-9)计算样品含量(单点校正)或用回归方程计算含量。

样品中毒死蜱的质量分数(X)计算公式(单点校正法)为：

$$X=\frac{A_1 m_2 p}{A_2 m_1}\times 100\% \tag{6-9}$$

式中：A_1——样品峰面积与内标物峰面积比值；

A_2——标准品峰面积与内标物峰面积比值；

m_1——样品质量(g)；

m_2——标样质量(g)；

p——标准品纯度。

4. 其他

同一浓度标样连续进样 5 次，计算其峰面积的变异系数。

【结果与分析】

样品中毒死蜱含量测定结果见表 6-3($n=3$)。

表 6-3 含量测定结果

批号	含量/%	RSD/%

【注意事项】

1. N_2 钢瓶阀门不能开太大，及时检测各接口是否漏气，经常更换色谱柱入口处的石英棉，防止出怪峰；

2. 微量进样器在使用前和使用后应反复清洗；

3. 由于是外标法，进样量必须准确，注意排除进样针中的气泡，注意用滤纸将针头擦净；进样时，一只手握住进样器上部，并用手指轻轻放在活塞上方(不得用力，或将食指悬于活塞上方，原因是内部气压很大，防止活塞冲出），另一只手捏住针头中部（防止把针头压弯损坏），两手协调向下用力，使针头完全扎入，迅速将活塞推下，完成进样，迅速拔出进样器，整个过程一定要快，尤其是当针头已经有一部分扎入时不要做过多逗留，否则一部分样品会先被气化，造成误差。

【思考题】

1. 用回归方程和单点校正计算未知样品中毒死蜱的含量。

2. 在使用 FPD 检测器时，当打开燃烧口盖时，为什么务必关闭检测器？在使用 ECD 检测器时，为什么溶剂不能为 $CHCl_3$、CH_2Cl_2 或 CCl_4 等？

3. 使用微量进样针如何排气泡？

实验 8　气相色谱内标法测定莠去津乳油含量

莠去津（atrazine）属于三嗪类除草剂，又名阿特拉津，是一种选择内吸传导型苗前、苗后除草剂，可防除一年生禾本杂草和阔叶杂草，对某些多年生杂草也有一定的抑制作用。莠去津除草谱较广，可防除多种一年生禾本科和阔叶杂草。适用于玉米、高粱、甘蔗、果树、苗圃、林地等旱田作物防除马唐、稗草、狗尾草、莎草、看麦娘、蓼、藜、十字花科、豆科杂草，尤其对玉米有较好的选择性（因玉米体内有解毒机制），对某些多年生杂草也有一定的抑制作用。

莠去津主要通过植物根部吸收并向上传导，抑制杂草（如苍耳属植物、狐尾草、豚草属植物和野生黄瓜等）的光合作用，使其枯死。叶绿体膜中存在两套光合作用系统，分别称为光合体系Ⅰ（PSⅠ）和光合体系Ⅱ（PSⅡ）。在 PSⅡ中，存在中心色素 P680、去镁叶绿素及质体醌。当光能传递到 P680 时，电子从 P680 移动，经 PSⅡ色素分子，到达质体醌。这个过程重复进行，直至质体醌在还原反应中接受两个电子，被还原为质体氢醌（二酚）。质体醌充当 PSⅡ和PSⅠ之间的“电子传输器”。当两个电子搭上这个传输器，新形成的质体氢醌就与 PSⅡ分离，去往 PSⅠ。当质体醌远离 PSⅡ后，一个新的质体醌结合在相同的位置，又重复这一过程。然而，如果有一个具有相似形状的分子存在，如莠去津，它就有可能结合在质体醌的位置，当莠去津结合后，质体醌分子被阻止再结合和传递更多的电子。这些电子就会与细胞膜中的油脂反应，破坏细胞膜，最终导致细胞死亡。

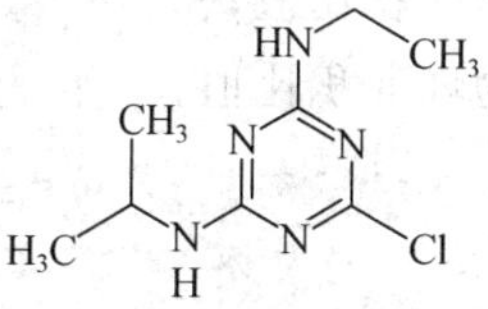

莠去津(atrazine)

【实验目的】

1. 测定不同溶剂在色谱柱中的保留时间；

2. 选择合适的内标物，采用内标法测定莠去津的含量。

【实验原理】

内标法在气相色谱定量分析中是一种重要的技术。使用内标法时，在样品中加入一定量的标准物质，它可以被色谱柱所分离，又不受试样中其他组分峰的干扰，只要测出内标物和待测组分的峰面积与相对响应值，即可求出待测物质在样品中的百分含量。采用内标法定量时，内标物的选择是一项十分重要的工作。理想地说，内标物应当是一个能得到纯品的已知化合物，这样它能以已知、准确的量加到样品中去，它应当和被分析的样品组分有基本相同或尽可能一致的物理化学性质、色谱行为和响应特征，最好是被分析物质的一个同系物。当然，在色谱分析条件下，内标物必须要能与样品中的各组分充分分离。

【实验材料】

(1)材料：莠去津农药纯品、莠去津样品、三氯甲烷、丙酮、甲醇、二氯甲烷、乙酸乙酯、石油醚、环已酮、内标物(包括邻苯二甲酸二甲酯、邻苯二甲酸二乙酯、邻苯二甲酸二丁酯、邻苯二甲酸二戊酯、十八烷、二十烷、二十二烷、二十四烷)、色谱柱、5 μL 进样针、容量瓶、滤纸、标签纸、试管架、具塞试管、具塞三角瓶、移液管、吸耳球等；

(2)仪器与操作条件：气相色谱仪[带氢火焰离子化检测器、色谱柱(1 000 mm×3 mm 玻璃柱)、固定相(5% OV-17/Gas chrom Q，60～80 目)、柱温 175℃、检测温度：200℃、气化室温度 200℃、载气(氮气 40～60 mL/min，氢气 50 mL/min，空气 500 mL/min)]。

【实验步骤】

(1)分别取三氯甲烷、丙酮、甲醇、二氯甲烷、乙酸乙酯、石油醚、环已酮 2 μL 进样，比较色谱峰回基线快慢；

(2)分别称取邻苯二甲酸二甲酯、邻苯二甲酸二乙酯、邻苯二甲酸二丁酯、邻苯二甲酸二戊酯、十八烷、二十烷、二十二烷、二十四烷溶解在三氯甲烷中，分别进样，记录保管时间，确定内标物；

(3)准确称取莠去津纯品 0.05 g 和样品 1 g(准确至 0.000 2 g)，分别置于具塞玻璃瓶中，准确加入 10 mL 内标溶液溶解，摇匀，在上述色谱条件下，待仪器稳定后分别进样，并计算莠去津峰面积与内标物峰面积。

【结果与分析】

样品中莠去津质量分数(X)按式(6-10)计算。

$$X=\frac{A_1 m_2 p}{A_2 m_1}\times 100\% \tag{6-10}$$

式中：A_1——样品峰面积与内标物峰面积比值；

A_2——标准品峰面积与内标物峰面积比值；

m_1——样品质量；

m_2——标样质量；

p——标准品纯度。

【注意事项】

1. 进样操作要迅速，每次保持一致；
2. 使用完仪器须记录好相关数据。

【思考题】

1. 用内标法计算莠去津的含量。
2. 如果标准曲线在较短时间内即发生变动，能否采用内标法来定量？

3. 在制作标准曲线时，应当标注的条件有哪些？

4. 外标法和内标法准确度哪个高？

5. 比较外标法和内标法的优缺点。

6.2　农药残留分析
(Pesticides Residue Analysis)

化学农药的使用不可避免地产生了农药残留问题。存在于食品、饲料等农产品中以及水、土壤、空气等环境中的农药残留，与其他有害的环境化学品一起，造成食品安全和生态安全问题，影响人们的身体健康，影响生态平衡和生物多样性，已成为国际、国内农产品贸易中的重要质量标准(最大残留限量)，受到世界各国政府的重视和民众的普遍关注。

农药残留分析是应用现代分析技术对残存于各种食品、环境介质中的微量、痕量以至超痕量水平的农药进行的定性测定和定量测定。主要作用和目的是为了研究农药施用后在农作物或环境介质中的代谢、降解和转归，制定农药残留限量标准、农药安全使用标准等，以满足政府管理机构对农药登记以及农药安全、合理使用管理的需要；检测食品和饲料中农药残留的种类和水平，以确定其质量和安全性，并作为食品和饲料在国际国内贸易中品质评价和判断的标准和依据，满足政府管理机构对食品质量和安全管理的需要；检测环境介质和生态系生物构成的农药残留种类和水平，以了解环境质量和评价生态系统的安全性，满足环境保护和生态安全管理的需要。农药残留分析是分析化学中最复杂的领域，原因在于待分析的物质含量很低(ng、pg 或 fg 水平)，想要得到准确的结果不仅需要高灵敏的仪器设备，还需要对许多参数的正确理解。而且，样品的用药历史未知、样品种类多以及样品分析的时效性都会造成分析过程的复杂性。

如何进行农药残留分析，首先是方法的选择。需要根据分析任务的目的和要求，农药的理化性质，样品的性质及样品来源的用药历史，选用适合的农药残留分析方法。一般根据检测目的和要求选择单残留方法或多残留方法。还有要考虑分析时间和费用以及分析方法的有效性等。其次再进入分析的程序，包括样品采集、样品预处理、样品制备及分析测定。

实验 1　气相色谱法测定蔬菜中有机磷类农药残留量

近年来，随着我国农村产业结构政策的不断调整，加大了种植结构的调整力度，蔬菜生产得到了蓬勃发展，促进了农业增效、农民增收。然而，在实现新鲜蔬菜全年供应的同时，也给病虫害提供了良好的滋生环境，危害日益严重，严重阻碍了蔬菜生产发展。当前化学农药仍是病虫害防治的主要手段，频繁而不科学地大量施用化学农药，既破坏了菜园生态，又增强了病虫害的抗药性，形成了危害越来越重的恶性循环。国家已在蔬菜生产上禁止使用甲胺磷、甲拌磷、氧化乐果、对硫磷等有机磷类高毒农药，但由于农药监督管理力度不够，滥用农药的现象比较严重，对人民群众的身体健康构成了严重威胁。随着农产品质量安全法的颁布，对有机磷高毒农药的残留量测定就显得十分重要，本实验采用气相色谱法对黄瓜中甲胺磷、甲拌磷氧化乐果、甲基对硫磷、毒死蜱和对硫磷的残留量进行研究。

【实验目的】

1. 学习黄瓜中有机磷类农药的提取净化方法；

2. 用气相色谱法测定黄瓜中有机磷类农药的残留量。

【实验原理】

气相色谱的流动相为惰性气体，气固色谱法中以表面积大且具有一定活性的吸附剂作为固定相。当多组分的混合样品进去色谱柱后，由于吸附剂对每个组分的吸附力不同，经过一定时间后，各组分在色谱柱中运行速度也就不同。吸附力弱的容易被解吸下来，强的不易解吸，从而达到分离目的。

【实验材料】

(1)试剂：氯化钠、乙腈、丙酮、0.2 μm 滤膜等；

(2)仪器：气相色谱仪(带火焰光度检测器)、食物调理机、旋转氮吹仪、高速组织捣碎机、恒温水浴锅、漩涡混合器等；

(3)材料：敌敌畏、甲胺磷、甲拌磷、乐果、甲基对硫磷、毒死蜱、久效磷和对硫磷共 9 种有机磷农药标样。

【实验步骤】

(1)样品处理：取不少于 1 000 g 黄瓜样品，将可食用部分切碎，充分混匀放入食物调理机粉碎，制成待测样，放入分装容器中备用；

(2)样品萃取：准确称取 25.0 g 样品倒入高速组织捣碎机中，加入 50.0 g 乙腈，高速匀浆 2 min。滤纸过滤，收集滤液 40～50 mL，剧烈震动 1 min 后静止 10 min，使乙腈相和水分层；

(3)样品净化：从 100 mL 具塞器中吸取 10 mL 乙腈溶液，放入 10 mL 离心管中，置于氮吹浓缩仪中，蒸发近干，加 50 mL 丙酮，在漩涡混合器上混匀，供色谱测定。如样品过于浑浊，应用 0.2 μm 滤膜过滤后再进行测定；

(4)计算样品中被测农药残留量以质量分数 w 计，数值以毫克每千克(mg/kg)表示。

【结果与分析】

1. 检测限和相关系数

通过实验测定各有机磷农药的检测限，填入表 6-4。

表 6-4　9 种有机磷农药的检测限和相关系数

农药名称	相关系数	检测限/(mg/kg)
敌敌畏		
甲胺磷		
乙酰甲胺磷		
甲拌磷		
久效磷		
乐果		
甲基对硫磷		
毒死蜱		
对硫磷		

2. 准确度和精密度

将 9 种有机磷农药混合标样溶液在 0.1 μg/mL、0.5 μg/mL、1.0 μg/mL 3 个水平下添加到黄瓜样品中进行方法的精密度实验，每个添加水平各重复 3 次，测定每种方法的添加回收率，和变异系数，填入表 6-5。

表 6-5　添加回收率实验结果

农药名称	添加浓度/(μg/mL)	测定值/(μg/mL)	回收率/%	RSD/%
敌敌畏	0.1			
	0.5			
	1.0			
甲胺磷	0.1			
	0.5			
	1.0			
乙酰甲胺磷	0.1			
	0.5			
	1.0			
甲拌磷	0.1			
	0.5			
	1.0			
久效磷	0.1			
	0.5			
	1.0			

【注意事项】

1. 氮气发生器液位不能过高或过低；
2. 进样操作要迅速，每次保持一致；
3. 使用完仪器须记录好相关数据。

【思考题】

1. 排除色谱柱流失问题的最佳方法是什么？
2. 随着进样室温度升高，对样品检测有影响吗？

实验 2　固相萃取-高效液相色谱法测定蘑菇中咪鲜胺残留量

咪鲜胺(prochloraz)是一种广谱高效的咪唑类杀菌剂，具有向顶性传导活性。其作用机理主要是通过抑制麦角甾醇的生物合成，使菌体细胞膜功能受破坏而起作用。咪鲜胺广泛用于防治由尾孢属、核腔菌属、喙孢属、核盘菌属、镰孢属及白粉菌、炭疽菌等致病菌所引起的油料作物、谷类、热带和亚热带水果、观赏植物、蔬菜及各种经济作物的病害，也用于种子、苗木处理及防治收获后水果贮存期的病害。咪鲜胺属低毒杀菌剂，但其代谢产物具有环境毒理作用。

因此，建立咪鲜胺在农作物等样品中的检测方法很有必要。

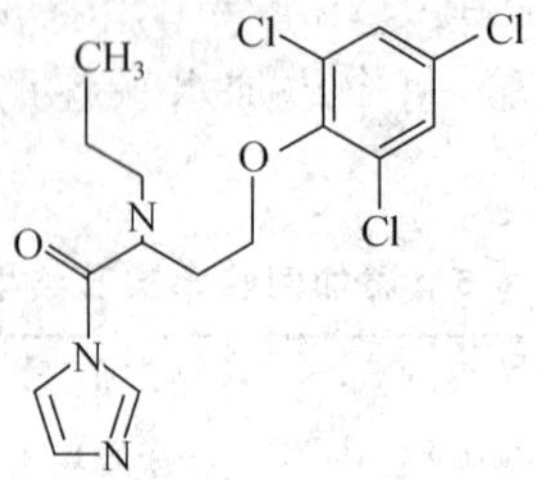

咪鲜胺(prochloraz)

【实验目的】

1. 掌握固相萃取法；

2. 用液相色谱法检测蘑菇中咪鲜胺残留量。

【实验原理】

固相萃取法是利用固体吸附剂将液体样品中的目标化合物吸附，达到分离和富集目标化合物的目的。该方法克服了液液分配色谱和一般柱色谱的缺点，具有分离效率高、使用方便、快速、重复性好、操作安全等优点，因而在农药残留，特别是在脂肪和蛋白质含量高的复杂样品中的农药残留物以及农药多残留的分离、提取、净化和浓缩等方面得到广泛的应用。

【实验材料】

(1)试剂：乙腈、丙酮、二氯甲烷(色谱纯)、氯化钠、氨水(分析纯)、石油醚(重蒸)、超纯水；

(2)仪器：高效液相色谱仪(配 210 泵/320 紫外检测器)、Supelco 固相萃取系统 Supelco C_{18} SPE 小柱(3 mL)和 PSA 小柱等；

(3)材料：咪鲜胺标准溶液(准确称取咪鲜胺标准品 100.0 mg，用适量乙腈溶解，并用乙腈定容至 100 mL，配制成 1 000 mg/L 的储备液，于冰箱中 4℃冷藏备用)。

【实验步骤】

1. 样品前处理

称取经均质的蘑菇样品 25 g 于 250 mL 烧杯中，加入乙腈 50 mL，Celite545 助滤剂 1 g，匀浆 2 min，抽滤，以 20 mL 乙腈分次洗涤烧杯和滤渣，合并滤液后将其转入分液漏斗，加 5% NaCl 溶液 80 mL，以二氯甲烷 30 mL×2 进行萃取，合并后的有机相 50℃下减压浓缩至近干，以乙腈 1 mL 复溶。

PSA 小柱以 10 mL 乙腈预淋洗，C_{18}小柱先以 5 mL 石油醚预淋洗，再以 5 mL 乙腈预淋洗。经过活化的两小柱以接头连接(PSA 小柱在上，C_{18}小柱在下)，将小柱装于固相萃取装置。取浓缩液过柱，再以乙腈 2 mL+3 mL 洗脱，流出液收集于 10 mL 试管中，于氮吹仪上 40℃以 N_2 吹至 5 mL 以下，乙腈定容至 5 mL，备测。

2. 色谱条件

色谱柱：250 mm×4.6 mm 不锈钢柱(内填 C_{18}，填充物粒径 5 μm)、流动相[0.5%氨水：乙腈 20：80(*V*/*V*)]、流速(1.0 mL/min)、检测波长(225 nm)、进样体积(20 μL)、柱温(室温)。

【结果与分析】

1. 标准工作曲线及检出限

取 1 000 mg/L 的储备液用流动相稀释成浓度为 0.01 mg/L、0.05 mg/L、0.10 mg/L、

0.50 mg/L、1.00 mg/L、5.00 mg/L、10.00 mg/L 的标准系列溶液，在上述条件下分别进样测定，以峰面积 y 对进样浓度 x(mg/L)做工作曲线，求出回归方程(表 6-6)。

表 6-6　咪鲜胺标准曲线

浓度/(mg/L)	峰面积	浓度/(mg/L)	峰面积
0.01		1.00	
0.05		5.00	
0.10		10.00	
0.50			

2. 添加回收率与精密度

在蘑菇空白样品中添加咪鲜胺标准工作溶液，分别设 0.05 mg/kg、0.20 mg/kg、1.00 mg/kg 3 个添加水平，平衡 30 min 后，分别按上述方法进行前处理和测定，求出添加回收率和相对标准偏差(表 6-7)。

表 6-7　添加回收率实验结果

农药名称	添加浓度 /(μg/mL)	测定值 /(μg/mL)	回收率 /%	RSD /%
咪鲜胺	0.05			
	0.20			
	1.00			

【注意事项】

建议固相萃取膜片用于大体积样品、含有大量颗粒或处理时需要很高流速的样品。使用预处理柱除去样品中的强极性或与柱填料产生不可逆吸附的杂质。

【思考题】

1. 为什么在实验中采用向流动相中添加适量的氨水？
2. 为什么选用 PSA 固相萃取小柱 C_{18} 固相萃取小柱对蘑菇提取液进行净化处理？

实验 3　土壤中腐霉利的残留量测定

腐霉利(procymidone)，又称杀菌利、二甲菌核利、速克灵，是新型低毒杀菌剂。主要是抑制菌体内甘油三酯的合成，具有保护和治疗的双重作用。低温高湿条件下使用效果明显。腐霉利对真菌的孢子萌发、菌丝生长都有抑制作用，从而导致菌丝顶端产生不正常的分枝和肿胀。这类药剂会增加线粒体膜和内质网膜上的脂质过氧化反应，这种过氧化反应从多方面干扰膜上脂质的合成，若加入脂肪酸过氧化反应拮抗剂能减轻腐霉利对菌体生长的抑制和过氧化物的形成，从而会改变膜的渗透势敏感性。腐霉利主要是通过植物根部吸收起治疗作用，并对病原菌生活史中的各发育阶段均有影响。

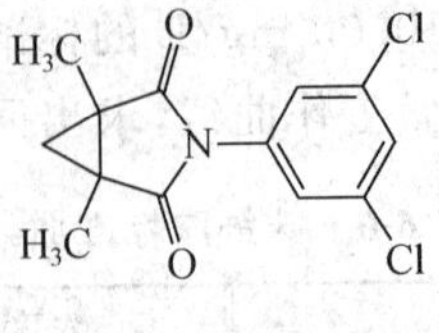

腐霉利(procymidone)

【实验目的】

学习并掌握匀浆法和柱色谱净化及液液分配净化法的操作。

【实验原理】

腐霉利易溶于丙酮、氯仿等有机溶剂,用丙酮提取土壤样品中的腐霉利,再经过液液分配和柱色谱净化,除去对检测有干扰的大部分杂质,最后用气相色谱对待测组分进行定性定量分析。

【实验材料】

(1)试剂:丙酮、石油醚、乙酸乙酯、无水硫酸钠、氯化钠、弗罗里硅土(用前在550℃烘4 h,待冷却后以2%蒸馏水激活)。

(2)仪器:气相色谱仪、水浴恒温振荡器、电子天平、循环水式真空泵、旋转浓缩仪、玻璃层吸柱、梨形抽滤瓶、具塞三角瓶、250 mL分液漏斗、布氏漏斗等常用实验仪器。

(3)材料:

供试材料:土壤;

供试农药:50%腐霉利可湿性粉剂。

【实验步骤】

(1)按推荐使用腐霉利剂量750 g/hm^{2}和高剂量1 500 g/hm^2。在黄瓜结果期喷施50%腐霉利可湿性粉剂,分别施药2次和3次,施药间隔期为10 d。在最后一次施药后3 d、5 d、7 d分别采集黄瓜地土壤样品(0～10 cm),制样后贮存在－20℃的冰柜中待检测。

(2)样品前处理。称取已制备好的土壤样品50.0 g,置于250 mL具塞三角瓶中,加入80 mL丙酮,在水浴恒温振荡器中振荡30 min。布氏漏斗减压抽滤,取全部滤液转入250 mL分液漏斗中,加入10 mL饱和氯化钠溶液。再分别用30 mL、30 mL、20 mL石油醚分3次萃取,合并石油醚萃取液,在旋转蒸发仪上浓缩近干。用石油醚-乙酸乙酯混合液($V/V=9:1$)50 mL润洗。将润洗液移入弗罗里硅土层析柱中过柱净化。收集淋出液浓缩至近干,再用石油醚定容至5 mL,待GC-ECD检测。

(3)标准曲线的制作。采用梯度稀释法,用丙酮配制腐霉利标准溶液的浓度分别为0 mg/L、0.1 mg/L、0.5 mg/L、1 mg/L、1.5 mg/L、2 mg/L,并在选定的GC-ECD检测条件下检测,测定出腐霉利标准工作溶液所对应色谱峰的峰面积。再以腐霉利标准工作溶液的浓度(x,mg/L)与相对应的色谱峰面积(y)绘制腐霉利的标准曲线,求出其回归方程式(表6-8,表6-9)。

【结果与分析】

表6-8 腐霉利标准曲线

浓度/(mg/L)	峰面积	浓度/(mg/L)	峰面积
0.1		1.5	
0.5		2.0	
1.0			

表 6-9　添加回收率实验结果

农药名称	添加浓度 /(μg/mL)	测定值 /(μg/mL)	回收率 /%	RSD /%
腐霉利	0.02			
	0.10			
	1.00			

【注意事项】

1. 本品不能与碱性药剂和有机磷农药混用；

2. 使用时应充分混匀，以免影响药效；

3. 使用本品时应穿戴防护服和手套，避免吸入药液。施药期间不可吃东西和饮水。施药后用清水冲洗器械，残剩药液倒进土壤里，废旧容器不作它用。施药后应及时洗手和洗脸。

【思考题】

腐霉利在其他作物上的残留消解动态和最终残留情况是否相同？

实验 4　毛细管气相色谱法测定面粉中有机氯农药残留量

有机氯农药是用于防治植物病虫害的组成成分中含有氯元素的有机化合物。主要分为以苯为原料和以环戊二烯为原料的两大类。前者有使用最早、应用最广的杀虫剂 DDT 和六六六，以及杀螨剂三氯杀螨砜、三氯杀螨醇等，杀菌剂五氯硝基苯、百菌清、道丰宁等；后者有作为杀虫剂的氯丹、七氯、艾氏剂等。此外以松节油为原料的莰烯类杀虫剂、毒杀芬和以萜烯为原料的冰片基氯也属于有机氯农药。

常用的有机氯农药有下列特性：蒸气压低，挥发性小，所以使用后消失缓慢；氯苯结构较为稳定，不易为生物体内酶系降解，所以积存在动、植物体内的有机氯农药分子消失缓慢；有些有机氯农药，例如 DDT 在水中能悬浮水层表面，在气水界面上 DDT 可随水分子一起蒸发，在世界上没有使用过 DDT 的区域也能检测出 DDT 分子便同这种蒸发有关；一般是疏水性的脂溶性化合物，在水中溶解度大多低于 1 mg/L，个别像丙体六六六，水溶性虽较大，但也小于 10 mg/L。这种性质使有机氯农药在土壤中不可能大量地向地下层渗漏流失，而能较多地被吸附于土壤颗粒，尤其是在有机质含量丰富的土壤中，因此有机氯农药在土壤中的滞留期均可长达数年；土壤微生物对这些农药的作用大多是把它们还原或氧化为类似的衍生物，这些产物也像其亲体一样存在着残留毒性问题，例如，DDT 的还原产物 DDD，环戊二烯类的环氧衍生物，DDT 的脱氧化氢产物 DDE 等，个别的如丙体六六六由于微生物的降解作用和其他因素的作用，它在环境中的持久性比 DDT、环戊二烯类、乙体六六六等异构体都短。

有机氯农药由于具有这些特性，通过生物富集和食物链作用，造成农药公害。目前有机氯农药的污染主要是指 DDT、六六六和各种环戊二烯类等品种的污染。

【实验目的】

了解毛细管气相色谱法测定面粉中有机氯农药的提取净化方法和色谱条件。

【实验原理】

毛细管气相色谱是气相色谱的一种，柱内不装填料，空心柱阻力小，长度可达百米。将固定液直接涂在管壁上，总的柱内壁面积较大，涂层可很薄，则组分在气相和液相相间的传质阻力降低，这些因素使得毛细管柱的柱效比填充柱有了很大的提高。

【实验材料】

(1)试剂：甲体六六六、乙体六六六、丙体六六六、丁体六六六、七氯、艾氏剂、狄氏剂、P,P'-滴滴伊、O,P'-滴滴涕、P,P'-滴滴滴、P,P'-滴滴涕标准储备液，浓度均为 100 μg/L，使用时用石油醚稀释为所需浓度的标准混合工作液；

(2)仪器：气相色谱仪、旋转蒸发仪、振荡器、离心机等；

(3)材料：弗罗里硅土(进口分装，粒径为 74～150 μm，经 650℃灼烧 4 h 置于干燥器中冷却，使用前于 130℃干燥 2 h，每 100 g 加 5 mL 蒸馏水脱活并充分摇匀，放置过夜后使用)、无水硫酸钠(分析纯，于 650℃灼烧 4 h 冷却后储藏于干燥器中备用)、石油醚(30～60℃分析纯，使用时重蒸)、蒸馏水。

【实验步骤】

1. 样品提取

称取 10 g 面粉置于 100 mL 锥形瓶中，加入 30 mL 石油醚于电动振荡器上振荡 60 min 取下，待沉淀后，将上清液减压过滤到玻璃浓缩器中，然后向残渣中再加 20 mL 石油醚振荡 30 min，减压过滤，再用 20 mL 石油醚分三次洗锥形瓶和瓶内残渣，收集全部滤液，50℃减压浓缩至 5 mL。

2. 浓硫酸净化测定

将浓缩的样品移入 10 mL 离心管中，以石油醚 5 mL 分数次洗涤蒸发瓶，合并洗涤液于离心管中。向离心管中小心加入浓硫酸约 1 mL、振摇 1 min、3 000 r/min 离心 15 min。将上清液移入具塞试管中，以石油醚洗涤离心管 2 次，合并洗涤液，将溶液定容至 10 mL。

3. 柱层析净化测定

取制备层析柱，自下而上依次加入少量脱脂棉、2 g 无水硫酸钠、4 g 弗罗里硅土、2 g 无水硫酸钠。采用湿法装柱，用 30 mL 石油醚预淋洗，弃掉淋洗液。第一步浓缩的样品液移入层析柱中，用 10 mL 淋洗液(石油醚：无水乙醇＝96：4，V/V)分 2 次洗涤浓缩瓶，洗涤液移入层析柱中，再用淋洗液 70 mL 淋洗，流速为 4 mL/min。收集全部淋洗液，减压浓缩，定容至 10 mL，上机进行气相色谱测定。

【结果与分析】

1. 净化方法比较

有机氯农药残留分析中净化方法主要有浓硫酸磺化法、柱层析法，比较二者之间的差异。

2. 色谱条件选择及分离效果评价

在有机氯农药残留分析中，常使用非极性或弱极性毛细管柱，固定相有 OV-101、SE-54、DB-1701，大多长度为 25～30 m，小口径 0.25～0.32 mm。

3. 标准曲线的绘制

将标准混合工作液分别用石油醚稀释为 0.000 5 μg/mL、0.005 μg/mL、0.5 μg/mL、0.1 μg/mL 的工作液进行 GC-ECD 检测，分别以各自的峰面积(y)对浓度(x)进行回归计算，求出其回归方程式(表 6-10)。

表 6-10　有机氯农药标准曲线

农药名称	回归方程	相关系数	检出限/(ng/g)
甲体六六六			
乙体六六六			
丙体六六六			
丁体六六六			
七氯			
艾氏剂			
狄氏剂			
P,P'-滴滴伊			
O,P'-滴滴涕			
P,P'-滴滴滴			
P,P'-滴滴涕			

4. 方法的精密度与准确度

向已经检测证明无有机氯农药的空白面粉中添加一定量的有机氯农药混合标准工作液，振荡提取后，分别采用未经浓硫酸磺化、浓硫酸磺化和柱层析净化进行加标回收实验，每个重复 3 次，计算添加回收率和标准偏差(表 6-11)。

表 6-11　面粉中有机氯农药的添加回收率　%

农药名称	未经浓硫酸净化		浓硫酸净化		柱层析净化	
	平均回收率	RSD	平均回收率	RSD	平均回收率	RSD
甲体六六六						
乙体六六六						
丙体六六六						
丁体六六六						
七氯						
艾氏剂						
狄氏剂						
P,P'-滴滴伊						
O,P'-滴滴涕						
P,P'-滴滴滴						
P,P'-滴滴涕						

【注意事项】

毛细血管柱色谱程序升温能改善复杂成分样品的分离效果，缩短分离周期，改善峰形，提高检测器灵敏度。在程序升温分析中应使用高纯载气，以防止微量有机杂质和微量氧引起基线漂移或因氧化而改变固定液的保存特性。

【思考题】

1. 有机氯农药残留分析中净化方法主要有浓硫酸磺化法，柱层析法，为什么实验选择柱层析法？

2. 毛细管气相色谱法测定面粉中有机氯农药残留量的方法相比国标法有什么优点？

实验5　气相色谱测定大白菜上百菌清残留量

百菌清(chlorothalonil)是一种取代苯类广谱、保护性杀菌剂。可用于果树、蔬菜、经济作物、小麦、水稻、豆类等多种作物上的病害防治，常见的如褐斑病、大斑病、叶斑病、黑斑病、霜霉病、锈病、叶霉病、灰霉病、果腐病、炭疽病、早疫病、褐腐病、晚疫病、疮痂病、白粉病、叶枯病、沙皮病等，在农业生产中应用十分广泛。作用机理是能与真菌细胞中的三磷酸甘油醛脱氢酶发生作用，与该酶中含有半胱氨酸的蛋白质相结合，从而破坏该酶活性，使真菌细胞的新陈代谢受破坏而失去生命力。百菌清没有内吸传导作用，但喷到植物体上之后，能在体表上有良好的黏着性，不易被雨水冲刷掉，因此药效期较长。

根据对百菌清毒性分析的研究，百菌清对于鱼类和两栖动物有较大的毒性，虽然对人、畜的急性毒性相对较低，但其慢性毒性问题应受到高度重视，我国的科学研究就曾表明百菌清有较强的致突变作用。

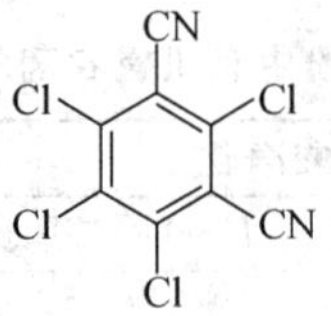

百菌清(chlorothalonil)

【实验目的】

利用气相色谱法分析在蔬菜上百菌清残留量。

【实验原理】

液-液分配法是指利用样本中的待测物与干扰物在互不相溶的两种溶剂(溶剂对)中分配系数的差异进行分离的净化方法。

【实验材料】

(1)试剂：丙酮(分析纯)、石油醚(色谱纯)、3%硫酸钠水溶液、91%百菌清标准品；

(2)仪器：气相色谱、振荡器、SBX_2-I立体旋转蒸发器、循环水式多用真空泵；

(3)色谱条件：电子捕获检测器(ECD)、玻璃色谱柱长1.5 m，内径3 mm，内填装涂有5% OV-17/ChromosorbW AW-DMCS(80～100目)、气化室、检测器温度为210℃、柱温为195℃、载气高纯氮(99.99%)流速为50 mL/min、进样量1 μL；

(4)试材：市售大白菜。

【实验步骤】

(1)标准曲线的制作：用百菌清标准工作溶液、石油醚为溶剂分配制成0.01 μg/mL、0.05 μg/mL、0.10 μg/mL、0.15 μg/mL、0.20 μg/mL、0.25 μg/mL的标准溶液，各进样

1 μL，分别以各自的峰面积(y)对浓度(x)进行回归计算，求出其回归方程式；

(2)样品的提取、净化及测定：称取切碎混匀的新鲜市售大白菜 20 g，置于 250 mL 具塞三角瓶内，加入丙酮溶剂 100 mL，振荡 20 min，静置后过滤到 250 mL 的分液漏斗中，再用少量的丙酮清洗残渣，过滤后并转入分液漏斗中，然后加入 3%硫酸钠水溶液 50 mL，再分别加入 40 mL、30 mL、30 mL 的石油醚萃取三次，将三次的提取液合并，用少量无水硫酸钠脱水后，在旋转蒸发器上浓缩，用石油醚定容至 10 mL，供色谱分析用。

【结果与分析】

1. 标准曲线

百菌清标准曲线见表 6-12。

表 6-12　百菌清标准曲线

浓度/(μg/L)	峰面积	浓度/(μg/L)	峰面积
0.01		0.15	
0.05		0.20	
0.10		0.25	

2. 方法的准确度

在大白菜的空白样品中，分别添加 0.01 μg/L、0.10 μg/L、0.20 μg/L 的标准样，提取净化方法同前，用所选的色谱条件做添加回收率试验(表 6-13)。

表 6-13　添加回收率实验结果

农药名称	添加浓度/(μg/mL)	测定值/(μg/mL)	回收率/%	RSD/%
百菌清	0.01			
	0.10			
	0.20			

3. 白菜样品的测定

【注意事项】

旋转蒸发浓缩法对蒸气压高的农药，使用时应注意温度条件不能太高，否则易造成农药的损失。

【思考题】

瓜果蔬菜上百菌清的残留对人体有没有危害？

第7章　农药毒理学
(Pesticide Toxicology)

由药剂引起中毒或死亡的原因称为作用机制，又称毒理。农药毒理学研究可以明确药物在作用对象体内的生理生化反应，甚至药剂在分子水平上的作用部位（又称靶标），以及药物在作用对象体内的降解、代谢过程。农药毒理学的研究既可以指导新型药物的合成和开发，又为农药在作用对象上合理、安全、科学地使用提供理论依据。

1. 杀虫剂的毒理学研究

杀虫剂可以通过穿透体壁、消化道的方式进入昆虫体内，并通过血液循环到达中枢神经系统，作用于药物靶标，从而发挥药物毒杀作用。市场上大多数杀虫剂都是作用于昆虫神经系统，被称为神经毒剂。一般来讲，有机磷杀虫剂和氨基甲酸酯类杀虫剂主要作用于乙酰胆碱酯酶，对其有强抑制作用。有机氯杀虫剂和拟除虫菊酯类杀虫剂的主要作用靶标为 Na^+ 通道，影响神经冲动传导。烟碱类杀虫剂作用于突触后膜上的胆碱受体。多氯环烷烃类、苯基吡唑类和阿维菌素类杀虫剂主要作用于突触后膜上的 γ-氨基丁酸受体。

2. 杀菌剂的毒理学研究

杀菌剂不仅通过杀菌剂与菌体细胞内的靶标互作、杀菌剂与靶标互作以后使病原菌中毒或者失去致病能力，还包括间接作用杀菌剂在生物化学和分子生物学水平上的防病机理。目前研究比较深入的杀菌机理主要包括：①杀菌剂对菌体细胞结构和功能的破坏，如对细胞壁、细胞膜等；②杀菌剂对菌体内能量生成的影响，如对乙酰辅酶 A 形成、三羧酸循环和呼吸链等；③杀菌剂对代谢物质生物合成及其功能的影响，如对菌体核酸及蛋白质合成和功能等。

3. 除草剂的毒理学研究

除草剂的作用机理比较复杂，多数除草剂涉及植物的多种生理生化过程，综合发挥作用，其主要的作用机理包括：①抑制光合作用；②破坏植物的呼吸作用；③抑制植物的生物合成；④干扰植物激素的平衡；⑤抑制微管与组织的发育等。

本章主要介绍农药毒理学的一些基本实验方法和技术，目的在于使学生通过实验操作了解和掌握农药毒理学的研究方法，从而使学生能够进一步了解和掌握农药毒理学基本理论，熟练应用农药毒理学基本实验设计和开展创新性的毒理学实验，满足日常科研的需求。

实验1　杀虫剂对昆虫体壁穿透作用的测定

昆虫体壁的改变导致杀虫剂穿透速率下降，成为昆虫产生抗药性的重要机制之一。昆虫体壁组分或结构的变化可以导致药剂进入虫体的速度减缓甚至阻挡，从而造成中毒时间的延迟。理论上讲，该机制的单独存在并不会导致昆虫产生很高的抗药性。然而，由于药剂进入昆虫体内的速度减慢，这为昆虫体内解毒代谢系统（如细胞色素 P450、酯酶等）提供充足的时间来降解或代谢侵入昆虫体内的农药，从而在生理生化水平上发生反应。因此，该机制与代谢抗性机制相配合，常能导致昆虫产生较高的抗药性。目前主要使用同位素标记示踪法和气（液）相色谱法测定杀虫剂对昆虫体壁穿透作用。

【实验目的】

1. 掌握测定杀虫剂对昆虫体壁穿透作用的原理；

2. 掌握液相色谱法和同位素标记法测定农药对昆虫体壁穿透作用的方法。

【实验原理】

昆虫体壁的穿透速率是指单位时间内杀虫剂对昆虫体壁单位面积的穿透量。触杀型杀虫剂主要是以穿透昆虫体壁发挥触杀作用。通过点滴法处理昆虫，间隔一段时间后，通过丙酮等溶剂将滞留于昆虫体表的杀虫剂洗净，用液相色谱仪进行检测；对于同位素标记的杀虫剂，利用液体闪烁计检测残留量，计算杀虫剂的穿透率。

【实验材料】

(1)试剂：氯虫苯甲酰胺（chlorantraniliprole，CHL）原药、CHL 标准品、[^{14}C]氯虫苯甲酰胺（[^{14}C]CHL）、甲醇、丙酮、蒸馏水、醋酸铵等（以上试剂均为色谱纯）；

(2)仪器：液体闪烁计数器、玻璃闪烁瓶、液相色谱仪、色谱柱（Eclipse plus C_{18} 2.1 mm×100 mm×3.5 μm）、DAD 二极管阵列检测器、10 μL 微量进样器、微量点滴仪、移液枪等；

(3)材料：棉铃虫 4 龄幼虫、具塞试管、量筒、烧杯、进样瓶、玻璃棒等。

【实验步骤】

1. 溶液配制

(1)CHL 标准品溶液的配制：准确称取 30 mg（精确至 0.1 mg）CHL 标样于 100 mL 容量瓶中，用甲醇溶解，定容至 100 mL，摇匀后备用。

(2)CHL 原药点滴溶液：根据生物测定的结果，称取一定量的 CHL 原药，用丙酮溶解，其浓度为 1 μL 的含药量为 CHL 对棉铃虫的半致死剂量（LD_{50}）同样配制[^{14}C]CHL 丙酮液。

2. 高效液相色谱法

(1)试虫的处理及药剂淋洗：选取大小一致的棉铃虫 4 龄幼虫 40 头，用微量点滴仪取1 μL 配好的 CHL 丙酮溶液点滴于棉铃虫幼虫的中胸背板上，将点滴后的试虫置于正常的饲养条件下，间隔 6 h、12 h、24 h 后，分别取出 10 头活虫，用丙酮分 3～5 次将棉铃虫的胸部背板淋洗。将 10 头试虫的淋洗液收集于 1 个试管中，浓缩后，定容至 100 μL，待测。

(2)杀虫剂高效液相色谱仪的检测：根据表 7-1 的液相色谱条件检测淋洗的药剂浓度。

表 7-1　液相色谱检测条件

色谱柱	Eclipse plus C_{18} 2.1 mm×100 mm× 3.5 μm
流动相	(1)开始：甲醇：水(0.1% NH_4Ac)＝30：70(V/V)，保持 2 min； (2)然后，在 15 min 内，逐渐增加甲醇比例； (3)最后，甲醇：水(0.1% NH_4Ac)＝95：5(V/V)，保持 10 min
流速	0.5 mL/min
检测波长	270 nm
进样量	10 μL

待仪器稳定后进 CHL 标准溶液，重复进样，色谱图横坐标 10 min 左右会出现 CHL 的峰，当重复之间的峰面积相差小于 1%后，即可进行下面的测定。

进 CHL 标准溶液，记录 CHL 峰的面积 $A_{标}$，分别进 CHL 原药点滴溶液、间隔 6 h、12 h、24 h 收集的淋洗液，分别记录 CHL 峰的面积 $A_{原}$、$A_{6\,h}$、$A_{12\,h}$ 和 $A_{24\,h}$。根据标准溶液中 CHL 的已知浓度与其对应的峰面积成正比的方法，可以计算出 CHL 原药点滴溶液和间隔 6 h、12 h、24 h 收集的淋洗液的 CHL 的浓度，进而计算出间隔 6 h、12 h 和 24 h 时，CHL 对昆虫体壁的穿透率。

(3)同位素标记示踪法：试虫的处理及药剂淋洗方法同高效液相色谱测定法。用微量点滴器取 1 μL 配制好的[^{14}C]CHL 丙酮液点滴于棉铃虫四龄幼虫的中胸背板上，将点滴后的试虫置于正常的饲养条件下，间隔 6 h、12 h、24 h 后，分别取出 5 头活虫，用 10 mL 丙酮分 3～5 次将棉铃虫的胸部背面淋洗。每头试虫的淋洗液收集于闪烁瓶中，用液体闪烁仪测定其放射强度。以点滴的 1 μL[^{14}C]CHL 记为 100%，根据闪烁强度计算 CHL 对棉铃虫体壁的穿透率。

【结果与分析】

1. 高效液相色谱分析法结果的计算

将高效液相色谱法测定结果计入表 7-2，根据 CHL 含量与其对应的峰面积成正比的原则，按公式(7-1)计算所测样品中 CHL 的含量，然后计算 CHL 对棉铃虫体壁的穿透率。

样品中(进样量 10 μL)CHL 含量 X 的计算：

$$X=\frac{A_{样}\times m}{A_{标}} \tag{7-1}$$

式中：$A_{样}$——测定样品溶液中 CHL 的峰面积；

$A_{标}$——标样中 CHL 的峰面积；

m——进样量，10 μL；

标样中 CHL 的含量，μg。

表 7-2 高效液相色谱法测定 CHL 对棉铃虫体壁的穿透率

样品	峰面积	进样量 10 μL 中 CHL 的含量/μg	每头试虫体表(未穿透)的含量/μg	穿透率/%
标样			—	—
原药点滴液				—
间隔 6 h 淋洗液				
间隔 12 h 淋洗液				
间隔 24 h 淋洗液				

注：淋洗液中 CHL 含量为 10 头试虫淋洗液的总和，总体积为 100 μL，进样量为 10 μL

2. 同位素标记示踪法

将液体闪烁计数仪测定结果计入表 7-3，以 1 μL 的 [^{14}C]CHL 的放射强度为 100%回收率，计算穿透率。

$$穿透率=1-样品的回收率$$

表7-3　同位素标记示踪法测定CHL对棉铃虫体壁的穿透速率

处理时间/h	放射强度/cpm	回收率/%	穿透率/%
0(1 μL点滴液)		100	
间隔6 h淋洗液			
间隔12 h淋洗液			
间隔24 h淋洗液			

【注意事项】

1. 在测定杀虫剂对昆虫体壁的穿透作用时，根据药剂的品种选择具体的分析方法，在实验中用到[^{14}C]放射性试剂，注意实验操作中防护安全和试剂的存放安全。

2. 尽量避免点滴和淋洗过程中样品的损失。

【思考题】

1. 影响杀虫剂对昆虫体壁穿透的因素有哪些？

2. 常用杀虫剂残留分析的方法有哪些？

实验2　昆虫体内多功能氧化酶(MFO)活力的测定

微粒体多功能氧化酶(mixed function oxidase,MFO)是位于细胞光滑型内质网上的一种超家族氧化酶系。多功能氧化酶在还原型辅酶Ⅱ(NADPH)和氧分子存在的情况下，催化昆虫体内杀虫剂以及多种多样的外源性或内源性化合物的氧化代谢。多功能氧化酶系统中起中心作用的是细胞色素P450，它是MFO的末端氧化酶，是与氧分子和底物相结合的酶，决定着多功能氧化酶对底物的特异性，MFO活性的增加是昆虫对多种杀虫剂产生代谢抗药性的主要机制之一，并且MFO底物的多样性也是昆虫对不同类型杀虫剂产生交互抗性的原因之一。

【实验目的】

掌握MFO的*O*-脱甲基活性、*O*-脱乙基活性、芳香基羟基化活性和环氧化活性的测定方法和步骤。

【实验原理】

研究表明，MFO对药物的催化反应类型包括：羟基化作用、脱烷基作用、脱硫作用和氧化作用等。根据测定的反应类型，选用合适的底物，在MFO的作用下生成不同的产生物，通过分光光度计法、酶标仪法、气相色谱法或高效液色谱法测定产物或底物的量，用以计算MFO的活性。如测定MFO的*O*-脱甲基酶活性，以对硝基苯甲醚为底物，在MFO的作用下生成对硝基苯酚，利用分光光度计在400 nm下测定吸光度，根据吸光度计算对硝基苯酚的量进而计算MFO的活性。

【实验材料】

(1)试剂：磷酸二氢钠、磷酸氢二钠、氢氧化钠、对硝基苯甲醚、对硝基苯酚、NADPH、苯并芘、7-乙氧基香豆素、7-甲氧基香豆素、7-羟基香豆素、艾氏剂、狄氏剂、二硫苏糖醇(DTT)、苯基硫脲、苯甲基硫酰氟(PMSF)、盐酸、丙酮、甘油等；

(2)仪器：荧光分光光度计、荧光酶标仪、气相色谱仪、电子天平(万分之一)、恒温水浴锅、台式冷冻离心机、制冰机等；

(3)材料：棉铃虫[*Helicoverpa armigera*(Hübner)]5 龄幼虫、容量瓶、量筒、烧杯、匀浆器、移液枪、镊子等。

【实验步骤】

(1)试剂配制：

0.1 mol/L pH 7.5 的磷酸盐缓冲液：0.1 mol/L 的 $Na_2HPO_4 \cdot 12H_2O$(35.82 g/L)和 0.1 mol/L的 $NaH_2PO_4 \cdot 2H_2O$(15.601 g/L)按 84∶16 的比例混合，调 pH 至 7.5；

0.5 mmol/L 的 NADPH：称取 4.21 mg NADPH，用 0.1 mol/L 的 pH 7.5 的磷酸盐缓冲液定容至 10 mL；

0.5 mmol/L 的 7-甲氧基香豆素溶液：称取 22.02 mg 的 7-甲氧基香豆素，用 0.1 mmol/L pH 7.5 的磷酸盐缓冲液定容至 250 mL；

0.5 mmol/L 的 7-乙氧基香豆素溶液：称取 23.28 mg 的 7-乙氧基香豆素，用 0.1 mmol/L pH 7.5 的磷酸盐缓冲液定容至 250 mL；

2 mmol/L 的苯并芘溶液：称取 25.23 mg，用 0.1 mmol/L pH 7.5 的磷酸盐缓冲液定容至 50 mL；

4 mmol/L 的对硝基苯甲醚：称取对硝基苯甲醚 61.27 mg 用 0.1 mmol/L pH 7.5 的磷酸盐缓冲液定容至 100 mL。

(2)酶源的制备：将棉铃虫五龄幼虫置于冰上解剖，取出中肠，去除内含物，用冰浴的 0.1 mmol/L, pH 7.5 的磷酸盐缓冲液清洗干净。加入 1 200 μL 预冷的磷酸盐缓冲液(含 1 mmol/L 的 EDTA，1 mmol/L 的 DTT，1 mmol/L 的 PTU，1 mmol/L 的 PMSF 和 20%甘油)匀浆。匀浆液在 12 000 r/min 4℃下离心 20 min，取出上清液再次离心 20 min，上清液作为 MFO 活性测定的酶源，用 Bradford 考马斯亮蓝法测定酶源中蛋白质的含量。

(3)*O*-脱甲基活性(以对硝基苯甲醚为底物)测定：取 1 mL 酶液，1 mL 4 mmol/L 对硝基苯甲醚、0.2 mL 0.5 mmol/L NADPH 和 0.8 mL 磷酸盐缓冲液(0.1 mol/L，pH 7.5)于 37℃条件下反应 30 min，加入 1 mL HCl(1 mmol/L)终止反应。在反应液中加入 5 mL 氯仿萃取，在氯仿层移取 3 mL 到另一试管内，加入 3 mL NaOH(0.5 mmol/L)溶液萃取。取 NaOH 溶液层 2 mL，在波长 400 nm 处测定 *A* 值(每一个样品分别测定 3 次，取平均值)。以不加 NADPH、多加 0.2 mL 磷酸盐缓冲液作对照。每个处理重复 3 次，用对硝基苯酚制作标准曲线。

(4)*O*-脱甲基活性(以甲氧基香豆素为底物)测定：在 96 孔酶标板中，每孔依次加入 80 μL 0.5 mmol/L 的甲氧基香豆素，50 μL 酶源，轻微振荡混匀。在 30℃下温育 5 min 后，加入 10 μL 9.6 mmol/L 的 NADPH。酶促反应阶段温度保持在 30℃，用荧光酶标仪在激发波长 380 nm，发射波长 460 nm 下，每隔 30 s 记录一次吸光值，以起始反应速率计算酶的活性。

(5)*O*-脱乙基活性(以乙氧基香豆素为底物)测定：在 96 孔酶标板中，每孔依次加入 80 μL 0.5 mmol/L 的乙氧基香豆素，50 μL 酶源。在 30℃下温育 5 min 后，加入 10 μL 9.6 mmol/L 的 NADPH，酶促反应阶段温度保持 30℃。用荧光酶标仪在激发波长 380 nm，发射波长 460 nm 下，每隔 30 s 记录一次吸光度，以起始反应速率计算酶的活性。

(6)芳香基羟基化活性测定：2 mL 反应体系中含有 0.1 mmol/L 磷酸盐缓冲液、0.1 mmol/L EDTA 和 5 mmol/L $MgCl_2$ 溶液，0.1 mg 的酶源。在 34℃下平衡 3 min，利用荧

光分光光度计记录荧光基线后加入 3 μL 的 2 mmol/L 苯并芘丙酮溶液，记录升高的荧光值，最后加入 20 μL 0.01 mmol/L NADPH 开始反应。每隔 30 s 记录一次降低的荧光值，测定条件：激发波长387 nm，光栅狭缝 5 nm；发射波长 406 nm，光栅狭缝 5 nm，通过单位时间内降低的荧光值计算酶的活性。

(7)艾氏剂环氧化活性测定：1 mL 反应体系中含有 0.1 mmol/L 磷酸盐缓冲液，蛋白质含量为 0.1 mg 的酶源，5 μL 艾氏剂(4 mg/mL，溶于乙醇)，150 mmol/L 的 KCl。在 30℃水浴条件下振荡 5 min 后，加入 0.02 mmol/L NADPH 开始反应，10 min 后加入 0.8 mL 丙酮终止反应。分别用 2 mL 石油醚萃取 2 次，取上层液相合并，经无水硫酸钠干燥后用岛津 GC-2010 气相色谱仪分析。

气相色谱条件如表 7-4 所示。

表 7-4　气相色谱条件

色谱柱	ECD 检测器，毛细管柱 BpX-50，30 m×0.35 mm，膜厚 0.5 μm
固定液	50%Phenyl(equiv)Polysiphenylene
温度	进样口温度 240℃；柱温 210℃；检测室温度 300℃
柱流量	3.25 mL/min
样品保留时间	8.2 min
最小检出量	1.0 ng/min

【结果与分析】

1. *O*-脱甲基活性(以对硝基苯甲醚为底物)的计算

(1)对硝基苯酚标准曲线的制作。称取一定量的对硝基苯酚，将对硝基苯酚溶解于 0.5 mol/L NaOH 溶液中，配成梯度浓度的对硝基苯酚的 NaOH 溶液，在 400 nm 下比色。利用 Excel 或 DPS 软件求出对硝基苯酚的浓度和吸光度相关性标准曲线，即回归方程：$y=a+bx$，其中 x 为对硝基苯酚的浓度，y 为吸光度。

(2)数据的计算。对于酶活性所测定的数据，根据对硝基苯酚标准曲线和每毫升酶液中所含的蛋白的量求出每分钟每毫克蛋白产生的对硝基苯酚的摩尔数来表示酶的活性。*O*-脱甲基活性和 *O*-脱乙基活性的单位一般用 pmol/(min/mg pro)表示。

2. *O*-脱甲基活性(以 7-甲氧基香豆素为底物)和 *O*-脱乙基活性(以 7-乙氧基香豆素为底物)的计算

(1)产物标准曲线的制作。7-甲氧基香豆素和 7-乙氧基香豆素在 MFO 的作用下生成 7-羟基香豆素，用缓冲液配制一系列梯度浓度的 7-羟基香豆素溶液，用荧光酶标仪在激发波长 380 nm，发射波长 460 nm 下测定吸光度，利用 Excel 或 DPS 软件求出吸光度和 7-羟基香豆素浓度相关性的标准曲线。

(2)根据 *O*-脱甲基活性和 *O*-脱乙基活性测定的吸光度和 7-羟基香豆素-吸光度的标准曲线，计算对应的 7-羟基香豆素的浓度，最后根据反应体系的总体积，反应时间和酶源的蛋白质含量求出 MFO 的活性，*O*-脱甲基活性和 *O*-脱乙基活性的单位一般用 nmol/(min/mg pro)表示。

3. 芳香基羟基化活性的计算

通过降低的荧光值计算酶的活性。根据测定体系制作苯并芘荧光值的标准曲线，测定条件：激发波长 387 nm，光栅狭缝 5 nm；发射波长 406 nm，光栅狭缝 5 nm。具体步骤和计算方

法参照上述 *O*-脱甲基活性部分，MFO 的芳香基羟基化活性的单位一般用 nmol/[min/(mg·pro)]表示。

4. 艾氏剂环化活性测定的计算

艾氏剂在 MFO 环氧化活性的作用下，被氧化成狄氏剂。配制狄氏剂标准品溶液，采用实验中所述条件用气相色谱仪制作狄氏剂的气相色谱标准图谱，狄氏剂的量与其对应的峰面积呈正比。根据实验中所测得的产物狄氏剂的峰面积，计算反应体系中狄氏剂的浓度，根据进样体积，反应时间和蛋白质的含量计算 MFO 的艾氏剂环氧化活性，单位一般用 nmol/[min/(mg·pro)]表示。

【注意事项】

1. MFO 存在于细胞内质网上的微粒体中，昆虫的其他部分，如家蝇的头部含有 MFO 的内源性抑制物，可以先采用差速离心纯化微粒体，以除去内源性抑制物质，具体方法如下：将昆虫中肠的匀浆液于 10 000 *g* 4℃离心 15 min，取上清液用 4 层细纱布过滤后再于 10 000 *g* 条件下离心 60 min，将微粒体沉淀用 0.1 mol/L 磷酸钠缓冲液（pH 7.5，含 0.1 mmol/L DTT，1 mmol/L PTU，1 mmol/L PMSF，2.7 mmol/L 甘油）悬浮备用。

2. 酶源最好现用现制，准备好的酶源在 4℃冰箱中不要超过 48 h。

【思考题】

1. 多功能氧化酶的主要生理功能是什么？
2. 多功能氧化酶催化的反应类型有哪些？
3. 多功能氧化酶的作用机理是什么？

实验 3　有机磷类杀虫剂抑制昆虫乙酰胆碱酯酶活性的测定

乙酰胆碱（acetylcholine，Ach）是重要的兴奋性神经递质，可以与神经突触后膜的乙酰胆碱受体（acetylcholine receptor，AchR）结合，使冲动传递继续进行。而 Ach 的失活则主要通过乙酰胆碱酯酶（acetylcholinesterase，AchE）将 Ach 水解成胆碱（choline）和乙酸（aceti cacid），此过程对于昆虫的神经冲动在突触间的正常传导起关键性的作用，影响着昆虫的行为。

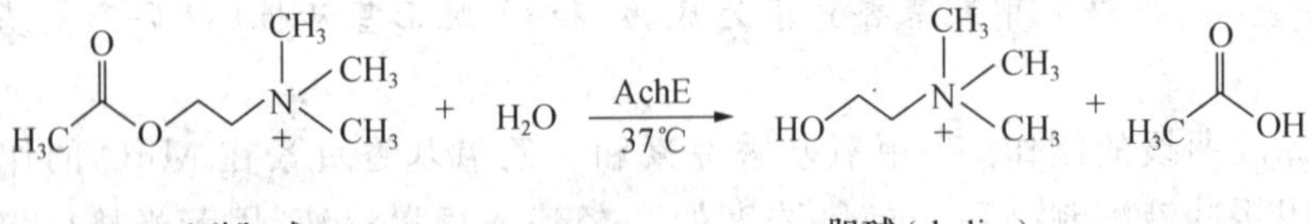

乙酰胆碱 (Ach)　　胆碱 (choline)

研究表明，AchE 是有机磷类和氨基甲酸酯类杀虫剂的主要作用标靶。通过离体测定有机磷杀虫剂对昆虫 AchE 活力的作用，可以推断有机磷杀虫剂对昆虫的杀虫活性、昆虫对有机磷杀虫剂的敏感性水平，揭示昆虫对有机磷杀虫剂产生抗药性的机理。

【实验目的】

本实验采用酶化学比色法测定有机磷类农药马拉硫磷对昆虫（如二化螟、棉铃虫、甜菜夜蛾等）AchE 活性的影响。通过本实验了解马拉硫磷对二化螟 AchE 活性的抑制作用，掌握马拉硫磷对二化螟 AchE 活性抑制作用测定的步骤，方法以及实验结果的计算和分析等。

【实验原理】

有机磷类杀虫剂与 AchE 互作时，AchE 的活性受到抑制作用。由于 AchE 被抑制，不能水解 Ach，导致神经突触间隙内 Ach 累积，引起神经信号传导错乱，从而起到杀灭害虫的作用。在一定条件下，有机磷类杀虫剂对 AchE 活力的抑制率与浓度呈正相关。

由于硫代胆碱和 5,5′-二硫代双(2-硝基苯甲酸)[5,5′-Dithio *bis*-(2-nitrobenzoic acid), DTNB]反应后呈黄色，并在 412 nm 处有吸收峰。而底物碘化硫代乙酰胆碱可以在 AchE 的作用下，被水解成硫代胆碱和乙酸。

本实验利用分光光度计在 412 nm 处测定吸光值的变化。根据吸光值可以计算 AchE 催化底物生成产物的量，以酶源中每毫克蛋白单位时间内产物的量来表示 AchE 的活性。①在反应体系中加入一定浓度的有机磷杀虫剂，通过和对照相比可以计算出对 AchE 活性的抑制率。②通过测定不同浓度下有机磷杀虫剂对 AchE 活性的抑制率，可以计算出有机磷杀虫剂对 AchE 活性的抑制中浓度(I_{50})。

【实验材料】

(1)试剂：磷酸二氢钠、磷酸氢二钠、碘化硫代乙酰胆碱、DTNB、95% 乙醇、曲拉通(Triton X-100)等；

(2)仪器：紫外可见分光光度计、电子天平(万分之一)、恒温水浴槽、台式冷冻离心机、制冰机、玻璃匀浆器、制冰机等；

(3)材料：二化螟四龄幼虫、马拉硫磷(malathion)原药、移液枪、容量瓶、试管、量筒、烧杯、15 mL 离心管、pH 计等。

【实验步骤】

1. 试剂的配制

0.1 mol/L pH 7.4 磷酸盐缓冲液：先配制 0.1 mol/L 的 $Na_2HPO_4 \cdot 12H_2O$(35.82 g/L)和 0.1 mol/L 的 $NaH_2PO_4 \cdot 2H_2O$(15.601 g/L)，然后按照 81∶19 的比例混合，并调 pH 至 7.4；

0.075 mol/L 碘化硫代乙酰胆碱溶液：称取 0.216 7g 碘化硫代乙酰胆碱，于容量瓶中用 0.1 mol/L pH 7.4 磷酸盐缓冲液定容至 10 mL，放入 4℃冰箱中备用(一般不要超过两周，以防水解；最好现用现配)；

1×10^{-4} mol/L 显色剂 DNTB 溶液：称取 12.4 mg DTNB，加入 125 mL 95%的乙醇和 50 mL 磷酸盐缓冲液，用双蒸水定容至 250 mL；

1×10^{-3} mol/L 马拉硫磷丙酮溶液：称取 33.04 mg 马拉硫磷(有效成分)，用丙酮定容至 100 mL。

2. 酶源的制备

挑取大小一致的二化螟四龄幼虫 10 头(注：因为中枢神经系统中 AchE 的含量较高，故仅使用昆虫的头部约 0.1 g)，加入 10 mL 的磷酸盐缓冲液(含 0.1%曲拉通)，冰浴中匀浆完全。将匀浆液转移至 15 mL 离心管中，在 10 000 *g* 4℃条件下离心 15 min。取上清液作为酶源，用 BradFord 考马斯亮蓝法测定酶源中蛋白质的含量。

3. 乙酰胆碱酯酶比活力测定

取 0.2 mL 待测酶源于玻璃试管中，加入 0.2 mL 反应底物 0.075 mol/L 碘化硫代乙酰胆碱溶液，混匀后，置于 30℃水浴槽中反应 15 min，然后加入 3.6 mL DTNB 显色并终止反应，然后检测其在 412 nm 下的吸光值。在对照试管中，以热灭活酶源代替正常酶源。

4. 马拉硫磷对 AchE 抑制中浓度(I_{50})的测定

用磷酸盐缓冲液将 1×10^{-3} mol/L 马拉硫磷丙酮母液稀释成 10^{-4} mol/L、10^{-5} mol/L、10^{-6} mol/L、10^{-7} mol/L 和 10^{-8} mol/L 的工作液。在 1～7 号试管中分别加入 0.1 mL 酶源，在第 1～2 号试管中加入 0.1 mL 磷酸盐缓冲液，在 3～7 号试管中分别加入 10^{-8} mol/L、10^{-7} mol/L、10^{-6} mol/L、10^{-5} mol/L 和 10^{-4} mol/L 的马拉硫磷工作液，混匀，把 2～7 号试管置于 30℃温育 10 min。1 号试管置于热沸水中 3～5 min 热灭活酶源，以便在测吸光度时调零用。在 1～7 号试管分别加入 0.2 mL 底物 0.075 mol/L 碘化硫代乙酰胆碱溶液，轻弹混匀，置于 30℃水浴中反应 15 min 后，加入 3.6 mL 的 DTNB 显色剂显色并终止反应，然后在 412 nm 比色，具体步骤见表 7-5。以上实验重复 3 次。

表 7-5 马拉硫磷对乙酰胆碱酯酶抑制中浓度(I_{50})的测定

试剂	1 号试管 调零	2 号试管 标准管	3～7 号试管抑制剂马拉硫磷的浓度/(mol/L)				
			10^{-8}	10^{-7}	10^{-6}	10^{-5}	10^{-4}
酶源	0.1 mL	0.1 mL	0.1 mL	0.1 mL	0.1 mL	0.1 mL	0.1 mL
缓冲液	0.1 mL	0.1 mL					
抑制剂			0.1 mL	0.1 mL	0.1 mL	0.1 mL	0.1 mL
处理	热开水中 3～5 min	30℃温育 10 min					
0.075 mol/L 碘化硫代乙酰胆碱	各试管中分别加入 0.2 mL						
处理	混匀，于 30℃水浴中反应 15 min 后						
DTNB 显色剂	各试管中分别加入 3.6 mL						

5. 马拉硫磷对乙酰胆碱酯酶抑制双分子速率常数(K_i)的测定

取 8 支试管，在 1～7 号试管中分别加入 0.2 mL 0.075 mol/L 底物碘化硫代乙酰胆碱溶液。在 1 号试管中加入热灭活酶源 0.2 mL 用于比色时调零，在 2 号试管中加入 0.18 mL 新鲜酶源和 0.02 mL 缓冲液作为正常对照(即所测的酶比活力为 100%)；在 8 号试管中加入 1.8 mL 新鲜酶源和 0.2 mL 1×10^{-4} mol/L 马拉硫磷，混匀，分别在 30 s、1 min、2 min、4 min 和 6 min 抑制后取样做下一步实验。

取 0.2 mL 酶源和马拉硫磷混合液于 3～7 号试管中，各试管于 30℃水浴反应 15 min 后，加入 3.6 mL 的 DTNB 显色剂显色并终止反应，然后在 412 nm 比色。

【结果与分析】

1. 乙酰胆碱酯酶比活力的计算

根据吸光度计算乙酰胆碱酯酶的比活力，计算公式如式(7-2)：

$$乙酰胆碱酯酶比活力=\frac{\dfrac{\Delta A_{412\ nm}}{m\times V}}{\varepsilon\times L} \tag{7-2}$$

式中：$\Delta A_{412\ nm}$——每分钟吸光度的变化值；

V——反应总体积(mL)；

m——蛋白质的含量；

ε——反应的产物和DTNB络合物的摩尔消光系数，1.36×10^4 L/(mol·com)；

L——比色杯的光程，酶比活力单位为[μmol/(min·mg pro)]。

乙酰胆碱酯酶比活力的计算，有时不用摩尔消光系数，直接用光密度(OD)如吸光度计算，表示每分钟每毫克蛋白酶源所催化反应生成的产物吸光度的变化，即OD/(min·mg·pro)

2. 马拉硫磷对乙酰胆碱酯酶的抑制中浓度(I_{50})的计算

酶的抑制率的计算按下面的公式(7-3)

$$\text{酶的抑制率}=\frac{\text{对照组比活力}-\text{处理组比活力}}{\text{对照组比活力}}\times100\% \tag{7-3}$$

其中，对照组为2号试管，处理组为3～7号试管。

根据杀虫剂不同浓度对乙酰胆碱酯酶比活力不同的抑制率计算抑制中浓度I_{50}。具体如下，以反应体系中杀虫剂浓度的对数为横坐标，抑制率为纵坐标，以作图法求I_{50}或用DPS软件求出I_{50}。

3. 杀虫剂马拉硫磷对乙酰胆碱酯酶抑制双分子速率常数(K_i)的计算

以正常酶源的活性为100%，计算抑制不同时间后酶的活力P(以和试管2相比的百分率表示)，根据公式(7-4)计算双分子速度常数的值。

$$\lg P=2-\frac{K_i I}{2.303}t \tag{7-4}$$

式中：P——剩余酶的活力；

I——反应体系中马拉硫磷的浓度(mol/L)；

t——抑制时间(min)；

K_i——双分子速度常数[L/(mol/min)]。

【注意事项】

1. 实验所用酶源应是新制备的酶源，因为制备的酶源的活性会随着存放时间的延长而逐渐降低；

2. 底物碘化硫代乙酰胆碱母液最好现用现配，即使放在4℃冰箱中，一般不要超过2周。

【思考题】

1. 乙酰胆碱酯酶的主要生理生化作用是什么？

2. 杀虫剂对乙酰胆碱酯酶的抑制中浓度(I_{50})和双分子速率常数(K_i)分别代表什么含义？

3. 有机磷农药作用于昆虫后，昆虫的表征反应与生化机制之间的关系是什么？

实验4　昆虫体内谷胱甘肽-S-转移酶活力的测定

生物体内广泛分布的谷胱甘肽-S-转移酶(glutathione S-transferases，GSTs)是催化还原型谷胱甘肽(glutathione,GSH)与各种亲电子化合物进行核加成反应的一类酶,负责催化谷胱甘肽结合反应的起始步骤。GSTs 的功能主要表现在以下三个方面:①对异源有毒物质解毒;②保护细胞免受氧化酶毒害;③对激素、内源代谢物和外源化合物进行细胞间运输,因而 GSTs 作为昆虫体内主要的解毒酶之一,也成为昆虫产生抗药性的机制之一。

【实验目的】

通过本实验学习并掌握谷胱甘肽-S-转移酶活力测定的方法和步骤。

【实验原理】

在谷胱甘肽-S-转移酶的作用下,底物 1-氯-2,4 二硝基苯(CDNB)与还原型谷胱甘肽(GSH)反应,生成的产物在 340 nm 处有最大吸收峰。根据单位时间内吸光度的变化,从而计算谷胱甘肽-S-转移酶的活性。也可用二氯硝基苯(DCNB)作为底物,在 344 nm 处测吸光度的变化。

【实验材料】

(1)试剂:浓盐酸、磷酸二氢钠、磷酸氢二钠、1-氯-2,4 二硝基苯(CDNB)、还原型谷胱甘肽(GSH)、丙酮等;

(2)仪器:紫外可见分光光度计、恒温水浴锅、台式冷冻离心机、制冰机、万分之一电子天平、匀浆器、移液枪、pH 计等;

(3)材料:棉铃虫[*Helicoverpa armigera*(Hübner)]四龄幼虫、试管架、试管、试剂瓶、容量瓶、量筒、烧杯、玻璃棒、离心管等。

【实验步骤】

(1)试剂配制:

0.1 mol/L pH 7.0 磷酸盐缓冲液:现配制 0.1 mol/L 的 $Na_2HPO_4 \cdot 12H_2O$ 和 0.1 mol/L 的 $NaH_2PO_4 \cdot 2H_2O$,按 61∶39 的比例混合,调 pH 至 7.0;

0.05 mol/L 的 CDNB:称取 0.101 2 g CDNB,用丙酮定容至 10 mL,避光保存;

0.05 mol/L 的 GSH:称取 0.153 6 g GSH,用磷酸盐缓冲液定容至 10 mL,避光保存。

(2)酶源制备:取发育一致的四龄棉铃虫幼虫(10 头),取中肠组织放入玻璃匀浆器中,加入 0.1 mol/L pH 7.0 的磷酸盐缓冲液 5 mL,冰浴匀浆。在 4℃下,1 000 r/min 离心10 min,取上清液作为酶源。用 Bradford 考马斯亮蓝法测定酶源中蛋白质的含量。

(3)谷胱甘肽-S-转移酶活力测定方法:取 2.78 mL 0.1 mol/L pH=7.0 的磷酸缓冲液,0.1 mL 0.05 mol/L GSH,0.02 mL 0.05 mol/L CDNB 丙酮液,以及 0.1 mL 酶液。混合均匀后倒入比色皿中,在波长 340 nm 处调零,每隔 1 min,记录一次吸光值,共记录 3 次。

【结果与分析】

将结果记录于表 7-6 内,根据消光系统计算:

$$\text{GST 活力}[\mu\text{mol/(min/mg pro)}] = \frac{\dfrac{\Delta A \times V}{\varepsilon \times L}}{\text{mg pro}} \tag{7-5}$$

式中:ΔA——每分钟吸光度的变化值;

V——酶促反应体积(3 mL);

ε——产物的消光系数[0.009 6 L/(μmol·cm)];

L——比色杯的光程(1 cm),也可以不用消光系数,以 A/(min·mg pro)表示。

表7-6 棉铃虫谷胱甘肽-S-转移酶活力的测定

时间/min	每分钟 A 值 /(A/min)	反应体系中蛋白质质量/mg	GST 活力 /[μmol/(min/mg pro)]
1			
2			
3			

【注意事项】

1. CDNB溶液避光保存；

2. GSH应密封保存。

【思考题】

1. 谷胱甘肽-S-转移酶(GST)和还原型谷胱甘肽(GSH)如何作用？

2. 谷胱甘肽-S-转移酶的主要功能有哪些？

实验5 杀菌剂对菌体呼吸作用的测定

真菌通过在线粒体中降解有机大分子(如糖、脂肪、蛋白质)，合成高能介质ATP，为其提供所需要的能量。抑制呼吸作用的杀菌剂可以通过干扰该生化过程的许多环节，从而影响真菌的正常生命活动。研究表明，杀菌剂干扰真菌的能量供应可以强烈地抑制孢子萌发，如铜制剂、硫黄、二硫基氨基甲酸酯(代森锌、福美双)、克菌丹等，它们可抑制参与呼吸作用的多种酶，这种多点抑制作用的机制可以避免真菌对这些保护性杀菌剂产生抗性，因此抑制呼吸作用的杀菌剂研究也变得尤为活跃。

【实验目的】

了解杀菌剂对菌体呼吸作用的影响及其测定方法。

【实验原理】

植物病原菌通过呼吸作用摄入的氧，使有机养料，如D-葡萄糖氧化放出自由能。其中自由能用以供给病原菌生命活动所需要的能量，而氧化后的最终产物就以二氧化碳排出。研究中，人们往往利用电学的测定方法检测溶解在水中的氧用，通过连续地在记录纸上记录溶解在水中氧的减少和增加，即能测定出反应混合液中溶解在水中氧的含量。该方法常采用溶氧电极的铂金电极和饱和KCl甘汞电极分别为正负极的记录方式，即溶解在水中的氧基于电极上还原而产生电流的方法。由于采用封闭系统容器的缘故，该方法不仅可以测定由于菌体呼吸所消耗的氧，还能测定或观察与其共轭的氧化磷酸化，通过光合成所放出的氧气及光合磷酸化等。

【实验材料】

(1)试剂：PDA培养基(马铃薯200 g、葡萄糖20 g、琼脂粉20 g、水1 L)、AEB培养基(酵母提取物5 g、$NaNO_3$ 6 g、KH_2PO_4 1.5 g、KCl 0.5 g、$MgSO_4$ 0.25 g、丙三醇20 mL、去离子水1 L)；

(2)仪器：恒温摇床、SP-2溶氧仪、烘箱、pH计等；

(3)材料：93%嘧菌酯原药(azoxystrobin)，用甲醇配成1.0×10^{-4} μg/mL母液；油菜菌核

病菌、三角瓶、培养皿、移液器、涂布棒、打孔器等。

【实验步骤】

(1)供试菌的准备:将油菜菌核病菌在PDA培养基上25℃培养2 d,用灭菌打孔器在菌落边缘制取菌碟,接种于含有100 mL AEB液体培养基的250 mL三角瓶中。每瓶10个菌碟,25℃,175 r/min条件下摇培24 h。

(2)杀菌剂抑制菌体呼吸作用的测定:在摇床培养24 h的三角瓶中加入嘧菌酯使药剂浓度分别为0 μg/mL、0.5 μg/mL、5 μg/mL和50 μg/mL,每浓度处理6瓶。再摇培12 h后,过滤收集菌丝,收集到的各个处理的3瓶菌丝放入80℃烘箱中烘干12 h至恒重,称量菌丝干重。每个处理的另3瓶菌丝,用蒸馏水冲洗3次,每10 mg鲜重菌丝悬浮于2 mL 0.1 mol/L葡萄糖磷酸缓冲液溶液(pH为7.2)中,在氧电极上测定上述设定浓度的嘧菌酯对菌丝的呼吸抑制作用。

【结果与分析】

试验仪记录的数据中,溶氧仪的反应杯体积为X(mL),某温度下所跑基线横向格数为Y(格),某温度下水中溶解氧浓度Z(mg/mL,从表7-7中查得)。所以每格代表溶解氧量为$(Z\times X)/Y$。

表7-7 水中饱和溶解氧浓度与其对应的温度

温度		浓度/	温度		浓度/
℉	℃	(ppm或mg/L)	℉	℃	(ppm或mg/L)
32	0.0	14.6	74	23.3	8.5
34	1.1	14.1	76	24.4	8.3
36	2.2	13.7	78	25.6	8.2
38	3.3	13.3	80	26.7	8.0
40	4.4	12.9	82	27.8	7.8
42	5.6	12.6	84	28.9	7.7
44	6.7	12.2	86	30.0	7.5
46	7.8	11.9	88	31.1	7.4
48	8.9	11.6	90	32.2	7.3
50	10.0	11.3	92	33.3	7.1
52	11.1	11.0	94	34.4	7.0
54	12.2	10.7	96	35.6	6.9
56	13.3	10.4	98	36.7	6.8
58	14.2	10.2	100	37.8	6.6
60	15.6	9.9	102	38.9	6.5
62	16.7	9.7	104	40.0	6.4
64	17.8	9.5	106	41.1	6.3
66	18.9	9.3	108	42.2	6.2
68	20.0	9.1	110	43.3	6.1
70	21.1	8.9	112	44.4	6.0
72	22.2	8.7	114	45.6	5.9

$$\text{菌丝耗氧量}=\text{横向格数(处理)}\times[(Z\times X)/Y]$$

注：根据记录仪记录的斜率计算出单位时间内单位菌丝干重的耗氧率。

$$\text{呼吸速率}=\text{(菌丝耗氧量/测定时间)/菌丝干重}$$

【注意事项】

1. 氧电极对温度变化非常敏感，膜对温度的渗透系数为(3%～5%)/℃。测定时需维持温度恒定，反应杯中出现气泡则表明溶液尚未完全平衡；

2. 反应杯中不应有气泡，否则会造成信号不稳，有经常性的随机干扰，记录线扭曲。由于空气泡中比水中的含氧量高 20 多倍，反应杯中有气泡时溶液中的氧就会扩散到气泡或气泡中的氧扩散到溶液中，结果就会造成电极反应迟钝，空白测定时，信号就会表现出缓慢漂移；

3. 电极使用一段时间后，在阳极上形成一层氧化膜，电极的灵敏度下降，用清洗剂清洗银极(阳极)，然后用蒸馏水冲洗干净。

【思考题】

1. 测定菌体呼吸作用的方法还有哪些？

2. 测定菌体呼吸作用的可以对杀菌剂研究有什么指导作用？

实验 6　杀菌剂对细胞膜渗透性的测定

细胞膜是防止细胞外物质自由进入细胞的屏障，它使细胞维持稳定代谢的胞内环境中，必须保持自身的稳恒状态，才能生存。三唑类杀菌剂是一类麦角甾醇合成抑制剂，能够引起病原菌细胞膜透性发生变化，使细胞内物质向外渗漏，沉积，从而导致细胞壁加厚，最终导致菌丝细胞解体死亡。

【实验目的】

掌握电导率法测定多菌灵对小麦赤霉病菌菌丝体细胞膜渗透性的影响。

【实验原理】

三唑类杀菌剂是一类麦角甾醇合成抑制剂，能够引起病原菌细胞膜透性发生变化，使细菌内物质向外渗漏，沉积，从而导致细胞壁加厚，最终导致，最终导致菌丝细胞解体死亡。

电导率是衡量溶液中离子强度高低的一个特征参数，它与细胞中变化较大的组分诸如核酸，氮碳的含量无关，而与溶液中的离子浓度有关。根据其相对电导率值的高低，能间接反映出菌丝细胞膜透性的变化情况。

【实验材料】

(1)试剂：98%戊唑醇(tebuconazole)原药，溶于甲醇中配制成 5 000 μg/mL 的母液；

(2)仪器：生化培养箱、电导率仪等；

(3)材料：禾谷镰孢菌(*Fusarium graminearum*)、酒精灯、三角瓶、培养皿、打孔器等。

【实验步骤】

(1)从培养 2 d 的菌落边缘取 5 mm 的菌碟转入含有 100 mL PSB 的三角瓶(每瓶 5 个菌碟)，振荡培养 36 h(175 r/min，25℃)后，加入多菌灵使其终浓度为 0.5 μg/mL，以不加药剂作为对照；

(2)振荡培养 12 h，用双层纱布过滤菌丝，剔除菌碟，用无菌水冲洗两次并真空抽滤

20 min，称取 0.5 g 菌丝溶于 20 mL 的蒸馏水中搅拌混匀，分别在 0 min、5 min、10 min、20 min、40 min、60 min、80 min、100 min，用电导率仪测定其电导率值，100 min 后，将菌丝置于沸水中煮 5 min，待冷却后测定其最终电导率值。

【结果与分析】

根据公式(7-6)计算其相对电导率

$$相对电导率=\frac{不同时间电导率}{最终电导率}\times 100\% \tag{7-6}$$

以时间为横轴相对电导率为纵轴作曲线，比较不同时间及用药前后相对电导率的变化。

【注意事项】

1. 测定电导率之前要充分将菌丝搅拌混匀；

2. 电导率仪需要在恒温条件下操作。

【思考题】

影响细胞膜渗透性的因素有哪些？

实验 7　多菌灵对真菌细胞形状毒理学影响特征观察

形态毒理学研究是杀菌剂作用方式研究中的一个重要方面。通过形态毒理学研究，可以直观的了解杀菌剂的作用方式，为进一步研究杀菌作用机理奠定良好的基础。苯并咪唑类杀菌剂(如多菌灵、苯菌灵)的杀菌机理是其与 β-微管蛋白结合，从而干扰微管的形成和有丝分裂。本实验通过观察多菌灵对禾谷镰孢菌分生孢子萌发及菌丝有丝分裂的影响，了解多菌灵对禾谷镰孢菌的作用方式。

【实验目的】

通过本试验，熟悉和掌握多菌灵对禾谷镰孢菌细胞形态毒理学的研究方法和操作步骤，以及实验结果分析等。

【试验原理】

苯并咪唑类杀菌剂(如多菌灵、苯菌灵)的杀菌机理是其与 β-微管蛋白结合，从而干扰微管的形成和有丝分裂。通过观察多菌灵对禾谷镰孢菌分生孢子萌发及菌丝有丝分裂的影响，了解多菌灵对禾谷镰孢菌的作用方式。

【实验材料】

(1)试剂：0.01%多聚赖氨酸、5%升汞、3%重铬酸钾、0.018%的甲醛、70%乙醇、1 mol/L 盐酸；

(2)仪器：生物培养箱、显微镜等；

(3)材料：禾谷镰孢菌(*Fusarium graminearum*)、酒精灯、三角瓶、培养皿、打孔器、擦镜纸、玻璃纸等。

【实验步骤】

1. 试剂配制

(1)98%多菌灵(carbendazim)原药：溶于 0.1 mol/mL 的盐酸溶液中配制成 500 μg/mL

的母液；

(2)改进 Helly's 液：5%升汞，3%重铬酸钾，使用时加入 0.018%的甲醛；

(3)Giemsa 染液：Giemsa 原液(Giemsa 染料 1 g，甘油 50 mL，甲醇 50 mL)使用时用 0.05 mol/L的磷酸缓冲液 PBS(pH=7.0)稀释 10 倍成 Giemsa 染液。

2. 禾谷镰孢菌分生孢子悬浮液的制备

菌株在 PDA 平板 25℃培养 3 d，沿菌落边缘取 10 块菌碟接种 3%绿豆汤液体培养基，25℃，175 r/min；摇培 7 d 后双层擦镜纸过滤，3 500 r/min 离心 5 min，收集沉淀，灭菌水清洗 2 次；最后用灭菌水调节孢子浓度至 1×10^6 个/mL。

3. 多菌灵对禾谷镰孢菌分生孢子萌发的形态学和细胞学观察

将分生孢子涂在经 0.01%多聚赖氨酸处理的盖玻片上，风干，立即倒置放在铺有玻璃纸的含 10 μg/mL 多菌灵的 PDA 平板上，25℃萌发 6 h、12 h、24 h，分别取下盖玻片 Giemsa 染色观察幼殖体形态的有丝分裂，同时以不含多菌灵的 PDA 平板作对照。

Giemsa 染色步骤如下。

固定：Helly's 液固定 10 min，然后用 70%的乙醇漂洗 3 次；

水解：将固定后的样品放入 1 mol/L 的盐酸中，60℃水解 8 min，蒸馏水清洗 3 次；

染色：将水解后的样品放入 Giemsa 染液染色 30 min，染液封固，指甲油封片。

4. 多菌灵对禾谷镰孢菌菌丝体的形态学和细胞学观察

将分生孢子涂在经 0.01%多聚赖氨酸处理的盖玻片上，风干，立即倒置放在铺有玻璃纸的 PDA 平板上。

25℃萌发 6 h，然后将盖玻片移到含 10 μg/mL 多菌灵的 PDA 平板上，25℃继续培养 0~2 h；间隔 30 min 分别取下盖玻片，Giemsa 染色观察幼殖体形态和有丝分裂，同时以不含多菌灵的 PDA 平板作对照。

【结果与分析】

观察多菌灵在禾谷镰孢菌不同生长阶段(分生孢子萌发，菌丝体生长)对其有丝分裂的影响，注意禾谷镰孢菌分生孢子萌发过程中的核相变化。

【注意事项】

1. 孢子的浓度调节到 1×10^6 个/mL，不宜过高，也不宜过低；

2. Giemsa 染液要现配现用。

【思考题】

多菌灵在禾谷镰孢菌体内的作用靶标与在其他生物体内(如灰霉)的作用靶标有何区别?

实验 8 除草剂对杂草光合作用抑制的测定

光合作用是绿色植物利用叶绿素，在可见光的照射下，将 CO_2 和水转化为有机物(主要是淀粉)，并释放出 O_2 的生化过程，是植物体内最为重要的同化过程。一些除草剂就是通过抑制杂草的光合作用导致其死亡，从而达到除草目的，如三氮苯类除草剂是以三氮苯为基本化学结构的广谱性除草剂，是经典的光合抑制剂，一直是玉米、马铃薯、大豆等农作物种植过程中主要使用的除草剂种类。除草剂主要通过抑制光能转变为化学能的光反应进程，从而抑制杂草的光合作用。

光合作用是在叶绿体的囊体膜上进行，它包括以下两步。

(1)光反应：$H_2O + ADP + Pi + NADP^+ \rightarrow O_2 + ATP + H^+ + NADPH$

(2)暗反应：$CO_2 + ATP + NADPH + H^+ \rightarrow (CH_2O)n + ADP + Pi + NADP^+$

光合速率是指植物光合作用固定 CO_2(或产生 O_2)的速度，是估测植物光合生产能力的主要指标之一。测定光合速率可以诊断植物光合系统的运转情况，也是研究外界因素对光合系统影响的重要方法。

【实验目的】

通过测定杂草在除草剂处理前后的光合速率变化，了解除草剂对杂草光合系统抑制作用的评价方法，对开展除草剂生物活性的快速测定和作用机制研究有较为清晰的认识。

【实验原理】

通过直接测定活体叶片的 CO_2 交换量，可以迅速准确地测出光合速率。便携式光速率测定仪可以在微创或无损的情况下快速测定光合速率，具有操作方便、数据系统等优点；可以同时给出气孔导度和 CO_2 浓度等参数；还可进一步测定叶绿素荧光参数，探究天线色素的转换效率、PSⅡ电子传递速率、光能分配和热耗散等机制。该研究可以为研究除草剂对作物光合系统的影响，以及对杂草光合作用的抑制作用提供强有力的技术支持。

LI-6400 光合作用系统根据气体与叶室内 CO_2 浓度差、气体流速、叶面积等参数，计算光合速率、呼吸速率和蒸腾速率；根据参考气体 H_2O 与叶室 H_2O 浓度与蒸腾速率计算叶面水分总导度；又据此以叶片两面的气孔密度比率计算水分气孔导度即气孔导度；根据气孔水分导度，叶片两面气孔密度比率，叶面边界层阻力计算气孔对 CO_2 的导度；最后，根据气孔 CO_2 导度、蒸腾速率、参考气体 CO_2 浓度、光合速率等计算细胞间 CO_2 浓度(c_i)，所有运算均由仪器内部的计算机系统完成，可在仪器的荧光屏上直接读取。

另外，叶室内装有温度与湿度探头，外有光照强度探头，在测定过程中能够自动记录的重要环境参数有：大气 CO_2 浓度，大气湿度，叶面温度，大气温度，光照强度等，其这些植物生理指标与环境参数测定可在数秒内完成。

【实验材料】

(1)试剂：80％莠去津(atrezine)可湿性粉剂；

(2)仪器：LI -6400 光合作用系统(美国拉哥公司)、LI-610 型露点湿度发生(美国拉哥公司)、ASP-1098 自动喷雾装置；

(3)材料：菊科植物(*Eclipta prostrate* L.)用种子在盆钵中用土壤培养至 4～5 叶时供试。

【实验步骤】

1. 实验设计

设莠去津处理剂量分别为 0.1 g(a. i.)/hm^2、0.5 g(a. i.)/hm^2、2.5 g(a. i.)/hm^2、12.5 g(a. i.)/hm^2、62.5 g(a. i.)/hm^2、312.5 g(a. i.)/hm^2 以喷清水为对照，共 7 个处理，每处理 10 株植株，3 次重复，施药液量 450 L/hm^2。

在使用 LI-6400 前进行标定，约需 1 h。需要使用标准 CO_2 气体(浓度高于被测环境 CO_2 浓度)和湿度发生器，标定要点如下。

(1)进入开机(open)状态，按 F3 键，进入标定(calibration)状态；

(2)将 CO_2 去除剂和水分干燥剂上方的开关彻底打开(逆时针方向)，这样气流经过 CO_2

去除剂和水分干燥剂后，变成无 CO_2 和 H_2O 的空气进入红外分析部位；

(3)选择“流速调零”(flow rate zero)，调剂气体流速为 0，以电信号±1 mV/min 为准，用荧屏左右的上下红色箭头键调节(下同)；

(4)选择“红外气体分析仪调零”(IRGA zero)，调 CO_2 调零，再调 H_2O 为零，用 F1，F2，F3 功能键调节，要求 CO_2 达到±0.1 μmoL/moL，H_2O 达到±0.01 mmol/moL；

(5)将 CO_2 去除剂和 H_2O 干燥剂关彻底关闭(顺时针方向)，然后将探头上进入样品分析室的塑料管打开，并与标准 CO_2 钢瓶塑料管链接；

(6)选择“红外气体分析仪调跨度”(IRGA span)，然后分别调 CO_2-A 和 CO_2-B(参考气体和样品气体 CO_2 红外分析仪，下同)，用上下箭头调节，直至与标准气体 CO_2 浓度相差±1 μmoL/moL 以内；

(7)将上述打开处于露点湿度发生器(如 LI-610 型)链接，在 LI-610 随带的室温，相对湿度与露点温度关系图上查出在标定工作环境温度下希望得到的相对湿度；并在 LI-610 上设置该温度，在“IRGA span”状态下，选择 H_2O-A 和 H_2O-B(参考气体和样品红外 H_2O 红外分析仪，下同)，并以 LI-610 标定。以露点温度相差 0.01℃为准；

(8)完成上述标定后，选择“流速调零存盘”(store flow rate)和“红外分析仪调零，调跨度存盘”(store zero & span information)存储标定参数。这样，仪器即可在标定的状态下工作。

若 1 d 内需要连续测定，则在早晨标定一次即可。

2. 测定

(1)在“open”状态下按 F4 键，进入测定(new measurement)状态；

(2)打开叶室，夹住被测植物叶片，使叶在叶室内的方向与其自然着生方向一致，若被测叶片面积<6 cm^2，则应准备塑料袋采集新鲜标本，待野外测定完成后回室内测定叶面积；

(3)待荧屏上 CO_2-A，CO_2-B，H_2O-A，H_2O-B，光合作用，蒸腾作用等显示的数据基本稳定后(约需 3 min)，按数字 6，进入自动存储(autolog)状态；

(4)在“autolog”状态，给定文件名，输入测定次数(3 或 4 次即可)，时间间隔(8～10 s 即可)，仪器自动平衡(automatch)的次数(2 次即可)；

(5)按数字 1，观察仪器测定和存储数据的次数，待完成给定的次数后，按 F3 关闭文件，进行下次测定。

如在同 1 d 内进行多次测定，可连续使用同一文件名，只需在“标志”(remark)时，加以区别即可。

3. 数据转存计算机

(1)在“open”状态下，按 F3 进入“应用”(utility)状态。

(2)在要转移的文件前标志(按回车键即可，再次按动则标志消失)，联机后用“print”命令将数据导出。

【结果与分析】

实验结果记入表 7-8，与对照比较，可计算出不同剂量除草剂处理后杂草的光合速率抑制率，再用统计分析软件(如 SAS，DPS 等)，可求出抑制光合速率 50%的除草剂剂量，即 I_{50} 值，以表示除草剂对杂草光合作用抑制作用的强弱(表 7-8)。

表 7-8 莠去津对杂草的光合速率抑制作用测定结果记录表

莠去津光合速率/[g(a.i.)/hm²]	重复 1	重复 2	重复 3
312.5			
62.5			
12.5			
2.5			
0.5			
0.1			
CK			
回归方程			
I_{50}/[g(a.i.)/hm²]			
95%置信限			
相关系数 r			

【注意事项】

LI-6400 内存空间较小，可存约 20 个文件（相当于连续 20 d 的数据），必须将数据转存计算机并删除文件后仪器才能继续工作，LI-6400 自备与计算机兼容的软件，安装该软件后可通过数据线将数据导入计算机。

【思考题】

用 LI-6400 测定杂草的光合速率，需注意些什么？

实验 9 磺酰脲类除草剂对乙酰乳酸合成酶活性抑制作用的测定

乙酰乳酸合成酶（acetolactate synthase，ALS）作为黄素蛋白，存在于植物生长过程中。它固定于高等植物叶绿素中，能以高度的专一性和极高的催化效率催化丙酮酸为乙酰乳酸，从而诱导植物体内支链氨基酸（缬氨酸、亮氨酸和异亮氨酸）的生物合成。ALS 抑制剂种类包括磺酰脲类（SU）、咪唑啉酮类、磺酰胺类、嘧啶水杨酸类、三唑并嘧啶类等化合物，是高效除草剂，是目前生产上最为重要的除草剂种类，具有高效、广谱、低毒、低残留、高选择性和良好的环境相容性。ALS 活性受抑制后造成植物体内支链氨基酸合成受阻，细胞不能完成有丝分裂，导致植物组织失绿、黄化，植株生长受抑，并最终死亡。ALS 活性的测定不仅是除草剂杀草活性的评价指标，还是鉴定杂草对 ALS 抑制剂抗性的重要生化指标。

【实验目的】

通过本实验熟悉和掌握磺酰脲类除草剂对乙酰乳酸合成酶活性抑制作用的测定方法和基本步骤。

【实验原理】

植物 ALS 在黄素腺嘌呤二核苷酸(FAD)、焦磷酸硫胺素以及二价金属离子(常为 Mg^{2+})等辅助因子共存条件下,可催化两个丙酮酸形成乙酰乳酸和 CO_2。加入硫酸后发生脱羧反应生成乙酰甲基甲醇(acetoin),因此可通过间接比色法,即通过测定乙酰甲基甲醇的量来计算乙酰乳酸的量。乙酰甲基甲醇可与肌酸和 1-萘酚发生显色反应并形成粉红色复合物,可以利用分光光度计测定该复合物的吸光值,从而计算出 ALS 的活力。一般,ALS 活力单位以 mmol/L acetoin/(mg protein・h)来表示。通过在实验反应体系中添加系列浓度的苄嘧磺隆,可求出抑制 ALS 活性 50%的药剂浓度(IC_{50}值)。

【实验材料】

(1)试剂:苄嘧磺隆(bensulfuron-methyl)原药、黄素腺嘌呤二核苷酸二钠($FAD\text{-}Na_2$)、氯化硫胺素焦磷酸盐(TPP)、二硫苏糖醇(DTT)、乙酰甲基甲醇、丙酮酸钠、1-萘酚、无水肌酸、考马斯亮蓝 G-250、牛血清蛋白(BSA)、乙醇、85%磷酸,$K_2HPO_4\cdot 3H_2O$、KH_2PO_4、NaOH、$MgCl_2\cdot 6H_2O$、$(NH_4)_2SO_4$、H_2SO_4;

(2)仪器:分析天平(万分之一)、制冰机、高速冷冻离心机、恒温水浴锅、紫外可见分光光度计、移液枪等;

(3)材料:牛繁缕(*Malachium aquaticum* Fries),取处于 3~4 对叶期植株的顶端幼嫩叶片、容量瓶、研钵、离心管、药匙等。

【实验步骤】

1. 试剂配制

(1)磷酸盐缓冲液:25℃下,取 61.5 mL 1 mol/L K_2HPO_4 和 38.5 mL 1 mol/L KH_2PO_4 混匀,用超纯水定容至 1 000 mL,即为 pH=7.0 的 0.1 mol/L K_2HPO_4-KH_2PO_4 磷酸盐缓冲液;

(2)酶提取液:含 1 mmol/L 丙酮酸钠,0.5 mmol/L $MgCl_2$,0.5 mmol/L TPP,10 μ mol/L FAD,1 mmol/L DPP 的 0.1 mol/L pH 7.0 的磷酸盐缓冲液;

(3)酶溶解液:含 20 mmol/L 丙酮酸钠和 0.5 mmol/L $MgCl_2$ 的 0.1 mmol/L pH 7.0 的磷酸盐缓冲液;

(4)酶反应液:含 20 mmol/L 丙酮酸钠,0.5 mmol/L $MgCl_2$,0.5 mmol/L TPP,10 μmol/L FAD 的 0.1 mol/L pH 7.0 的磷酸缓冲液;

(5)0.5%肌酸:使用超纯水配制;

(6)5% 1-萘酚:使用 2.5 mol/L NaOH 溶液配制;

(7)饱和硫酸铵:称量 80 g $(NH_4)_2SO_4$,加入 100 mL 超纯水,不断搅拌下加热至 50~60℃,保持数分钟,趁热过滤。冷却后若有结晶析出,即达到 100%饱和。

2. 标准曲线绘制

(1)乙酰甲基甲醇的标准曲线:配制乙酰甲基甲醇母液 2 mmol/L,并稀释成 0.01 mmol/L、0.02 mmol/L、0.04 mmol/L、0.08 mmol/L、0.16 mmol/L、0.32 mmol/L 系列浓度溶液。分别取以上浓度溶液 0.8 mL,加入 1.2 mL 磷酸盐缓冲液和 0.2 mL 3 mol/L H_2SO_4,再依次加入 1 mL 0.5%肌酸和 1 mL 5% 1-萘酚溶液,混匀,60℃恒温水浴中反应 15 min 后,迅速置于冰浴中冷却 1 min,测定吸光度值 A_{525},以超纯水作空白对照,重复 3 次。以乙酰甲基甲醇浓度(mmol/L)为横坐标,以 A_{525} 为纵坐标绘制标准曲线,求出回归方程 $y=a+bx$。

(2)BSA 蛋白标准曲线:采用 Bradford(1976)考马斯亮蓝法,称取 0.050 g 考马斯亮蓝 G-

250 加入到 25 mL 95%乙醇中溶解，再加入 50 mL 85%磷酸，最后用超纯水定容至 500 mL，过滤后，置于棕色瓶中保存。称取 BSA 蛋白 0.025 g 定容到 250 mL 作为标准溶液，如表 7-9 配制 1 mL 不同浓度的系列溶液，分别加入 5 mL 考马斯亮蓝溶液，混匀，以超纯水作为空白对照，于 595 nm 下记录吸光度值，重复 3 次。以 BSA 蛋白的含量(mg)为横坐标，以 A_{595} 为纵坐标绘制标准曲线，求出回归方程 $y=a+bx$。

表 7-9　BSA 蛋白浓度标准曲线的绘制

试管编号	0	1	2	3	4	5	6
标准 BSA 蛋白溶液体积/mL	0	0.1	0.2	0.3	0.4	0.5	0.6
超纯水体积/mL	1	0.9	0.8	0.6	0.4	0.2	0
总体积/mL	1	1	1	1	1	1	1

3. ALS 提取

取 0.2 g 幼嫩叶片剪碎放入预冷研钵中，加入液氮，快速研磨成细粉。将细粉转入 50 mL 离心管中，加 16 mL 酶提取液，混匀，冰上放置 10 min，于 25 000 *g* 4℃下离心 20 min，收集上清液即为粗酶液。在粗酶液中缓慢加入饱和$(NH_4)_2SO_4$ 溶液至 50%饱和度，沉淀 2 h 后，于 25 000 *g* 4℃下离心 20 min，弃上清液，沉淀溶于 12 mL 酶溶解液中，在－20℃保存。以上操作均在 0～4℃条件下进行，重复 3 次。

4. ALS 离体活性测定

在 10 mL 离心管中加入 0.9 mL 酶反应液，加入配制好的苄嘧磺隆母液，使终浓度达到 0.000 3 μmol/L、0.003 μmol/L、0.03 μmol/L、0.3 μmol/L、3 μmol/L、30 μmol/L，加入 1 mL 酶液，摇匀后在 37℃恒温水浴中暗反应 1 h，加入 3 mol/L H_2SO_4 0.2 mL 终止反应。设超纯水对照(在加入酶液前加入 3 mol/L H_2SO_4 0.2 mL)，60℃水浴脱羧 15 min，加入 1 mL 0.5%肌酸和 1 mL 5% 1-萘酚，60℃水浴显色 15 min，迅速置于冰浴中冷却 1 min，离心后，取上清于 525 nm 比色，记录吸光度值。

5. 可溶性蛋白的测定

吸取酶液 1 mL 于试管中，加入 5 mL 考马斯亮蓝溶液，混匀，以超纯水作为空白对照，于 595 nm 下记录吸光度值，根据标准曲线计算酶液中蛋白含量，以 mg 表示。

【结果与分析】

实验测得的 OD 值记入表 7-10，数据可用 DPS 等统计分析软件进行分析。以酶活力抑制率概率值(y)和苄嘧磺隆浓度对数值(x)建立回归方程 $y=a+bx$，求出抑制 ALS 酶活性 50%的苄嘧磺隆浓度，即 IC_{50} 值。

表 7-10　苄嘧磺隆对 ALS 酶活性的抑制作用测定结果记录表

苄嘧磺隆吸光度值	A_{595}	A_{525}	A_{595}	A_{525}	A_{595}	A_{525}
30.0						
3.0						
0.3						
0.03						
0.003						

续表 7-10

苄嘧磺隆吸光度值	A_{595}	A_{525}	A_{595}	A_{525}	A_{595}	A_{525}
0.000 3						
CK						
回归方程						
IC_{50}/(μmol/L)						
95%置信限						
相关系数 r						

【注意事项】

1. 离心管、研钵等器皿需清洗干净，避免有残留蛋白影响实验结果；
2. 酶的提取过程应保持在 0～4℃条件下进行，避免因温度过高导致酶失活；
3. 饱和$(NH_4)_2SO_4$ 溶液在添加到粗酶液的过程中应保证缓慢均匀，避免局部过饱和；
4. 提取的酶液应尽早进行酶活性测定实验，避免保存过久导致失活；
5. 标准曲线实验反应体系与酶活测定体系需保持一致。

【思考题】

如何避免实验过程中 ALS 酶失活？

第8章 农药环境毒理学 (Pesticide Environmental Toxicology)

农药环境毒理学是利用毒理学方法研究农药的环境行为、生态效应、环境管理和污染防治的学科分支，是研究农药对环境的污染以及对人体健康的影响及其机理，是环境科学和农药科学的重要组成部分，也是毒理学的一个分支。

化学农药对环境的安全性与农药的性质、使用方法及使用地区的气候土壤条件密切相关。如蒸气压、水溶性、分配系数、化学稳定性和杂质成分等均是农药对环境安全性的影响因素。农药的不同使用方式方法对农药在环境中的行为与非靶标生物安全性影响很大，主要影响包括：剂型、施药方法、施药时间、施药剂量、施药地区与施药范围等。

在靶标生物与非靶标生物共存的环境中，化学农药在影响靶标生物的情况下，难免会对非靶标生物造成一定程度的危害甚至死亡。对非靶标的生物评价往往选择的是具有一定代表性且具有经济价值的生物品种，农药对非靶标生物的影响如下。

(1)对鱼的评价方法；

(2)对蚯蚓的评价方法；

(3)对蜜蜂的评价方法；

(4)对家蚕的评价方法；

(5)对土壤微生物的评价方法；

(6)对天敌的评价方法等。

对非靶标生物安全性评价，通常用急性毒性的致死中浓度 LC_{50} 或致死中剂量 LD_{50} 值来表示。对一些在环境中难以降解，或者使用频率高、剂量大的农药，需要进一步进行慢性实验与富集系数测定实验。

实验1 农药对鱼急性毒性的测定

作为粮食生产的必需品，农药的生产、运输、销售和使用过程中，都不可避免的要对环境产生影响。其中，雨水淋溶、泄露、不合理使用等成为农药进入水环境的重要途径。农药不仅对水生生物造成直接的影响，而且在经过食物链逐级富集浓缩后对水生生态系统乃至人类健康构成了严重的威胁。农药环境评估过程中，农药对水生生物的急性毒性与农药的合理使用密切相关，是农药环境安全评价的重要参数。而农药对于鱼类的急性毒性资料是评价有毒化学物质和工业废水对水生生物的危害最常用指标之一。

【实验目的】

熟悉和掌握农药对鱼类急性毒性实验的设计、实验条件、操作步骤，以及实验结果的计算、分析等，了解农药对鱼类产生的毒杀作用。

【实验原理】

作为重要的水生生物，鱼类对水环境的变化反应十分灵敏。当水体中的污染物达到一定程度时，就会引发一系列中毒反应，例如取食异常、行为失衡、身体畸形及繁殖力降低等。本实验在规定的条件下，使鱼接触含不同浓度农药的水溶液，以 96 h 为一个实验周期，在24 h、48 h、72 h、96 h 分别记录鱼的死亡率，确定鱼死亡 50％时农药的浓度。

【实验材料】

(1)试剂：2.5％ 溴氰菊酯(deltamethrin)乳油、90％杀虫单(monosultap)可溶性粉剂；

(2)仪器：分析天平(万分之一)；

(3)材料：斑马鱼(*Brachydanio rerio*)(采购的鱼苗须经曝气的水中驯养 7 d 以上、自然死亡率＜10％。选取体长 6～8 cm 的健康鱼苗供测定)、鱼缸、气泵、带孔玻璃缸(8～10 L)、容量瓶、移液管、吸气球、量筒。

【实验步骤】

1. 预实验

预实验目的是摸索不引起鱼死亡的最高浓度和鱼全部死亡的最低浓度，用于设置正式实验的测试浓度的上限与下限。预实验的浓度可参考已知或已发表同类有效成分、相同剂型或不同剂型对鱼类的急性毒性资料进行设置。

2. 正式实验浓度设置

根据预实验的结果设计 5～7 个浓度，可根据药剂性质的不同采取等差或等比的比例来设计该药物测试的系列浓度，使死亡率在 10％～90％。

将 2.5％氰菊酯乳油或 90％杀虫单可溶性粉剂用曝气 24 h 后的自来水稀释，配制以下浓度(mg/L)：溴氰菊酯(0.032 mg/L、0.016 mg/L、0.008 mg/L、0.004 mg/L、0.002 mg/L、0.001 mg/L、0.000 5 mg/L)；杀虫单(12.5 mg/L、25 mg/L、50 mg/L、100 mg/L、150 mg/L、200 mg/L、250 mg/L)。用曝气 24 h 后的自来水为对照。

3. 处理与观察

在带孔玻璃缸中加入 6 L 配制好的药液，标签标明处理浓度，每缸放入 10 尾斑马鱼。实验期间，须使用鱼缸气泵充气。实验前 1 d 停止给鱼喂食，实验期间不喂食，水温控制在 13～14℃。分别于 24 h、48 h、72 h 和 96 h 观察记录斑马鱼的中毒症状和死亡数，并及时清除死鱼。

【结果与分析】

将 24 h、48 h、72 h 和 96 h 观察记录的斑马鱼死亡数记入表 8-1，利用 SPSS 软件计算出毒力回归式，对该毒力回归线进行 χ^2 实验以及相关系数的显著性测验，并计算出致死中浓度 LC_{50} 及其 95％置信限。

【注意事项】

1. 实验期间，对照组内斑马鱼死亡率不得超过 10％；

2. 实验期间，尽可能维持在恒定的条件下开展。

【思考题】

1. 在农药对鱼的毒性实验中，对实验用水有哪些要求？

2. 鱼行为的异常与药剂之间有什么关系？

表 8-1 农药对斑马鱼毒性实验记录

溴氰菊酯/(mg/L)	24 h	48 h	杀虫单/(mg/L)	24 h	48 h
0.032			0.032		
0.016			0.016		
0.008			0.008		
0.004			0.004		
0.002			0.002		
0.001			0.001		
0.000 5			0.000 5		
CK			CK		
毒力回归式			毒力回归式		
LC_{50}/(mg/L)			LC_{50}/(mg/L)		
95%置信限			95%置信限		
相关系数 r			相关系数 r		

实验 2 农药对高等动物(小白鼠)急性毒性的测定

农药的毒性是农药特性的重要指标，狭义上讲，就是农药对高等动物的毒力。了解和掌握农药的各种理化特性和生物活性，对于正确地使用农药来防治有害生物，避免非靶标生物的危害尤为重要。科研中常通过测定大鼠经口、经皮、吸入等方法给药后的毒害程度，推测其对人畜存在的潜在危险性。农药对高等动物的毒性一般分为三种，包括急性毒性、亚急性毒性和慢急性毒性。急性毒性(acute toxicity)是指农药一次大剂量或 24 h 内多次小剂量对供试动物(如大白鼠)作用的性质和程度。经口毒性和经皮毒性均以致死中量 LD_{50} 表示，单位为 mg/kg；而吸入毒性则以致死中浓度 LC_{50} 表示，单位为 mg/L 或 mg/m^3。显然，农药的 LD_{50} 或 LC_{50} 越小，表明这种农药的毒性越大。

【实验目的】

1. 了解农药对高等动物(小白鼠)进行毒性测定的原理和意义；
2. 掌握农药对高等动物(小白鼠)进行毒性测定的方法。

【实验原理】

对高等动物的急性毒性实验一般以大白鼠、小白鼠、豚鼠、家兔、鸡、犬等为供试对象。测定方法有口服、注射(皮下或腹腔)、皮肤涂抹和吸入等。通常将农药对大白鼠或小白鼠口服和经皮接触致死中量(LD_{50})作为其对高等动物急性毒性大小的指标。LD_{50} 值愈小，毒性愈大。杀虫剂对动物的毒性除与药剂种类，含量有关外，还与给药方式、实验动物的种类、体重、性别、年龄及环境条件等因素有关。如体重越大，中毒死亡所需的药量也越高。雌性动物常比雄性动物敏感(可能与雄性动物肝脏活动能力较强有关)。因此，实验动物要求标准化，即其年龄、性别、体重或大小要求一致。

【实验材料】

(1)试剂:2.5% 溴氰菊酯(deltamethrin)乳油、吐温 80(医用)及丙酮等;

(2)仪器:天平、恒温箱等;

(3)材料:供试动物:小白鼠、注射器(0.25 mL、0.5 mL)、容量瓶、小烧杯、玻璃缸等。

【实验步骤】

实验方法采用 Horn 的表格查对法,从表格中即可以计算出 LD_{50} 及 95%置信限,从而省略了对 LD_{50} 的演算。

本实验选用的查对表规定,实验组数 10 组,每组供试动物(小白鼠)5 头,各组实验剂量为几何级数剂量系,乘值为 2.15,即

$$10^t \times \begin{cases} 1.00 \\ 2.15 \\ 4.64 \end{cases}$$

此处 $t=0, \pm 1, \pm 2, \pm 3, \cdots$

根据上面的剂量设计,参考已知同类药剂的小白鼠口服 LD_{50},确定每组喂食供试药剂的剂量。按照每 10 g 体重喂食 0.1 mL 供试药剂乳液,计算出各组需要的乳液浓度。将供试药剂加吐温 80,用蒸馏水配制而成,用量不超过乳液总量的 5%,也可用植物油或用 5%阿拉伯胶配制脂溶性油剂。喂药时根据每只小白鼠体重,用注射器将药液注射到食道。例如,若小白鼠体重为 20 g,则注射的药液体积为 0.02 mL。最初选用某一剂量喂食时,如果 5~10 min 内所有的小白鼠都死亡,则需要换用低剂量实验;如果无显著作用,则需要提高实验剂量;如果较长时间有作用,则所用剂量适中,这时可选用该剂量上下相近的几个剂量进行喂食。处理后小白鼠放在 25℃ 恒温箱中饲养 2 h 后再喂饲料,分别在 2 h、4 h、24 h 及 48 h 观察中毒情况并记载死亡头数。根据 4 组的实验浓度和死亡头数,可直接从表 8-2 中查得相应的 LD_{50} 及其 95%置信限。

另取 5 只小白鼠喂以 5%的吐温 80 乳化剂与蒸馏水混合液作为空白对照,一般应不引起小白鼠死亡。

举例:查表,在

$$\left.\begin{aligned} D_1 &= 0.46 \\ D_2 &= 1.00 \\ D_3 &= 2.15 \\ D_4 &= 4.64 \end{aligned}\right\}$$项下,死亡数 1,2,3,4,5 项查对。

得 LD_{50} 为 1.10,置信界限为 0.550~2.20,但表中该项剂量比实际剂量小 100 倍,故实测 LD_{50} 应为 110 mg/kg,95%置信界限应为 55.0~220 mg/kg。

表 8-2　小白鼠急性毒性实验示例

剂量/(mg/kg)	死亡率	剂量/(mg/kg)	死亡率
10	0/5	100	2/5
21.5	0/5	215	4/5
46.5	1/5	464	5/5

【结果与分析】

按要求配制农药的系列浓度，处理后调查实验结果，计算供试药剂对小白鼠的口服 LD_{50}，并写成报告。

【注意事项】

1. 实验小白鼠实验前禁食 12 h，但不禁水；

2. 给小白鼠灌药时，要先将小白鼠转晕，以免被小白鼠咬伤。

【思考题】

按照农药分级标准，评价 2.5%溴氰菊酯乳油的毒性。

实验 3　农药对捕食性天敌毒性的测定

当代有害生物综合治理要求，施用对重要天敌无不良影响的选择性农药。因此，测定农药对有益生物的安全性已引起极大重视。农药对有益生物副作用的标准测定方法是根据农业的一般特点发展而来，一般来说在室内测定中对某一特定天敌无害的农药，极可能在田间对这一天敌也是安全的，也就无须进一步在半田间或田间条件下进行实验。

农药对天敌昆虫的安全性评价是农药生态安全性的评价内容之一，理想农药应对有害生物高效而对非目标生物低毒，这些非目标生物是指防治对象以外的其他有益和(或)无害的生物，包括天敌昆虫，资源昆虫，如家蚕、蜜蜂、赤眼蜂等。

【实验目的】

了解和熟悉农药对天敌毒性安全评价的内容，掌握赤眼蜂安全性阶段的基本技术与方法。

【实验原理】

赤眼蜂是农田许多鳞翅目害虫的重要天敌类群，赤眼蜂发育期的各个评价均有可能遭受农药的影响。本实验以稻螟赤眼蜂为测试对象，通过药膜法测定药剂对赤眼蜂的毒性。

【实验材料】

(1)试剂：吡虫啉(imidacloprid)原药、丙酮；

(2)仪器：分析天平、光照培养箱等；

(3)材料：稻螟赤眼蜂(*Trichogramma japonicum* Ashamed)、用米蛾卵饲养(米蛾用市售玉米粉在塑料箱内饲养，饲养条件为温度 27℃、相对湿度 60%～80%、光周期 $L:D=16\ h:8\ h$，玻璃指形管，55 mm×25 mm 的闪烁瓶)。

【实验步骤】

(1)试虫准备：在实验开始前使用米蛾卵饲养大量稻螟赤眼蜂成蜂备用。

(2)配制药液：采用药膜法测定农药对稻螟赤眼蜂的毒力时，直接用丙酮将原药溶解配制成母液，再根据预备实验配制成供试的系列浓度。吡虫啉供试的系列浓度为：0.64 mg/L、0.32 mg/L、0.16 mg/L、0.08 mg/L、0.04 mg/L、0.02 mg/L、0.01 mg/L 以及丙酮对照。

(3)制备药膜：吸取 1 mL 药液于 55 mm×25 mm 的闪烁瓶内，平放并迅速滚动闪烁瓶，使药剂均匀地涂于闪烁瓶内壁，待溶剂安全挥发后即成药膜。

(4)生物测定：每瓶内接入约 15 头羽化 2～4 h 内的稻螟赤眼蜂成蜂，让其在瓶内自由爬行 1 h 后转入干净的无药指形管内，放入一个米蛾卵卡，用黑布封口并放入培养箱(温度 27℃，相对湿度 70%～90%，光周期 $L:D=16\ h:8\ h$)，用丙酮作对照，每处理重复 3 次。

【结果与分析】

接入稻螟赤眼蜂成蜂 8 h 后检查每管内成蜂总数及死亡数(用毛细管轻触蜂体不动者为死亡)，计算死亡率。使用 SPSS 软件计算出毒力回归式，对该毒力回归线进行 χ^2 检验以及相关系数的显著性测验，求致死中浓度 LC_{50} 及其 95%置信限(表 8-3)。

表 8-3　药膜法测定农药对稻螟赤眼蜂成蜂的毒力记录表

药剂浓度/(mg/L)	处理成蜂数量	死亡成蜂数	死亡率
0.64			
0.32			
0.16			
0.08			
0.04			
0.02			
0.01			
CK			
毒力回归式			
LC_{50}/(mg/L)			
95%可信限			
相关系数 r			

【注意事项】

1. 制作药膜时，务必使药剂非常均匀地涂于闪烁瓶内壁；
2. 确保实验条件的稳定性。

【思考题】

1. 对赤眼蜂的农药安全性评价为何采用药膜法？有何优点？
2. 农药对捕食性天敌毒性的测定的方法还有哪些？

实验 4　农药对蚯蚓急性毒性的测定

蚯蚓是一种陆生土壤生物，作为土壤环节动物门寡毛纲类动物的代表，在保持和改善土壤结构，提高土壤肥力，改善土壤通气性方面有着重要作用。蚯蚓作为鸟类等许多动物的食物来源，其农药残留倾向于生物累积并对鸟类等具毒性作用。由于蚯蚓体型较大，对其生命周期内的诸多参数都容易测定。因此，与其他土壤无脊椎动物相比，蚯蚓在评价农药污染对土壤生态系统的影响方面有着独特的重要地位。而且蚯蚓有助于分解固体废弃物并能富集重金属，在环境质量评价和污染监测领域已得到广泛的利用。总之，大量使用农药会改变蚯蚓的存在及数量，从而导致土壤生态系统的变化，因此，研究农药对蚯蚓的毒性作用具有十分重要的意义。

【实验目的】

了解农药对蚯蚓毒性安全评价的方法，掌握农药对蚯蚓的毒性评价标准。

【实验原理】

关于测定蚯蚓的毒性实验方法有多种，如滤纸法、溶液法、人工土壤法和自然土壤法等，其中被广泛采用的是经济合作与发展组织(organization for economic co-operation and development，OECD)规定的滤纸接触法和人工土壤法。

滤纸接触法是在培养皿底铺衬滤纸，加入系列浓度的药液，以刚好湿润滤纸为准。将清肠后的蚯蚓冲洗干净，并用滤纸吸干蚯蚓体表的水分，放入培养皿中。每个培养皿放入蚯蚓10条。用塑料薄膜封口，并用解剖针扎孔透气。将培养皿放入人工气候箱中培养，培养条件：温度为(20±1)℃，湿度为75%±7%，光照为1 333 lx(勒克斯)(间歇光照，即12 h：12 h；光照：黑暗)。分别于24 h、48 h观察记录死亡数及中毒症状。蚓体对针刺无反应判为死亡，48 h后结束实验。

【实验材料】

(1)试剂：60%乙草胺(acetochlor)乳油；

(2)仪器：分析天平、恒温箱、移液器等；

(3)材料：赤子爱胜蚯蚓(*Eugenia foelide*)(体重0.3～0.5 g，大小一致，环带明显的健康成年蚯蚓)、培养皿、滤纸、塑料薄膜。

【实验步骤】

本实验采用滤纸接触法测定农药对蚯蚓的急性毒性。

(1)蚯蚓清肠：取若干培养皿，在底铺上滤纸，加少量水，以刚浸没滤纸为宜，将蚯蚓放在滤纸上，将培养皿放入温度为(20±1)℃，湿度约80%的人工气候箱中，清肠24 h。

(2)实验浓度的选择：实验测试的浓度分别是1 000 μg/cm²、100 μg/cm²、10 μg/cm²、1 μg/cm²、0.1 μg/cm²、0.01 μg/cm²，经过测试确定最大无作用浓度和最小全致死浓度，在该浓度范围内，按照级差设定5～7个浓度用于正式实验。

(3)器皿药剂处理：将乙草胺乳油用蒸馏水配制成一系列(5～7)浓度的溶液，实验时在90 mm培养皿内垫入直径11 cm的滤纸一张(滤纸包住培养皿边缘)，吸取1 mL相应浓度的药剂加到滤纸上，以蒸馏水为对照，每个浓度组设3个平行，并设置一个空白对照组。

(4)培养及观察：将清肠后的蚯蚓冲洗干净，吸干表面水分后取10条放入培养皿中，用塑料薄膜封口，用解剖针扎孔后置于恒温箱中培养，分别于24 h和48 h各计数一次，记录死亡数和中毒症状，以前尾部对机械刺激无反应视为死亡。

(5)数据处理：对实验数据进行统计学处理，利用概率值法(Excel)或DPS软件计算出急性毒性实验的毒力回归式、致死中浓度LC_{50}、相关系数r及95%置信限。

【结果与分析】

将实验数据进行统计学处理，利用概率值法(Excel)或DPS软件计算出急性毒性实验的毒力回归式，致死中浓度LC_{50}，相关系数r及95%可信限(表8-4)。

【实验事项】

1. 实验前，对蚯蚓进行清肠处理24 h；

2. 检查实验结果时，把握好针刺强度。

【思考题】

1. 根据《化学农药环境安全评价实验准则》，评价乙草胺对蚯蚓的毒性。

2. 试述滤纸法测定农药对蚯蚓急性毒性的优缺点。

表 8-4　农药对蚯蚓的急性毒性实验记录

药液浓度	24 h				48 h			
/(μg/cm²)	一组	二组	三组	平均值	一组	二组	三组	平均值
1 000								
100								
10								
1								
0.1								
0.01								
毒力回归式								
LD_{50}/(mg/L)								
95%可信限								
相关系数 r								

实验 5　农药对蜜蜂急性毒性的测定

蜜蜂是自然界传粉昆虫中种类最多，数量最大的类群，具有巨大的经济价值和生态价值。研究表明，约 73%的作物传粉由蜜蜂类昆虫完成，对于农业生产和维护生态系统的生物多样性具有重要而深远的意义。蜜蜂独特的生物学特性决定了它对农药的危害十分敏感，因此，精确的测定农药对蜜蜂的毒性和评价农药对蜜蜂的危害，对保护蜜蜂等非靶标生物和新农药的开发与推广都具有重要的作用。与此同时，用科学的方法测定农药对蜜蜂的毒性，对于蜜蜂的安全保护和成功用蜂类为农作物授粉至关重要，故合理评价农药对蜜蜂的危害成为新农药开发中不可或缺的组成部分。

农药对蜜蜂的危害表现为急性毒性和慢性毒性两方面，常通过室内的毒力测定来完成对蜜蜂急性的危害评价。急性毒性的测定是评价农药对蜜蜂危害的基础。蜜蜂的急性毒性测定主要有急性经口和急性触杀两种方法。急性经口毒性主要有连续摄入法和初始摄入法两种：连续摄入法现已广泛应用于农药产品的登记实验；初始摄入法测定的结果在生态风险评价体系中常被作为农药风险评价的重要依据。

农药对蜜蜂的急性毒性测定一直被认为是评价农药对蜜蜂等非靶标生物危害的重要依据。合理的急性毒性测定方法是科学合理评价化学农药对蜜蜂危害的前提，同时，合理的评价指标与评价体系对于环境安全性评价和农药的开发与利用也具有重要意义。

【实验目的】

1. 熟悉摄入法和接触法测定农药对蜜蜂急性的测定方法；
2. 掌握农药对蜜蜂急性毒性的评价标准。

【实验原理】

急性触杀毒性测定原理是化学药剂可以通过蜜蜂体壁进入虫体，近而导致蜜蜂死亡。根据接触的方式不同，可分为点滴触杀法、药膜法、喷雾(粉)法和浸虫法。实验前先作预备实验，初步确定供试农药对蜜蜂的最高安全浓度与最低全死亡浓度。实验时在此范围内以一定的浓度级差配制成5～7个不同的处理浓度，并设有相应的溶剂或空白对照。实验宜在(25±2)℃微光条件下进行，记录24 h死亡率，用概率法求出LC_{50}或LD_{50}。

【实验材料】

(1)试剂：1.8% 阿维菌素(abamectin)水乳剂；

(2)供试蜂种：意大利蜜蜂(*Apis mellifera* L.)，成年工蜂；

(3)材料：实验蜂笼(为长方形框架，一般为木制，长×宽×高＝15 cm×10 cm×10 cm。上下两面蒙上塑料纱网，一面固定，一面活动)、储蜂笼(为长方形框架，一般为木制，长×宽×高＝30 cm×30 cm×60 cm。一面为可抽式玻璃，其余各面均为塑料纱网)、塑料网袋(长×宽＝30 cm×28 cm)、蜜蜂饲料(为市售蜂蜜对水后的蜂蜜水，蜂蜜和水的体积比为1∶2)。

【实验步骤】

1. 药液的配制

将1.8%阿维菌素水乳剂用水配制成1.125 mg/L、2.25 mg/L、4.5 mg/L、9.0 mg/L、18 mg/L的系列浓度。

2. 接触法实验

(1)将蜜蜂从蜂箱内转入储蜂笼，实验时将蜜蜂移入塑料网袋中每次15～20只。轻轻拉紧塑料网袋后，用图钉将其固定于泡沫板上，蜜蜂被夹在两层塑料纱网之间；

(2)通过塑料纱网的网孔用10 μL平头微量注射器分别点滴不同浓度供试药液2.0 μL于蜜蜂的前胸背板处；

(3)将蜜蜂放入实验蜂笼中，每笼15～20只，隔网用脱脂棉喂食适量的蜂蜜水，另设溶剂对照和空白对照，重复3次，24 h后记录中毒死亡情况；

(4)根据点滴量和药液浓度将LC_{50}换算成LD_{50}，利用概率值法(Excel)或DPS软件计算出毒力方程、LC_{50}值及相关系数。按照分级标准确定农药对蜜蜂的毒性级别。

3. 摄入法实验

(1)将储蜂笼中的蜜蜂移入实验蜂笼中，每笼15～20只。

(2)将2 mL蜂蜜和4 mL不同浓度的药液混匀组成药蜜混合液，将在50 mL的小烧杯中，并以适量脱脂棉浸渍形成饱和吸水状态棉球，以药蜜不分离为宜。实验时将小烧杯口向下倒置于实验蜂笼上面的塑料纱网上，通过网眼供蜜蜂摄取。

(3)定时观察蜜蜂摄食情况，随时添加药蜜，另设溶剂对照和空白对照。每处理15～20只蜜蜂，重复3次。

(4)24 h后观察记录各级浓度的蜜蜂中毒死亡情况，利用概率值法(Excel)或DPS软件计算出毒力方程、LC_{50}值及相关系数r。

【实验与分析】

将两种实验方法测得的数据和结果分别记录在表8-5和表8-6中。

【注意事项】

1. 保证蜜蜂点滴时，尽量使用平头微量注射器；

2. 注意定时观察蜜蜂摄食情况，随时添加药蜜。

【思考题】

1. 参数Atkins毒性等级划分标准，评价该药对蜜蜂的毒性。

2. 比较接触法和摄入法，简述二者测定农药对蜜蜂毒性的优缺点。

表 8-5　农药对蜜蜂接触毒性实验记录

项目	药液浓度/(mg/L)					
	36	18	9	4.5	2.25	1.125
每蜂给药量/(μg/蜂)						
蜜蜂数/只						
死亡数/%						
毒力回归方程						
LC_{50}/(μg/蜂)						
95%置信限						
相关系数 r						

表 8-6　农药对蜜蜂摄入毒性实验记录

项目	药液浓度/(mg/L)					
	36	18	9	4.5	2.25	1.125
每蜂给药量/(μg/蜂)						
蜜蜂数/只						
死亡数/%						
毒力回归方程						
LC_{50}/(μg/蜂)						
95%置信限						
相关系数 r						

实验 6　农药对家蚕急性毒性的测定

家蚕(*Bombyx mori* Linnaeus)是我国农药生态系统中重要的经济昆虫。农药对家蚕的毒性资料是农药登记管理的重要内容，也是申请农药登记应提供的详细的非靶标生物毒性实验资料。由于家蚕在长期驯养过程中，人为地提供适合其生长发育的环境条件，使家蚕经济性状得到充分表现，却使其抗逆性减弱，极易发生农药的急性或慢性中毒。因此，明确农药对家蚕的毒性并进行评价非常必要。通过急性毒性测定实验可以测定和评价出高毒农药对家蚕的影响。对家蚕急性毒性较低的农药，仅从一两个龄期来验证对家蚕的毒害是不够全面的，应从家蚕的整个世代，特别是茧量、茧质乃至丝质的各项技术指标来综合调查、分析、评价对家蚕的影响。

农药对家蚕影响的主要途径多半为农田施药引起桑叶污染或大气污染两种。食下毒叶法反映了农药对家蚕的胃毒、触杀和熏蒸的综合毒性，更接近于农药对家蚕的实际危害情况，具有符合实际情况、实验程序简洁、实验结果快速等特点。

【实验目的】

了解农药对家蚕毒性安全评价的方法，掌握农药对家蚕的毒性评价标准。

【实验原理】

在测定农药对家蚕毒性时，采用食下毒叶法。但对于挥发性强的农药，须结合熏蒸法、药膜法和口器注射法等。家蚕在不同生成发育阶段，对农药的反应不尽相同。除蚁蚕外，2龄家蚕对农药最敏感，故选用2龄期蚕为毒性实验材料最佳。

【实验材料】

(1)试剂：10%氯氰菊酯(cypermethrin)乳油；

(2)仪器：电子天平；

(3)材料：家蚕(2龄最佳)、桑叶、容量瓶、培养皿。

【实验步骤】

(1)将10%氯氰菊酯乳油用水稀释，配制成5 mg/L、2.5 mg/L、1.25 mg/L、0.625 mg/L、0.312 5 mg/L、0.156 25 mg/L 6个系列浓度。

(2)把桑叶在药液中浸渍5 s，取出后自然晾干，放入直径为90 mm的玻璃培养皿中。每组接入家蚕30头，每个浓度设3个重复，以清水为对照组。

(3)于48 h、96 h检查中毒死亡情况，以轻触后不动视为死亡标准。

【结果与分析】

利用概率值法(Excel)或DPS软件求出LC_{50}或LD_{50}、95%可信限、相关系数r，并记录于表8-7中。

表8-7 农药对家蚕毒性实验记录

药液浓度/(mg/L)	家蚕死亡数							
	48 h				96 h			
	处理1	处理2	处理3	平均值	处理1	处理2	处理3	平均值
5								
2.5								
1.25								
0.625								
0.312 5								
0.156 25								
CK								
毒力回归方程								
LC_{50}/(mg/蜂)								
95%置信限								
相关系数r								

【注意事项】

1. 桑叶浸渍后需自然晾干；

2. 接家蚕在培养皿里时，注意不要弄伤家蚕。

【思考题】

1. 根据实验结果，评价10%氯氰菊酯乳油对家蚕的毒性。

2. 氯氰菊酯对家蚕毒性的作用机理。

实验7　农药对土壤微生物呼吸作用影响的测定

在新农药开发和使用中，研究农药对土壤微生物呼吸作用强度的影响，已成为不少国家评价农药生态环境安全性的一个重要指标。农药施入土壤中能抑制土壤中真菌、细菌和放线菌的生长，改变土壤中真菌与细菌的比例，进而影响土壤微生物总活性。通常用土壤的呼吸影响率来表征，即土壤微生物活动中所释放CO_2的量，可用来衡量土壤微生物的总活性，也是农药环境安全性评价的一项重要指标。研究农药对土壤呼吸作用的影响，了解农药对土壤微生物的影响以及可能对土壤生态环境造成的危害，可为农药的安全使用提供依据。

【实验目的】

1. 掌握农药对土壤呼吸作用毒性安全评价的方法；

2. 掌握农药对土壤呼吸作用的毒性评价标准。

【实验原理】

通常采用CO_2释放量来表示土壤微生物呼吸作用的强弱。测试CO_2释放量的方法有直接吸收法和通气法两种，前一种方法应用较多。直接吸收法（密闭法）滴定测定，其原理为在一个密闭系统内放置土壤及过量的NaOH标准溶液，土壤微生物在呼吸过程中释放出来的CO_2由NaOH吸收，在$BaCl_2$存在条件下，用HCl滴定剩余的NaOH，根据消耗的盐酸量求得释放出的CO_2量。

【实验材料】

（1）试剂：50%多菌灵（carbendazim）可湿性粉剂、葡萄糖、氢氧化钠、盐酸等；

（2）仪器：电子天平、培养箱等；

（3）材料：土壤（采集0～20 cm耕层土壤，风干，过2 mm筛，备用）、广口瓶、小烧杯等。

【实验步骤】

（1）将50%多菌灵可湿性粉剂用水稀释，配制成500 mg/L、50 mg/L、5 mg/L三个系列浓度。

（2）取过筛后风干土壤50 g，加入1 g葡萄糖，与10 mL一定浓度的药液混匀，装入100 mL小烧杯中。将小烧杯和装有20 mL 1 mol/L NaOH溶液的小烧杯都放入2 L的广口瓶中，密封瓶口，放在（25±1）℃的恒温箱中培养；设空白清水对照和单独空白碱液对照，每个处理实验均3个重复。

（3）第5、第10、第15天时更换密闭瓶中的碱液，用1 mol/L HCl溶液滴定，计算土壤微生物呼吸作用稀释放出的CO_2量。

【结果与分析】

（1）CO_2释放量的计算：由酸碱滴定结果计算出CO_2的释放量，其计算公式（8-1）如下。

$$W=(V_0-V_1)c\times 44 \tag{8-1}$$

式中：W——50 g 土于 5 d 时 CO_2 的释放量(mg)；

V_0——滴定空白碱液所需 HCl 体积(mL)；

V_1——滴定吸收 CO_2 后的碱液所需 HCl 体积(mL)；

c——HCl 溶液的摩尔浓度(mol/L)。

(2)呼吸作用抑制率的计算：分别计算不同药剂浓度对土壤微生物呼吸作用的抑制率，计算公式为式(8-2)和式(8-3)：

$$\text{呼吸抑制率}=\frac{\text{空白处理 } CO_2 \text{ 释放量}-\text{药剂处理 } CO_2 \text{ 释放量}}{\text{空白处理 } CO_2 \text{ 释放量}}\times 100\% \tag{8-2}$$

(3)危害系数的计算：危害系数的计算公式为

$$\text{危害系数}=\frac{\text{呼吸作用抑制率}(\%)\times\text{抑制时间(月)}}{\text{药剂浓度}(mg/kg)} \tag{8-3}$$

【注意事项】

1. 土壤与药液要充分混匀，广口瓶瓶口需严格密封；
2. 土壤采样要均匀。

【思考题】

根据计算得到的呼吸作用抑制率和危害系数，评价 50%多菌灵可湿性粉剂对土壤微生物的毒害水平。

附录1　良好实验室规范(GLP)原则(GB/T 22278—2008)

1. 范围

本规范原则规定了良好实验室规范(good laboratory practice,以下简称GLP)的相关术语和定义,以及主要技术规范,包括试验机构的组织和人员、质量保证计划、机构、仪器、材料及试剂、试验系统、试验样品和参照物、标准操作程序、研究的实施、研究结果的报告、记录和材料的存储与保管。

本规范原则所规定的GLP原则涵盖的非临床健康和环境安全研究,包括在实验室、温室与田间进行的工作。除了国家立法的明确豁免,本规范原则所规定的GLP原则适用于法规所要求的所有非临床健康和环境安全研究,包括医药、农药、食品添加剂与饲料添加剂、化妆品、兽药和类似产品的注册或申请许可证,以及工业化学品管理。

2. 术语和定义

下列术语和定义适用于本规范原则。

2.1　良好实验室规范

2.1.1　良好实验室规范 good laboratory practice(GLP)

它是有关机构运行以及非临床健康和环境安全研究的计划、实施、监督、记录、存档和报告的运行条件的一套质量体系。

2.2　关于试验机构组织的术语

2.2.1　试验机构 test facility

实施非临床健康和环境安全研究所需的人员、场所和操作单元。对多场所研究来说,试验机构包括项目负责人所在场所和其他全部的单独试验场所,这些场所,从个体上看或从整体上看,都能称之为试验机构。

2.2.2　试验场所 test site(s)

研究中一个或多个阶段的执行场所。

2.2.3　试验机构管理者 test facility management

依据GLP原则对试验机构的组织和运行具有管理权并正式负责的人员。

2.2.4　试验场所管理者 test site management

如果任命这一职位,确保其所负责的试验场所中的研究阶段依照GLP原则执行的人员。

2.2.5　委托方 sponsor

委托、支持和(或)提交非临床健康和环境安全研究的实体。

2.2.6　项目负责人 study director

负责某项非临床健康和环境安全研究的全面实施的人。

2.2.7　项目代表 principal investigator

在多场所研究中代表项目负责人对被委派的研究阶段负有明确责任的人员。项目负责人全面负责研究实施的职责不能委派给项目代表,包括批准和修改研究计划、批准最终报告以及确保遵循所有适用的GLP原则。

2.2.8 质量保证计划 quality assurance programme

它是指一个独立于研究执行的明确体系(包括人员),用以确保试验机构的管理能够遵循GLP原则。

2.2.9 标准操作程序 standard operating procedures(SOPs)

描述如何执行在研究计划或试验指南中没有详细说明的试验或活动的书面程序。

2.2.10 主进度表 master schedule

在试验机构内帮助评估工作量和跟踪研究进程的信息汇编。

2.3 关于非临床健康和环境安全研究的术语

2.3.1 非临床健康和环境安全研究 non-clinical health and environmental safety study

以下简称“研究”。它是指在实验室条件下或某种环境中,对试验样品进行的一个或一组检查,以获取数据并提交给有关国家监督部门。

2.3.2 短期研究 short-term study

使用广泛应用的常规技术进行的短时间研究。

2.3.3 研究计划 study plan

用于详细说明研究目标及实验设计的文件,并包括对这些内容的任何修改。

2.3.4 研究计划修改 study plan amendment

研究启动日期之后对研究计划的有意更改。

2.3.5 研究计划偏离 study plan deviation

研究启动日期之后对研究计划的非有意地偏离。

2.3.6 试验系统 test system

一项研究中使用的任何生物、化学、物理性系统或其组合。

2.3.7 原始数据 raw data

试验机构全部的原始记录与文件,或其经过核实的副本,这些资料都是研究中最初观察和活动的结果。原始数据也包括照片、微缩胶卷或微缩胶片拷贝、计算机可读的存储介质、口述观察记录、自动化设备所记录的数据,或能在一段时期内(见3.10)安全保存以上资料的其他数据存储介质。

2.3.8 样本 specimen

采自试验系统的用于检查、分析或留存的材料。

2.3.9 实验开始日期 experimental starting date

收集到首批具体研究数据的日期。

2.3.10 实验完成日期 experimental completion date

收集到研究数据的最后日期。

2.3.11 研究启动日期 study initiation date

项目负责人签署研究计划的日期。

2.3.12 研究完成日期 study completion date

项目负责人签署最终报告的日期。

2.4　关于试验样品的术语

2.4.1　试验样品 test item

作为研究对象的物品。

2.4.2　参照物(对照物)reference item(control item)

提供与试验样品对比依据的物质。

2.4.3　批次 batch

它是指特定数量的试验样品或参照物质,源于预期可得到具有均一特性产品的特定生产周期。这些物质被认定为同一批次。

2.4.4　介质 vehicle

它是指一种具有载体作用的试剂,通过混合、分散或溶解试验样品或参照物以便于给药和(或)应用于试验系统。

3. 主要技术规范

3.1　试验机构的组织和人员

3.1.1　试验机构管理者的职责

3.1.1.1　试验机构管理者应确保其机构遵循 GLP 原则。

3.1.1.2　试验机构管理者至少应做到:

a)确保有一份声明,其中明确试验机构内履行 GLP 原则所规定的管理职责的人员;

b)确保有足够的有资质的人员、适当的设施、设备及材料,以正确及时地开展研究;

c)确保维持每位专业技术人员的资质、培训、经历和工作描述的记录;

d)确保人员能清楚理解自己需履行的职责,必要时进行相关培训;

e)确保建立并遵循合适的、技术可行的标准操作程序,批准全部标准操作程序的首次版本和修订版本;

f)确保建立由指定人员负责的质量保证计划,并保证其按照 GLP 原则履行质量保证的职责;

g)确保每项研究启动前由管理者指定具有适当资质、培训和经验的人员作为项目负责人。项目负责人的替换应按照既定程序进行并予以记录;

h)确保在多场所研究中,如果需要,指定一名项目代表,该项目代表应有适当的培训、资质和经验以监督被委派的研究阶段。项目代表的替换应按照既定程序进行并予以记录;

i)确保研究计划有项目负责人的书面批准;

j)确保项目负责人使质量保证人员能得到已批准的研究计划;

k)确保维持所有标准操作程序的历史档案;

l)确保指定专人负责档案管理;

m)确保维持主进度表;

n)确保试验机构的供给能够满足相应研究的需要;

o)确保多场所研究时,在项目负责人、项目代表、质量保证计划人员和研究人员之间有明确的沟通渠道;

p)确保试验样品和参照物被适当地表明了特性;

q)建立程序以确保计算机化的系统适用于预期用途,并按照 GLP 原则进行确认、操作和维护。

3.1.1.3 当在某试验场所进行某一阶段或某几个阶段的研究时，该试验场所管理者（如果已经任命）将承担 3.1.1.2 中除 g)，i)，j)和 o)外的其他职责。

3.1.2 项目负责人的职责

3.1.2.1 项目负责人是研究的唯一控制者并对整个研究的执行和最终报告负责。

3.1.2.2 项目负责人的职责应包括，但不仅限于下列责任。项目负责人应：

a)以签署姓名和日期的方式来批准研究计划及其任何修改；

b)确保在研究过程中，质量保证人员及时得到研究计划及其任何修订文件的副本，并根据需要与他们保持有效的沟通；

c)确保研究人员得到研究计划及其修订文件和标准操作程序；

d)确保在多场所研究的研究计划和最终报告里，明确规定了实施研究涉及的项目代表、试验机构、试验场所的作用；

e)确保研究计划中的既定程序被遵循；评估和记录与研究计划的任何偏离对于研究质量和完整性的影响，必要时采取适当的纠正措施；认定研究实施中对标准操作程序的偏离；

f)确保所有生成的原始数据被完整记录；

g)确保研究中使用的计算机化的系统已经确认过；

h)在最终报告上签署姓名和日期，以表示对数据的有效性负责，并表明研究对于 GLP 原则的符合程度；

i)确保研究结束（包括终止）后，研究计划、最终报告、原始数据和支持性材料都被归档。

3.1.3 项目代表职责

项目代表应确保其被委派的研究阶段都遵循适用的 GLP 原则。

3.1.4 研究人员职责

a)参与研究执行的所有人员应掌握与其研究相关的 GLP 原则要求。

b)研究人员应可得到研究计划和与其从事研究相关的标准操作程序。他们有责任遵守这些文件的规定。记录对这些规定的任何偏离，并直接与项目负责人和（或）项目代表（适用时）进行沟通。

c)所有研究人员有责任遵循 GLP 原则及时准确地记录原始数据，并对数据的质量负责。

d)研究人员应采取健康防护措施以最大限度地降低自身风险，并确保研究的完整性。他们应将任何已知的健康或体检状况告知相关人员，以便被排除于可能影响研究的操作之外。

3.2 质量保证计划

3.2.1 总则

3.2.1.1 试验机构应有一个书面的质量保证计划，以确保实施的研究遵循 GLP 原则。

3.2.1.2 质量保证计划应由管理者指定的并直接向管理者负责的一个或几个熟悉试验程序的人执行。

3.2.1.3 质量保证人员不能参与其负责质量保证的研究的执行。

3.2.2 质量保证人员的责任

质量保证人员的责任应包括，但不仅限于下列责任。他们应：

a)持有试验机构使用的所有被批准的研究计划和标准操作程序副本，并且能够得到主进度表的最新版本的副本。

b)核查研究计划中是否包含要求符合 GLP 原则的信息，核查应予以记录。

c)对所有研究进行检查,以确定其是否遵循GLP原则执行。检查也应确定研究人员是否持有并遵循研究计划和标准操作程序。

依照质量保证计划的标准操作程序说明,核查可分为三种类型。

——基于研究的检查;

——基于设施的检查;

——基于过程的检查;

应保留这些检查的记录。

d)检查最终报告以核实是否准确和完整地描述了方法、程序、观察结果,同时确认所报告的结果准确完整地反映了研究的原始数据。

e)及时向管理者、项目负责人、项目代表,适用时还有各个场所的管理者书面报告检查结果。

f)在最终报告里,编写并且签发声明,声明详细说明了检查的类型和日期;如适用,还包括被检查研究的阶段,以及将这些检查结果报告给管理者、项目负责人和项目代表的日期。这份声明也用来确认最终报告反映了原始数据。

3.3　设施

3.3.1　总则

3.3.1.1　试验设施应具有适当的面积、结构和场所以满足研究需求,并将影响研究有效性的干扰因素降到最低。

3.3.1.2　试验设施的设计应为不同活动提供适当的隔离,以确保每项研究的正确执行。

3.3.2　试验系统设施

3.3.2.1　试验机构应有足够数量的房间或足够的空间以确保隔离试验系统和隔离单独的项目,包括已知或怀疑具有生物危害性的物质或生物。

3.3.2.2　有用于与诊断、治疗和控制疾病相匹配的房间或空间,以免试验系统恶化到不可接受的程度。

3.3.2.3　供给和设备应有必要的存储房间或区域。存储房间或区域应与安置试验系统的房间或区域分隔开,并且应采取适当的保护措施以防止感染,污染和(或)变质。

3.3.3　试验样品和参照物的处理设施

3.3.3.1　为防止污染和混淆,应有独立的房间或区域供接收和存储试验样品和参照物,以及进行介质与试验样品的混合操作。

3.3.3.2　应将存储试验样品和容纳试验系统的房间或区域分隔开。这些房间或区域应能保持物质的特性、浓度、纯度和稳定性,并确保危险物质的安全存储。

3.3.4　档案设施

档案设施应能保证安全地存取研究计划、原始数据、最终报告、试验样品的留样和样本。档案的设计和存放条件应能防止其过早的损坏。

3.3.5　废物处理

废物的处理应在不影响研究完整性的情况下进行。这包括提供适当的收集、存储和处理设施,以及制定净化和运输的程序。

3.4　仪器、材料及试剂

3.4.1　用来生成、存储和提取数据以及控制与研究相关环境因素的仪器(包括经确认的计算机化的系统),应安置妥善、设计合理,并有足够的能力。

3.4.2 研究使用的仪器应根据标准操作程序定期检查、清洁、保养和校准。这些活动的记录应保留。只要适当,校准应可溯源到国家或者国际测量基准。

3.4.3 研究使用的仪器和材料不应对试验系统有不良干扰。

3.4.4 化学药品、试剂和溶液的标签上应包括品名(适用时,标上浓度)、有效期和详细的存储说明;还应包括有关来源、制备日期和稳定性的信息。在已记录的评估或分析的基础上,有效期可以延长。

3.5 试验系统

3.5.1 物理性/化学性

3.5.1.1 产生数据的仪器应安置妥善、设计合理,并有足够的能力。

3.5.1.2 应确保物理-化学性试验系统的完整性。

3.5.2 生物性

3.5.2.1 应为生物性试验系统的存储、安置、处理和管理建立并维持适当的环境条件,以确保数据的质量。

3.5.2.2 新接收的动、植物试验系统应在其健康状况评估完成前进行隔离。如果死亡率或发病率异常,则该批试验系统不能用于研究,适当时候应采用人道方式销毁。实验开始日期后试验系统应远离疾病或可能影响研究效果或研究执行的环境。如需保持研究完整性,则研究过程中的试验系统在染病或受伤后应被隔离和治疗。研究前或过程中的诊断和治疗应予以记录。

3.5.2.3 应保留有关试验系统来源、收到日期和到达情况的记录。

3.5.2.4 试验样品或参照物首次给药和(或)施用于生物性试验系统前,该系统应有足够的时间适应试验环境。

3.5.2.5 正确识别试验系统所需的所有信息应标明于其培养环境或容器上。如果在研究进行期间应将单个试验系统从其培养环境或容器里移出,只要有可能,应标有适当的鉴别信息。

3.5.2.6 试验系统在使用过程中其培养环境或容器应保持卫生并定期清洁。任何接触试验系统的材料应不含可能干扰研究的剂量的污染物。动物的垫料应依照可靠的农畜质量管理规范的要求更换。使用杀虫剂应予以记录。

3.5.2.7 现场研究的试验系统应确保不受杀虫剂喷雾飘移和已使用的杀虫剂的干扰。

3.6 试验样品和参照物

3.6.1 接收,处理,留样和存储

3.6.1.1 应保留研究中有关试验样品和参照物特性、接收日期、有效期、接收数量及使用数量的记录。

3.6.1.2 应制定处理、留样和存储的程序,以确保样品的均一性和稳定性,并避免污染和混淆。

3.6.1.3 存储容器上应标注识别信息、有效期和特殊存储要求。

3.6.2 特性

3.6.2.1 每个试验样品和参照物都应适当地标记,如代码、化学文摘登记号(CAS 号)、品名、生物学参数。

3.6.2.2 对于每一项研究,能适当定义每批次试验样品和参照物的识别信息应被列明,包括:批次号、纯度、成分、浓度以及其他特性。

3.6.2.3 当由委托方提供试验样品时,委托方与试验机构之间应建立一种合作机制,以验证用于研究的试验样品的属性。

3.6.2.4 所有研究中试验样品和参照物在存储和试验条件下的稳定性应被了解。

3.6.2.5 需要使用介质来给药和(或)施用的试验样品,其在介质中的均一性、浓度和稳定性应被确定。对现场研究中的试验样品,例如罐装混合物,这些性质可另外在实验室实验中测定。

3.6.2.6 除短期研究外,所有研究都应保留有从每批次试验样品中提取的、用于分析目的的留样。

3.7 标准操作程序

3.7.1 试验机构应有经试验机构管理者批准的书面标准操作程序,以确保试验机构数据的质量和完整性。对标准操作程序的修改应得到试验机构管理者的批准。

3.7.2 每个单独的试验机构单元或区域都应能及时获得与其当前实施研究活动有关的现行版本的标准操作程序。已出版的教科书、分析方法、论文和手册也可作为标准操作程序的补充使用。

3.7.3 研究中偏离标准操作程序的情况应予以记录并报告项目负责人,适用时,也报告给项目代表。

3.7.4 标准操作程序应至少适用于以下几种试验机构的活动,但不仅限于此。每个标题下面的细节可作为范例参考。

3.7.4.1 试验样品和参照物

接收、鉴别、标记、处理、留样、存储。

3.7.4.2 仪器,材料和试剂

a)仪器:使用、保养、清洁和校准。

b)计算机化的系统:确认、运行、维护、安全、更改控制和备份。

c)材料,试剂和溶液配制与标记。

3.7.4.3 记录的保存、报告、存储和取阅研究编号,数据收集,报告编写,索引系统制作,数据处理,包括计算机化的系统的使用。

3.7.4.4 试验系统(适用时)

a)试验系统的房间准备和房间环境条件。

b)试验系统的接收、转移、适当安置、描述、识别和管理程序。

c)研究开始前、进行期间和结束时,试验系统的准备、观察和检验。

d)研究期间试验系统的濒死或已死个体的处理。

e)包括尸检和组织病理学检查在内的对样本的收集、鉴别和处理。

f)试验区域内试验系统的安置与布局。

3.7.4.5 质量保证程序

质量保证人员检查活动的计划、时间安排、实施、记录及报告。

3.8 研究的实施

3.8.1 研究计划

3.8.1.1　对每项研究来说，在研究启动之前应准备好书面的研究计划。这一研究计划应由项目负责人通过签署姓名和日期来批准，还应经过质量保证人员的GLP符合性核查(见3.2.2.b)。如果研究实施所在国家的法律法规有要求，研究计划还应得到试验机构管理者和委托方的批准。

3.8.1.2

a)研究计划的修改应由项目负责人通过签署姓名和日期来证明其合理性并予以批准，与研究计划一起存档。

b)对于研究计划的偏离，项目负责人和(或)项目代表应及时地描述、解释、认定并注明日期；这些偏离应随研究原始数据一同保留。

3.8.1.3　对短期研究来说，通用研究计划可能会附有具体的补充研究计划。

3.8.2　研究计划的内容

研究计划应包括，但不仅限于以下信息。

3.8.2.1　研究、试验样品和参照物的识别信息

a)描述性的标题；

b)研究性质和目的的声明；

c)通过编号或名称(如IUPAC编号、CAS编号、生物学参数等)对试验样品进行识别；

d)拟使用的参照物。

3.8.2.2　委托方和试验机构的信息

a)委托方的名称和地址；

b)涉及的试验机构和试验场所的名称与地址；

c)项目负责人的姓名和地址；

d)项目代表的姓名和地址，由项目负责人分配并由项目代表负责的各个试验阶段。

3.8.2.3　日期

a)项目负责人签名批准研究计划的日期。如果研究所在国家的法律法规有要求，还应有试验机构管理者和委托方签名批准研究计划的日期。

b)预定的实验开始和完成日期。

3.8.2.4　试验方法

拟参考使用的OECD试验指南、其他试验指南或试验方法。

3.8.2.5　相关问题(适用时)

a)试验系统的选用理由。

b)试验系统的特性，如物种、品系、亚品系、供应来源、数量、体重范围、性别、年龄及其他相关信息。

c)给药或施药的方法及其选用理由。

d)给药和(或)施药的剂量水平和(或)浓度、频率和持续时间。

e)关于实验设计的详细信息，包括下列信息的描述：研究时序、所有方法、材料和条件、需进行的分析、测量、观察和检验的类型和频率、拟采用的统计方法(如有)。

3.8.2.6　记录

需要保留的记录清单。

3.8.3　研究的实施

3.8.3.1 每一项研究都应有一个唯一标识,该研究的所有样品都应有这个标识。研究中得到的样本应被标识以确定其来源。这种标识应具有可追溯性,并适合于样本和研究。

3.8.3.2 应按照研究计划实施研究。

3.8.3.3 研究人员应直接、及时、准确和清楚地记录研究实施期间产生的所有数据,签名(全名或简称)并注明日期。

3.8.3.4 对原始数据的任何更改都不能擦涂掉先前的记录,应说明更改的原因并由更改人签名(全名或简称)并注明日期。

3.8.3.5 对于直接录入计算机的数据,应由录入人员在录入过程中进行核对。计算机化的系统的设计应能保留所有的审核痕迹以显示所有的数据更改,且不能删除原始信息。应能将所有的数据更改与更改人关联起来,例如,可以使用标有时间和日期的(电子化的)签名。应给出数据更改的理由。

3.9 研究结果的报告

3.9.1 总则

3.9.1.1 每项研究都应有最终报告。对于短期研究,标准化的最终报告可能还需附上研究的具体范围。

3.9.1.2 研究中涉及的项目代表或技术专家的报告应由他们签署姓名和日期。

3.9.1.3 最终报告应由项目负责人签署姓名和日期,以表示其对数据的有效性负责。研究符合GLP原则的程度应被说明。

3.9.1.4 最终报告的校正和补充应以修订文件的形式给出。修订文件应清楚地说明这些校正和补充的原因,并由项目负责人签署姓名和日期。

3.9.1.5 为符合国家注册或国家监督部门的提交要求而对最终报告的格式作出调整时,不应构成对最终报告内容的修正、补充或修改。

3.9.2 最终报告的内容

最终报告应包括,但不仅限于以下信息。

3.9.2.1 研究,试验样品和参照物的识别信息

a)描述性的标题;

b)通过编号或名称(如IUPAC编号、CAS编号、生物学参数等)对试验样品的识别;

c)通过名称对参照物的识别;

d)试验样品的特性,包括纯度、稳定性和均一性。

3.9.2.2 与委托方和试验机构有关的信息

a)委托方的姓名和地址;

b)涉及的试验机构和试验场所的名称与地址;

c)项目负责人的姓名和地址;

d)项目代表的姓名和地址;以及所承担的各研究阶段(如果有);

e)对最终报告做出贡献的专家的姓名和地址。

3.9.2.3 日期

实验开始日期和实验完成的日期。

3.9.2.4 声明

列有已完成的检查类型及检查日期的质量保证计划声明,包括被检查的研究阶段,以及将

任何检查结果报告给管理者、项目负责人及项目代表(适用时)的日期。该声明也将用来确认最终报告反映了原始数据。

3.9.2.5 材料和试验方法的描述

a)方法和使用材料的描述;

b)拟参考使用的 OECD 试验指南、其他试验指南或试验方法。

3.9.2.6 结果

a)结果摘要;

b)研究计划要求的所有信息和数据;

c)结果陈述,包括统计显著性的计算和判定;

d)结果的评价与讨论;适用时,做出结论。

3.9.2.7 存储

研究计划、试验样品和参照物的留样、样本、原始数据和最终报告将被存放的地点。

3.10 记录和材料的存储与保管

3.10.1 以下资料应依照有关部门规定的期限,保存于档案库中。

a)每项研究的研究计划、原始数据、试验样品和参照物的留样、样本以及最终报告;

b)依照质量保证计划所执行的所有检查的记录,以及主进度表;

c)人员资质、培训、经历和工作描述的记录;

d)仪器维护和校准的记录和报告;

e)计算机化的系统的确认文件;

f)所有标准操作程序的历史档案;

g)环境监测记录。

如没有保留期限要求,任何研究材料的最终处理都应予以记录。出于某种原因需在要求的保留期限前对试验样品、参照物的留样和样本进行处理的,应判定其合理性并予以记录。试验样品、参照物的留样和样本应在它们的配制品的质量能够被评估的期限内保存。

3.10.2 档案库内保留的材料应编制索引以便于有序的存储和取阅。

3.10.3 只有经管理者授权的人员才能进入档案库。从档案库中取出或放回材料应被完全地记录。

3.10.4 如果一个试验机构或签约档案机构即将停业,且没有合法的继任者时,档案应转交至研究委托方的档案库里。

附录2　常见农药中毒急救方法

有机磷类杀虫剂

一、辛硫磷(phoxim)

(1)中毒症状:急性中毒多在12 h内发病,口服立即发病。轻度:头痛、头昏、恶心、呕吐、多汗、无力、胸闷、视力模糊、胃口不佳等,全血胆碱酯酶活力一般降至正常值的50%～70%。中度:除上述症状外还出现轻度呼吸困难、肌肉震颤、瞳孔缩小、精神恍惚、行走不稳、大汗、流涎、腹疼、腹泻。重者还会出现昏迷、抽搐、呼吸困难、口吐白沫、大小便失禁,惊厥,呼吸麻痹。

(2)急救措施:①用阿托品1～5 mg皮下或静脉注射(按中毒轻重而定);②用解磷定0.4～1.2 g静脉注射(按中毒轻重而定);③禁用吗啡、茶碱、吩噻嗪、利血平;④误服立即引吐、洗胃导泻(清醒时才能引吐)。

(3)注意事项:①高粱、黄瓜、菜豆和甜菜等都对辛硫磷敏感,不慎使用会引起药害,应按已登记作物规定的使用量施用;②该药在光照条件下易分解,所以田间喷雾最好在傍晚和夜间施用,拌闷过的种子也要避光晾干,贮存时放在暗处;③药液要随配随用,不能与碱性药剂混用,作物收获前5 d禁用;④该药在应用浓度范围内,对蚜虫的天敌七星瓢虫的卵、幼虫和成虫均有强烈的杀伤作用,用药时应注意。

(4)原药:黄色液体(原药为红棕色油),熔点6.1℃,沸点在蒸馏时分解,蒸气压2.1 mPa(20℃),密度1.178(20℃),Kow2400,溶解度水1.5 mg/L(20℃),甲苯、正己烷、二氯甲烷、异丙醇>200 g/L,微溶于脂肪烃类,植物油和矿物油中缓慢水解,紫外光下逐渐分解。

二、丙溴磷(profenofos)

(1)中毒症状:急性中毒多在12 h内发病,口服立即发病。轻度:头痛、头昏、恶心、呕吐、多汗、无力、胸闷、视力模糊、胃口不佳等,全血胆碱酯酶活力一般降至正常值的50%～70%。中度:除上述症状外还出现轻度呼吸困难、肌肉震颤、瞳孔缩小、精神恍惚、行走不稳、大汗、流涎、腹疼、腹泻。重者还会出现昏迷、抽搐、呼吸困难、口吐白沫、大小便失禁,惊厥,呼吸麻痹。

(2)急救措施:①用阿托品1～5 mg皮下或静脉注射(按中毒轻重而定);②用解磷定0.4～1.2 g静脉注射(按中毒轻重而定);③禁用吗啡、茶碱、吩噻嗪、利血平;④误服立即引吐、洗胃、导泻(清醒时才能引吐)。

(3)注意事项:①丙溴磷在棉花上的安全间隔期为5～12 d;②果园中不宜用丙溴磷,该药对苜蓿和高粱有药害。

(4)原药:浅黄色液体,具蒜味,沸点100℃/1.80 Pa,蒸气压1.24×10^{-4} Pa(25℃),密度1.455(20℃),KowlogP=4.44,溶解度水28 mg/L(25℃),与大多有机溶剂混溶,中性和微酸条件下比较稳定,碱性环境中不稳定。

三、毒死蜱(chlorpyrifos)

(1)中毒症状:急性中毒多因误食引起,约半小时到数小时可发病,轻度中毒:全身不适,头痛、头昏、无力、视力模糊、呕吐、出汗、流涎、嗜睡等,有时有肌肉震颤,偶有腹泻。中度中毒:除上述症状外剧烈呕吐、腹痛、烦躁不安、抽搐、呼吸困难等。重度中毒:癫痫样抽搐。急性中毒多在 12 h 内发病,误服者立即发病。

(2)急救措施:①用阿托品 1～5 mg 皮下或静脉注射(按中毒轻重而定);②用解磷定 0.4～1.2 g 静脉注射(按中毒轻重而定);③禁用吗啡、茶碱、吩噻嗪、利血平。

(3)注意事项:①为保护蜜蜂,应避开作物开花期使用,不能与碱性农药混用;②在棉花上最多用药量每亩每次 125 mL,在叶菜上最高用药量每亩每次 75 mL。

(4)原药:无色结晶,稍有硫醇气味,熔点 42～43.5℃,蒸气压 2.7 mPa(25℃),水中溶解度约 1.4 mg/L(25℃)、苯 190 g/kg(25℃)、丙酮 650 g/kg(25℃)、氯仿 630 g/kg(25℃)、二硫化碳 590 g/kg(25℃)、乙醚 510 g/kg(25℃)、二甲苯 500 g/kg(25℃)、异辛醇79 g/kg(25℃)、甲醇 45 g/kg(25℃),随 pH 增加水解速度加快,与铜和另外的金属可能形成螯合物。

四、三唑磷(isazofos)

(1)中毒症状:急性中毒多在 12 h 内发病,口服立即发病。轻度:头痛、头昏、恶心、呕吐、多汗、无力、胸闷、视力模糊、胃口不佳等,全血胆碱酯酶活力一般降至正常值的 50%～70%;中度:除上述症状外还出现轻度呼吸困难、肌肉震颤、瞳孔缩小、精神恍惚、行走不稳、大汗、流涎、腹疼、腹泻。重者还会出现昏迷、抽搐、呼吸困难、口吐白沫、大小便失禁,惊厥,呼吸麻痹。

(2)急救措施:①用阿托品 1～5 mg 皮下或静脉注射(按中毒轻重而定);②用解磷定 0.4～1.2 g 静脉注射(按中毒轻重而定);③禁用吗啡、茶碱、吩噻嗪、利血平;④误服立即引吐、洗胃、导泻(清醒时才能引吐)。

(3)注意事项:本剂毒性高,对鱼、鸟、蜜蜂高毒,半衰期长,应注意安全使用,保护环境安全。

(4)原药:浅黄色油状物,熔点 2～5℃,沸点蒸馏时分解,蒸气压 0.39 mPa(30℃),13 mPa(55℃),密度 1.247(20℃),Kow2200,溶解度水 30～40 mg/L(20℃),乙酸乙酯、丙酮>1 000 g/kg(20℃),乙醇、甲苯>330 g/kg(20℃),己烷 9 g/kg(20℃),光稳定,酸碱液中水解。

五、马拉硫磷(malathion)

(1)中毒症状:急性中毒多在 12 h 内发病,口服立即发病。轻度:头痛、头昏、恶心、呕吐、多汗、无力、胸闷、视力模糊、胃口不佳等,全血胆碱酯酶活力一般降至正常值的 50%～70%;中度:除上述症状外还出现轻度呼吸困难、肌肉震颤、瞳孔缩小、精神恍惚、行走不稳、大汗、流涎、腹疼、腹泻。重者还会出现昏迷、抽搐、呼吸困难、口吐白沫、大小便失禁,惊厥,呼吸麻痹。

(2)急救措施:①用阿托品 1～5 mg 皮下或静脉注射(按中毒轻重而定);②用解磷定 0.4～1.2 g 静脉注射(按中毒轻重而定);③禁用吗啡、茶碱、吩噻嗪、利血平;④误服立即引吐、洗胃、导泻(清醒时才能引吐)。

(3)原药:原药为透明琥珀色液体,熔点 2.85℃,沸点 156～157℃/0.7 mmHg,蒸气压 5.3 mPa (30℃),密度 1.23(25℃),Kow560,溶解度水 145 mg/L(25℃),与大多有机溶剂,如

醇类、酯类、酮、醚类、芳香烃类混溶，微溶于石油醚和某些矿物油，中性介质、水溶液中稳定，遇酸、碱分解。

六、杀扑磷(methidathion)

(1)中毒症状：急性中毒多在12 h内发病，口服立即发病。轻度：头痛、头昏、恶心、呕吐、多汗、无力、胸闷、视力模糊、胃口不佳等，全血胆碱酯酶活力一般降至正常值的50%～70%；中度：除上述症状外还出现轻度呼吸困难、肌肉震颤、瞳孔缩小、精神恍惚、行走不稳、大汗、流涎、腹疼、腹泻。重者还会出现昏迷、抽搐、呼吸困难、口吐白沫、大小便失禁，惊厥，呼吸麻痹。

(2)急救措施：①用阿托品1～5 mg皮下或静脉注射(按中毒轻重而定)；②用解磷定0.4～1.2 g静脉注射(按中毒轻重而定)；③禁用吗啡、茶碱、吩噻嗪、利血平；④误服立即引吐、洗胃、导泻(清醒时才能引吐)。

(3)注意事项：①速扑杀不可与碱性农药混用；②对核果类应避免在花后期施用，在果园中喷药浓度不可太高，否则会引起褐色叶斑；③该药为高毒农药，按有关规定操作。

(4)原药：无色晶体，熔点39～40℃，蒸气压2.5×10^{-4} Pa(20℃)，密度1.51(20℃)，Kowlog$P$=2.2，溶解度水200 mg/L(25℃)，乙醇150 g/L(20℃)，丙酮670 g/L(20℃)，甲苯720 g/L(20℃)，已烷11 g/L(20℃)，正辛醇14 g/L，20℃，强酸和碱中水解，中性和微酸环境中稳定。

菊酯类杀虫剂

一、高效氯氰菊酯(beta-cypermethrin)

(1)中毒症状：属神经毒剂，接触部位皮肤感到刺痛，尤其在口、鼻周围但无红斑。很少引起全身性中毒。接触量大时会引起头痛、头昏、恶心、呕吐、双手颤抖，全身抽搐或惊厥、昏迷、休克。

(2)急救措施：①无特殊解毒剂，可对症治疗；②大量吞服时可洗胃；③不能催吐。

(3)注意事项：①本药忌与碱性物质混用，以免分解失效；②对鱼、蜜蜂高毒注意防护。

(4)原药：白色或略带奶油色的结晶或粉末，熔点60～65℃，难溶于水，易溶于酮类(如丙酮)及芳烃类(如苯、二甲苯)中，醇类、中性或弱酸性下稳定，遇碱易分解，室温下贮存2年不分解。

二、高效氯氟氰菊酯(lambda-cyhalothrin)

(1)中毒症状：属神经毒剂，接触部位皮肤感到刺痛，尤其在口、鼻周围，但无红斑。很少引起全身性中毒。接触量大时会引起头痛、头昏、恶心、呕吐、双手颤抖，全身抽搐或惊厥、昏迷、休克。

(2)急救措施：①无特殊解毒剂，可对症治疗；②大量吞服时可洗胃；③不能催吐。

(3)注意事项：毒性高，对鱼类和蜜蜂高毒注意使用和环境安全。

(4)原药：无色固体(原药为深棕色或深绿色固化熔融物)，熔点49.2℃(原药47.5～48.5℃)，蒸气压200 μPa(20℃)，200 μPa(60℃)，密度1.33 g/mL(25℃)，Kowlog$P$=7(20℃)，溶解度纯水0.005(pH 6.5)，缓冲液0.004(pH 5.0，mg/L)，丙酮、甲苯、甲醇、正己

烷、乙酸乙酯约 500 g/L，对光稳定，15～25℃时可保存 6 个月以上。

三、氯氰菊酯(cypermethrin)

(1)中毒症状：属神经毒剂，接触部位皮肤感到刺痛，尤其在口、鼻周围，但无红斑。很少引起全身性中毒。接触量大时也会引起头痛，头昏，恶心呕吐，双手颤抖，重者抽搐或惊厥、昏迷、休克。

(2)急救措施：①无特殊解毒剂，可对症治疗；②大量吞服时可洗胃；③不能催吐。

(3)注意事项：①用药量及施药次数不要随意增加，注意与非菊酯类农药交替使用；②不要与碱性物质如波尔多液等混用；③对水生动物、蜜蜂、蚕极毒。

(4)原药：棕黄色至深红色黏稠半固体(室温)，密度 1.23，熔点 60～80℃(工业品)，蒸气压 2.3×10^{-7} Pa(20℃)，闪点 80℃，水中溶解度极低，易溶于酮类，醇类及芳烃类溶剂，在中性，酸性条件下稳定，强碱条件下水解，热稳定性良好(220℃以内)，常温贮存 2 年以上。

氨基甲酸酯类杀虫剂

一、灭多威(methomyl)

(1)中毒症状：头昏、头痛、乏力、面色苍白、呕吐、多汗、流涎、瞳孔缩小、视力模糊。严重者出现血压下降、意识不清，皮肤出现接触性皮炎如风疹，局部红肿奇痒，眼结膜充血、流泪、胸闷、呼吸困难等。中毒症状出现快，一般几分钟至 1 h 即表现出来。

(2)急救措施：用阿托品 0.5～2 mg 口服或肌肉注射，重者加用肾上腺素。禁用解磷定、氯磷定、双复磷、吗啡。

(3)注意事项：①灭多威是高毒农药，只能在我国已经批准登记的作物上使用；②不能与波尔多液、石硫合剂及含铁、锡的农药混用；③注意安全防护；④乳油具可燃性，应注意防火，亦不能置于很低的温度下，以防冻结，应放在阴凉、干燥处；⑤剩余药液和废液应按说明书的要求，按有毒化学品处理。

(4)原药：无色晶体，有轻微硫黄味，熔点 78～79℃，蒸气压 6.65 mPa(25℃)，密度 1.294 6(25℃)，Kow 1.24，溶解度水 57.9 g/L(25℃)，甲醇 1 000 g/L(25℃)，丙酮 730 g/L(25℃)，乙醇 420 g/L(25℃)，异丙醇 220 g/L(25℃)，甲苯 30 g/L(25℃)，极少量溶于烃类。室温下、水溶液中缓慢水解，碱性介质中参与条件下，随温度升高分解率提高。

二、丁硫克百威(carbosulfan)

(1)中毒症状：头昏、头痛、乏力、面色苍白、呕吐、多汗、流涎、瞳孔缩小、视力模糊。严重者出现血压下降、意识不清，皮肤出现接触性皮炎如风疹，局部红肿奇痒，眼结膜充血、流泪、胸闷、呼吸困难等中毒症状出现快，一般几分钟至 1 h 即表现出来。

(2)急救措施：用阿托品 0.5～2 mg 口服或肌肉注射，重者加用肾上素。禁用解磷定、氯磷定、双复磷、吗啡。

(3)注意事项：①在稻田使用时，避免同时使用敌稗和灭草灵，以防产生药害；②丁硫克百威对水稻三化螟和稻纵卷叶螟防治效果不好，不宜使用；③在蔬菜上安全间隔期为 25 d，在收获前 25 d 严禁使用。

(4)原药:橘黄色至棕色透明黏稠液体,沸点124～128℃,蒸气压0.041 mPa(25℃),密度1.056(20℃),几乎不溶于水,溶于大多有机溶剂,如二甲苯、己烷、氯仿、二氯甲烷、甲醇、乙醇、丙酮等,水溶液中水解。

沙蚕毒素类杀虫剂

杀虫单(monosultap)

(1)中毒症状:早期中毒为恶心、四肢发抖,继而全身发抖,流涎,痉挛,呼吸困难,瞳孔放大。

(2)急救措施:如中毒用碱性液体彻底洗胃或冲洗皮肤。草蕈碱样症状明显者可用阿托品类药物对抗,但注意防止过量。忌用胆碱酯酶复能剂。

(3)注意事项:①对家蚕有毒,使用时应特别注意;②对棉花、烟草和某些豆类易产生药害,马铃薯也较敏感;③不能与强酸、强碱物质混用。

(4)原药:纯品为针状结晶,熔点142～143℃,工业品为无定形颗粒状固体或白色、淡黄色粉末,有吸湿性,易溶于水,20℃时水中溶解度1.335 g/mL,易溶于工业酒精及热无水乙醇中,微溶于甲醇、二甲基甲酰胺、二甲基亚砜,不溶于丙酮、乙醚、氯仿、醋酸乙酯、苯等溶剂,常温下稳定,pH为5～9条件下稳定,遇铁降解,在强碱,强酸条件下易分解。

几丁质合成抑制剂及蜕皮激素、保幼激素类杀虫剂

一、噻嗪酮(buprofezin)

(1)中毒症状:对人、畜毒性较低,无全身中毒反应。

(2)急救措施:没有专门的解毒药。一旦发生事故,立即催吐,并送医院对症治疗。

(3)注意事项:药液不应直接接触白菜、萝卜,否则将出现褐斑及绿叶白化等药害,使用时应先对水稀释后均匀喷雾,不可用毒土法。

(4)原药:纯品为无色晶体,熔点为104.5～105.5℃,蒸气压1.25 mPa(25℃),微溶于水,在其他溶剂中的溶解度为(g/L,25℃):丙酮240、三氯甲烷520、乙醇80、正己烷20、甲苯320,在酸与碱性介质中稳定。

二、氟铃脲(hexaflumuron)

(1)中毒症状:对眼睛皮肤有轻微刺激,无人体中毒报道。

(2)急救措施:尚无专门解毒药,可对症治疗。

(3)注意事项:①使用时喷洒均匀周到;②田间作物虫、螨并发时,应加杀螨剂使用;③不要在桑园。鱼塘等地及其附近使用;④防治叶面害虫宜在低龄(1～2龄)幼虫盛发期施药,防治钻蛀性害虫宜在卵孵盛期施药。

(4)原药:无色固体,熔点202～205℃,蒸气压0.059 mPa(25℃),溶解度水0.027 mg/L(18℃),甲醇11.3 g/L,二甲苯5.2 g/L(20℃),35 d内(pH 9)60%发生水解。

三、虫酰肼(tebufenozide)

(1)中毒症状:对眼睛微刺激。

(2)急救措施:对症治疗。

(3)注意事项:该药剂对卵的效果较差,施用时应注意掌握在卵发育末期或幼虫发生初期喷施。

(4)原药:灰白色粉末,熔点 191℃,蒸气压 3.0×10^{-6} Pa(25℃,气化状态),密度 1.03 (20℃),Kow177 83(pH 7),溶解度水<1 mg/L(25℃),微溶于有机溶剂,94℃稳定 7 d,对光稳定(pH 7,25℃),黑暗中无菌水里 25℃稳定 30 d。

新烟碱类杀虫剂

一、吡虫啉(imidacloprid)

(1)中毒症状:该原药对眼有轻微刺激作用,对皮肤无刺激作用。

(2)急救措施:如发生中毒应及时送医院对症治疗。

(3)注意事项:①该药对天敌毒性低;②在推荐剂量下使用安全,能和多数农药或肥料混用;③不能用于防治线虫和螨。

(4)原药:无色晶体,有微弱气味,熔点 143.8℃(晶体形式 1)、136.4℃(形式 2),蒸气压 0.2 μPa(20℃),密度 1.543(20℃),Kow$\log P=0.57$(22℃),溶解度水 0.51 g/L(20℃),二氯甲烷 50~100 g/L(20℃),异丙醇 1~2 g/L(20℃),甲苯 0.5~1 g/L(20℃),正己烷<0.1 g/L (20℃),pH 为 5~11 稳定。

二、啶虫脒(acetamiprid)

(1)中毒症状:对人畜低毒。

(2)急救措施:对症治疗,洗胃,保持安静。

(3)注意事项:对桑蚕有毒,切勿喷洒在桑树上。不能与碱性物质混用(如波尔多液、石硫合剂)。对作物无药害。

(4)原药:浅黄色结晶粉,比重 1.330,熔点 98~101℃,蒸气压$<1\times10^{-8}$ mmHg(25℃),水中溶解度约 4 g/L,可溶于大多数极性有机溶剂。丙酮>200 g/L(25℃),乙醇>200 g/L (25℃),二氯甲烷>200 g/L(25℃),已烷 0.006 54 g/L(25℃)。在中性或偏酸性介质中稳定,常温下稳定。

三、噻虫嗪(thiamethoxam)

(1)中毒症状:对人畜低毒。

(2)急救措施:无专用解毒剂,对症状治疗。

(3)注意事项:①勿让儿童接触本品。加锁保存。不能与食品、饲料存放一起。尽管本品低毒,但在施药时,应遵照安全使用农药守则;②避免在低于-10℃和高于 35℃储存;③对蜜蜂有毒。

(4)原药:纯品为白色结晶粉末。熔点 139.1℃,蒸气压:6.6×10^{-9} Pa(20℃)溶解度:(25℃,g/L 纯品)水 4.1,有机溶剂(25℃,g/L):丙酮 48、乙酸乙酯 7.0、甲醇 13、二氯甲烷 110、已烷>1 mg/L、辛醇 620 mg/L、甲苯 680 mg/L。制剂外观为褐色颗粒,pH 为 7~11。

有机氯类杀虫剂

硫丹(endosulfan)

(1)中毒症状:症状与体征是其对神经系统的刺激作用所致,如头痛、眩晕、忧虑烦恼、情绪激动,也有呕吐、四肢软弱、双手震颤、失去时间和空间的定向,随后出现阵发痉挛。

(2)急救措施:①无特殊解毒剂,如经口摄入要催吐;②尽可能保持病人安静,控制病人激动。清醒时,可给予常用剂量的巴比妥与其他镇静剂;③注意维持呼吸,如有衰竭使用人工呼吸;④禁忌用肾上腺素或阿托品。

(3)注意事项:①对鱼高毒,应避免污染水源及池塘;②严禁用在烟草、蔬菜、果树、中草药上。

(4)无色晶体,熔点≥80℃(原药),α-异构体 109.2℃,β-异构体 213.3℃,蒸气压 0.83 mPa(20℃,α-异构体,β-异构体以 2∶1 混合),密度约 1.8(20℃,原药),溶解度水中 α-硫丹 0.32 mg/L,β-硫丹 0.33 mg/L(20℃),乙酸乙酯,二氯甲烷,甲苯 200 g/L,乙醇约 65 g/L,己烷约 24 g/L(20℃),光下稳定,酸碱缓慢水解。

抗生素类杀虫剂

一、阿维菌素(abamectin)

(1)中毒症状:早期症状为瞳孔放大,行动失调,肌肉颤抖,严重时导致呕吐。

(2)急救措施:经口立即引吐并给患者服用吐根糖浆或麻黄素,但勿给昏迷患者催吐或灌任何东西。抢救时避免给患者使用增强 γ-氨基丁酸活性的药物,如巴比妥、丙戊酸等。

(3)注意事项:①施药时要有防护措施,戴好口罩等;②对鱼高毒,应避免污染水源和池塘等;③对蜜蜂有毒,不要在开花期施用;④最后一次施药距收获期 20 d。

(4)原药:原药为白色或黄色结晶(含 B1a>80%,B1b<20%),蒸气压<200 nPa,熔点 150～155℃,21℃时溶解度在水中 7.8 μg/L、丙酮中 100 g/L、甲苯中 350 g/L、异丙醇 70 g/L,氯仿 25 g/L 常温下不易分解。在 25℃,pH 为 5～9 的溶液中无分解现象。在通常贮存条件下稳定,对热稳定,对光、强酸、强碱不稳定。

二、甲氨基阿维菌素苯甲酸盐(emamectin benzoate)

(1)中毒症状:早期症状为瞳孔放大,行动失调,肌肉颤抖,严重时导致呕吐。

(2)急救措施:经口立即引吐并给患者服用吐根糖浆或麻黄素,但勿给昏迷患者催吐或灌任何东西。抢救时避免给患者使用增强 γ-氨基丁酸活性的药物如巴比妥、丙戊酸等。

(3)注意事项:①施药时要有防护措施,戴好口罩等;②对鱼高毒,应避免污染水源和池塘等;③对蜜蜂有毒,不要在开花期施用。

(4)原药:外观为白色或淡黄色结晶粉末,熔点 141～146℃,在通常贮存条件下本品稳定,对紫外光不稳定。溶于丙酮、甲苯、微溶于水,不溶于己烷。

其他类杀虫剂

一、氟虫腈(fipronil)

(1)中毒症状:中等毒性。

(2)急救措施:皮肤和眼睛用大量的肥皂水和清水冲洗,如仍有刺激感去医院对症治疗。误服者立即送医院对症治疗。

(3)注意事项:使用氟虫腈时应采取安全防护措施,穿戴防护服、口罩、手套。避免吸入药液,施药期间不吃东西、饮水。

二、虫螨腈(chlorfenapyr)

(1)中毒症状:导致腹泻。

(2)急救措施:接触皮肤或眼睛,立即用肥皂和大量的清水冲洗,送医诊治;不慎吞服,勿催吐,应立即请医生治疗。

(3)注意事项:只限于在登记作物上使用,应与其他不同作用方式的农药轮用;每季作物使用该药不超过 2 次,不要与其他杀虫剂混用;不要使用低于推荐剂量的药量;在作物收获前 14 d禁用;避免药剂接触皮肤和眼睛,不要污染水源;本品对人、畜有害,使用过的器皿须用水清洗 3 次后埋掉;安全保管,远离热源、火源,避免冻结。

(4)原药:原药外观为白色至淡黄色固体,熔点 100~101℃,蒸气压:$<10\times10^{-7}$ 托(25℃)(760 托=1 kPa),可溶于丙酮,在无离子水中溶解度:0.13~0.14(pH 7)。

杀螨剂

一、哒螨灵(pyridaben)

(1)中毒症状:无人体中毒报道。

(2)急救措施:对症治疗。

(3)注意事项:①击倒快,残效长但因无内吸作用,施药时要喷洒均匀;②对鱼类毒性高不可污染水井、池塘和水源;③花期使用对蜜蜂有不良影响;④可与大多数杀虫剂混用,但不能与石硫合剂和波尔多液等强碱性药剂混用;⑤一年最多使用 2 次。

(4)原药:无色晶体,熔点 111~112℃,蒸气压 0.25 mPa(20℃),密度 1.2(20℃),溶解度(20℃):水 0.012 mg/L、酮 460 mg/L、苯 110 g/L、二甲苯 390 g/L、乙醇 57 g/L、环己烷 320 g/L、正辛醇 63 g/L、正己烷 10 g/L,见光不稳定。在 pH 为 4、7、9 和有机溶剂中时(50℃),90 d 稳定性不变。

二、三唑锡(azocyclotin)

(1)中毒症状:属剧烈神经毒物。头痛、头晕、多汗;重者恶心呕吐,大汗淋漓,排尿困难,抽搐、神经错乱,昏迷、呼吸困难等。

(2)急救措施:①误服者立即催吐、洗胃、导泻;②无特殊解毒剂,预防治疗,防止脑水肿发生;③严禁大量输液。

(3)注意事项:①该药可与有机磷杀虫剂和代森锌、克菌丹等杀菌剂混用,但不能与波尔多液、石硫合剂等碱性农药混用;②收获前 21 d 停用;③该药对人的皮肤刺激性大,施药时要保护好皮肤和眼睛避免接触药液。

(4)原药:无色结晶,熔点 210℃,蒸气压 0.06 nPa(25℃),20℃时溶解度水 0.12 mg/L,二氯甲烷 20～50 g/L,异丙醇 10～20 g/L,正己烷 0.1～1 g/L,甲苯 2～5 g/L(20℃)。

三、炔螨特(propargite)

(1)中毒症状:对皮肤有微刺激,无人体中毒报道。最近发现该药对大鼠有致癌作用。

(2)急救措施:如误服应立即饮下大量牛奶、蛋白或清水,对症治疗,不要引吐。

(3)注意事项:①高温、高湿下,本药对某些作物的幼苗和新梢嫩叶有药害。对 25 cm 以下的瓜、豆、棉苗等,73%乳油的稀释倍数不宜低于 3 000 倍,对柑橘新梢嫩叶等不宜低于 2 000 倍;②收获前 21 d(棉花),30 d(柑橘),停止用药。

(4)原药:原药为深红棕色黏稠液体,蒸气压 0.006 mPa(25℃),密度 1.113 0(20℃),Kow531 4,溶解度水 632 mg/L(25℃),与许多有机溶剂,如丙酮、苯、乙醇、正己烷、庚烷与甲醇混溶,20℃保存 1 年无分解,强酸和强碱中分解(pH>10),$pK_a>12$,闪点 71.4℃。

四、三磷锡(phostin)

(1)中毒症状:属剧烈神经毒物。头痛、头晕、多汗;重者恶心呕吐,大汗淋漓,排尿困难,抽搐、神经错乱,昏迷、呼吸困难等。

(2)急救措施:①误服者立即催吐、洗胃、导泻;②无特殊解毒剂,预防治疗,防止脑水肿发生;③严禁大量输液。

(3)注意事项:①使用该产品前一周或后一周,不可使用波尔多液等碱性农药混用;②收获前安全间隔期 21 d。

杀菌剂

一、腈菌唑(myclobutanil)

(1)中毒症状:一般只对皮肤、眼睛有刺激症状,经口中毒低,无中毒报道。

(2)急救措施:对症治疗。误食立即催吐、洗胃。

(3)注意事项:①施药时注意安全防治;②贮存在阴凉、干燥处。

(4)原药:外观为浅黄色固体,熔点 63～68℃(工业品),沸点 202～208 mg/L(25℃),蒸气压 0.213 mPa(25℃),水中溶解度 142 mg/L(25℃),溶于一般有机溶剂,酮类、酯类、醇类和芳香烃类为 50～100 g/L,不溶于脂肪烃类,一般贮存条件下稳定,水溶液暴露于光下分解。

二、丙环唑(propiconazol)

(1)中毒症状:一般只对皮肤和眼有刺激作用,经口毒性低,无人体中毒的报道。

(2)急救措施:对症治疗,误食立即催吐、洗胃。

(3)原药:原药为黄色,无味,黏稠液体,沸点 180℃/0.1 mmHg,蒸气压 56 μPa(25℃),密度 1.29(20℃),Kow$\log P=3.72$(pH 6.6,25℃),溶解度水 100 mg/L(20℃),正己烷 47 g/L,

与乙醇、丙酮、甲苯和正辛醇充分混溶 320℃以下稳定，不易水解。

三、苯醚甲环唑(difenoconazole)

(1)中毒症状：对皮肤和眼睛有刺激作用。

(2)急救措施：如接触皮肤，用肥皂和清水彻底清洗受污的皮肤，如溅及眼睛，用清水冲洗眼睛至少 10 min；送医就诊，如误服，反复使用医用炭和大量水，并立即携带标签，送医就诊。无专用解毒剂，对症状治疗。

(3)注意事项：①产品对鱼及水生物有毒，切忌污染鱼塘、水池及水源器；②避免在低于 10℃和高于 30℃贮存。

(4)原药：原药外观为灰白色粉状物，密度 1.40 g/cm^3(20℃)，熔点 78.6℃，蒸气压 3.3×10^{-8} Pa(25℃)，溶解度(25℃)水 15 mg/L、乙醇 330 g/L、丙酮 610 g/L、甲苯 490 g/L、正己烷 3.4 g/L、正辛醇 95 g/L。制剂外观为米色至棕色细粒，密度 0.3～0.5 g/cm^3，pH 为 7.0～11.0。

四、代森锰锌(mancozeb)

(1)中毒症状：恶心、呕吐、腹痛、腹泻，头痛、头晕、乏力，严重者可导致呼吸和循环功能衰竭加快，血压下降，呼吸抑制等。

(2)急救措施：①误食者立即催吐、洗胃、导泻；②对症治疗；③忌油类食物，禁酒。

(3)注意事项：①该药不能与铜及强碱性农药混用，在喷过铜、汞、碱性药剂后要间隔 1 周后才能喷此药；②在茶树上的间隔期为半个月。

(4)原药：为代森锰与代森锌的混合物，锰含 20%，锌含 2.55%。灰黄色粉末，熔点 192～204℃(分解)，蒸气压不计(20℃)，溶解度水 6～20 mg/L，不溶于大多数有机溶剂，溶于强螯合剂溶液中。通常干燥环境中稳定，加热、潮湿环境中缓慢分解。

五、霜脲氰(cymoxanil)

(1)中毒症状：对眼有轻微的刺激作用。

(2)急救措施：皮肤和眼睛污染后必须用大量清水冲洗，尤其眼睛要冲洗 15 min。误服中毒要送医院对症治疗。

(3)注意事项：多用在与其他杀菌剂混用提高防效。避免与碱性物质接触。

(4)原药：纯品为白色晶体，熔点 160～161℃，密度 1.31(25℃)，25℃时蒸气压 80 Pa，25℃溶解度水中 890 mg/kg(pH 5 时)、己烷 1.85 g/L(20℃)、甲苯 5.29 g/L(20℃)、乙腈 57 g/L(20℃)、乙酸乙酯 28 g/L(20℃)、正辛醇 1.43 g/L(20℃)、甲醇 22.9 g/L(20℃)、丙酮 62.4 g/L(20℃)、氯甲烷 133 g/L(20℃)，pH 为 2～7 稳定，对光敏感。

六、氟硅唑(flusilazole)

(1)中毒症状：一般只对皮肤、眼有刺激症状，经口中毒低，无中毒报道。

(2)急救措施：对症治疗。误食立即催吐、洗胃。

(3)注意事项：①防止对鱼毒害和污染水源；②对藻状菌纲引起的病害无效，可与相应的杀菌剂混用。

(4)原药:无色晶体,熔点 53℃,蒸气压 3.9×10^{-5} Pa(25℃),溶解度水 45(pH 7.8)、54(pH 7.2)、900(pH 1.1)(mg/L,20℃),溶于大多有机溶剂(>2 kg/L),一般贮存条件下可保存 2 年以上,310℃以上分解。对光稳定。

七、咪鲜胺(prochloraz)

(1)中毒症状:一般只对皮肤、眼有刺激症状,经口中毒低,无中毒报道。

(2)急救措施:对症治疗。误食立即催吐、洗胃。

(3)注意事项:①防腐保鲜处理应将当天采收的果实,当天用药处理完毕;②浸果前务必将药剂搅拌均匀,浸果 1 min 后捞起晾干;③水稻浸种长江流域以南浸种 1～2 d、黄河流域以北浸种 3～5 d 后用清水催芽;④本品对鱼有毒不可污染鱼塘、河道或水沟。

(4)原药:无色晶体,原药为金黄色液体,低温趋于凝固,熔点 46.5～49.3℃(>99%纯度),沸点 208～210℃/0.2 mmHg(分解),蒸气压 150 μPa(25℃),90 μPa(20℃),密度 1.42(20℃),25℃时溶解度 34.4 mg/L,溶于有机溶剂,范围很广,如氯仿、乙醚、甲苯、丙酮、己烷,在 pH 7,20℃条件下水中稳定,浓酸和浓碱介质中分解,光和长期高温加热(200℃)分解。

附录3　农药毒性分级标准

1. 世界卫生组织农药毒性分级

1973年世界卫生组织(WHO)执行委员会制订了一个区分农药危害性的分类法,并于1975年在第二十八届世界卫生会议上通过(附表1)。农药毒性分类主要是根据对大鼠的急性经口和经皮毒性进行的,这在毒理学上已成为决定毒性分类的标准方法。

附表1　世界卫生组织推荐的农药危害分级标准

毒性分级	危害	大鼠经口 LD_{50}/(mg/kg)		大鼠经皮 LD_{50}/(mg/kg)	
		固体	固体	固体	
Ⅰa	极度危害	≤5	≤20	≤10	≤40
Ⅰb	高度危害	5～50	20～200	10～100	40～400
Ⅱ	中毒危害	50～500	200～2 000	100～1 000	400～4 000
Ⅲ	轻度危害	>500	>2 000	>1 000	>4 000

注:①上述标准出处是 The WHO Recommended Classification of Pesticides by Hazard and Guidelines to Classification 1990—1991;②表中的“固体”和“液体”指分级产品和制剂的物理状态;分类中的“危害”是指对健康的急性危害,即在较短的时期内,一次或多次接触的危害。这种危害是任何接触农药的人可能意外遭遇到的。

2. 美国农药毒性分级

世界各国的农药毒性分级通常是以世界卫生组织推荐的农药危害分级标准为模板,结合本国实际情况制定。因此,各国对农药产品的毒性分级及标识的管理不完全相同。如美国的农药毒性分级,是在世界卫生组织推荐的农药危害分级标准基础上,增加了依据农药产品对眼刺激、皮肤刺激试验结果,将剧毒和高毒两级合并为一级,并明确提出了微毒级农药(附表2)。

附表2　美国农药毒性分级标准

毒性分级	级别符号语	大鼠经口 LD_{50} /(mg/kg)	大鼠经皮 LD_{50} /(mg/kg)	大鼠吸入 LC_{50} /(mg/L)	眼睛刺激	皮肤刺激
Ⅰ级	剧毒	≤50	≤200	≤0.2	腐蚀性、不可恢复的角膜混浊	腐蚀性
Ⅱ级	高毒	50～500	200～2 000	0.2～2.0	在7 d内可恢复的角膜混浊、持续7 d的刺激	72 h重度刺激
Ⅲ级	中等毒	500～5 000	2 000～20 000	2.0～20	没有角膜混浊、7 d内可恢复的刺激	72 h中等度刺激
Ⅳ级	低毒	≥5 000	≥20 000	≥20	无刺激	72 h轻度或中度刺激

3. 欧盟农药毒性分级

欧洲的农药毒性分级标准也是参照WHO推荐的分级标准制定的，并考虑产品存在的形态，但仅分为3个级别(附表3)。

附表3 欧盟农药毒性分级标准

级别符号语	急性经口 LD_{50}/(mg/kg)		急性经皮 LD_{50}/(mg/kg)		急性吸入 LD_{50}/(mg/L)
	固体	液体[1]	固体	液体	气体及液化气体[2]
剧毒	≤5	≤25	≤10	≤50	≤0.5
有毒	5～50	25～200	10～100	50～400	0.5～2
有害	50～500	200～2 000	100～1 000	400～4 000	2～20

注：①本表的液体栏中包括固体的饵剂或片状农药；②气体及液化气体栏中包括微粒直径不超过50 μm的粉剂农药

4. 我国农药毒性分级

参考国际上的做法，我国的农药毒性分级也是以世界卫生组织推荐的农药危害分级标准为模板，并考虑以往毒性分级的有关规定，结合我国农药生产、使用和管理的实际情况制定(附表4)。

附表4 我国农药毒性分级标准

毒性分级	级别符号语	大鼠经口 LD_{50} /(mg/kg)	大鼠经皮 LD_{50} /(mg/kg)4 h	大鼠吸入 LC_{50} /(mg/m³)2 h
Ⅰa	剧毒	≤5	≤20	≤20
Ⅰb	高毒	5～50	20～200	20～200
Ⅱ	中等毒	50～500	200～2 000	200～2 000
Ⅲ	低毒	>500	>2 000	>2 000

注：上述标准出处是《农药登记毒理学试验方法》(GB 15670—1995)

对卫生杀虫剂的要求除了具有农林用杀虫剂的要求外，尚有更高的要求如下。

(1)毒性要求标准高。制剂对大鼠急性经口每千克体重 LD_{50}>5 000 mg，经皮每千克体重 LD_{50}>2 000 mg，吸入 LC_{50}>10 000 mg/m^3(1 h)；对皮肤、眼睛无明显刺激作用，无致敏作用；无遗传毒性或致突变作用，无迟发神经毒性；所以，目前卫生杀虫剂大多数为低毒级，少数为中等毒性，不用高毒，禁用剧毒；

(2)在环境中经一定时间能降解，不污染环境；

(3)制剂有效成分(纯度)达90%以上，无异味。因为多数杀虫剂对人发生毒害是由于它所含的杂质引起的，一些既用于农业也用于卫生的杀虫剂，如杀螟松、马拉硫磷等，要经过精制、提纯，做到高纯度基本无杂质、无明显刺激时才允许卫生害虫的防治。

附录 4　农药剂型名称及代码
(GB/T 19378—2003)

1. 范围

本标准规定了农药产品的剂型名称、代码,本标准适用于农药的原药和制剂。

2. 农药剂型名称及代码

农药剂型名称及代码见附表 5。

附表 5　农药剂型名称及代码

章条号剂型名称	剂型英文名称	代码	说明
2.1　原药和母药			
2.1.1　原药	technical material	TC	在制造过程中得到有效成分及杂质组成的最终产品,不能含有可见的外来物质和任何添加物,必要时可加入少量的稳定剂
2.1.2　母药	technical concentrate	TK	在制造的过程中得到有效成分及杂质组成的最终产品,也可能含有少量必需的添加物和稀释剂,仅用于配制各种制剂
2.2　固体制剂			
2.2.1　可直接使用的固体制剂			
2.2.1.1　粉状制剂			
2.2.1.1.1　粉剂	dustable powder	DP	适用于喷粉或撒布的自由流动的均匀粉状制剂
2.2.1.1.2　触杀粉	contanct powder	CP	具有触杀活性杀虫、杀鼠作用的可直接使用的均匀粉状制剂
2.2.1.1.3　漂浮粉剂	flo-dust	GP	气流喷施的粒径小于 10 μm 以下,在温室用的均匀粉状制剂
2.2.1.2　颗粒状制剂			
2.2.1.2.1　颗粒剂	granule	GR	有效成分均匀吸附或分散在颗粒中,及附着在颗粒表面,具有一定粒径范围可直接使用的自由流动的粒状制剂
2.2.1.2.2　大粒剂	macro granule	GG	粒径范围在 2 000～6 000 μm 的颗粒剂

续附表 5

章条号	剂型名称	剂型英文名称	代码	说明
2.2.1.2.3	细粒剂	fine granule	FG	粒径范围在 300 ～2 500 μm 的颗粒剂
2.2.1.2.4	微粒剂	micro granule	MG	粒径范围在 100～600 μm 的颗粒剂
2.2.1.2.5	微囊粒剂	encapsulated granule	CG	含有有效成分的微囊所组成的具有缓慢释放作用的颗粒剂
2.2.1.3	特殊形状制剂			
2.2.1.3.1	块剂	block formulation	BF*	可直接使用的块状制剂
2.2.1.3.2	球剂	Pellet	PT	可直接使用的球状制剂
2.2.1.3.3	棒剂	plant rodlet	PR	可直接使用的棒状制剂
2.2.1.3.4	片剂	table for ditect application 或 tablet	DT 或 TB	可直接使用的片状制剂
2.2.1.3.5	笔剂	chalk	CA*	有效成分与石膏粉及助剂混合或浸渍吸附药液，制成可直接涂抹使用的笔状制剂(其外观形状必须与粉笔有显著差别)
2.2.1.4	烟制剂			
2.2.1.4.1	烟剂	smoke generator	FU	可点燃发烟而释放有效成分的固体制剂
2.2.1.4.2	烟片	smoke tablet	FT	片状烟剂
2.2.1.4.3	烟罐	smoke tin	FD	罐状烟剂
2.2.1.4.4	烟弹	smoke cartridge	FP	圆筒状(或像弹桶状)烟剂
2.2.1.4.5	烟烛	smoke candle	FK	烛状烟剂
2.2.1.4.6	烟球	smoke pellet	FW	球状烟剂
2.2.1.4.7	烟棒	smoke rodlet	FR	棒状烟剂
2.2.1.4.8	蚊香	mosquito coil	MC	用于驱杀蚊虫，可点燃发烟的螺旋形盘状制剂
2.2.1.4.9	樟香	cockroach coil	CC*	用于驱杀蜚蠊，可点燃发烟的螺旋形盘状制剂
2.2.1.5	诱饵制剂			
2.2.1.5.1	饵剂	bait	RB	为引诱靶标害物(害虫和鼠等)取食或行为控制的制剂
2.2.1.5.2	饵粉	powder bait	BP*	粉状饵剂
2.2.1.5.3	饵粒	granular bait	GB	粒状饵剂
2.2.1.5.4	饵块	block bait	BB	块状饵剂
2.2.1.5.5	饵片	plate bait	PB	片状饵剂
2.2.1.5.6	饵棒	stick bait	SB*	棒状饵剂

续附表 5

章条号剂型名称	剂型英文名称	代码	说明
2.2.1.5.7 饵膏	paste bait	PS*	糊膏状饵剂
2.2.1.5.8 胶饵	bait gel	BG*	可放在饵盒里直接使用或用配套器械挤出或点射使用的胶装饵剂
2.2.1.5.9 诱芯	attract wick	AW*	与诱捕器配套使用的引诱害虫的行为控制制剂
2.2.1.5.10 浓饵剂	bait concentrate	CB	稀释后使用的固体或液体饵剂
2.2.2 可分散用的固体制剂			
2.2.2.1 可分散粉状制剂			
2.2.2.1.1 可湿性粉剂	wettable powder	WP	可分散于水中形成稳定悬浮液的粉状制剂
2.2.2.1.2 油分散粉剂	oil dispersible powder	OP	用有机溶剂或油分散使用的粉状制剂
2.2.2.2 可分散粒状制剂			
2.2.2.2.1 水分散粒剂	water dispersible granule	WG	加水后迅速崩解并分散成悬浮液的粒状制剂
2.2.2.2.2 乳粒剂	emulsifiable granule	EG	加水后成为水包油乳液的粒状制剂
2.2.2.2.3 泡腾粒剂	effervescent granule	EA*	投入水中能迅速产生气泡并崩解分散的粒状制剂,可直接使用或用常规喷雾器械喷施
2.2.2.3 可分散片状制剂			
2.2.2.3.1 可分散片剂	water dispersible tablet	WT	加入水中能迅速崩解并分散形成悬浮液的片状制剂
2.2.2.3.2 泡腾片	effervescent tablet	EB	投入水中能迅速产生气泡并崩解分散的片状制剂,可直接使用或用常规喷雾器械喷施
2.2.2.4 缓释制剂			
2.2.2.4.1 缓释剂	briquette	BR	控制有效成分从介质中缓慢释放的制剂
2.2.2.4.2 缓释块	briquette block	BRB*	块状缓剂
2.2.2.4.3 缓释管	briquette tube	BRT*	管状缓释剂
2.2.2.4.4 缓释粒	briquette granule	BRG*	粒状缓释剂
2.2.3 可溶性固体制剂			
2.2.3.1 可溶粉剂	water soluble powder	SP	有效成分能溶于水中形成真溶液,可含有一定量的非水溶性惰性物质的粉状制剂

续附表5

章条号剂型名称	剂型英文名称	代码	说明
2.2.3.2　可溶粒剂	water soluble granule	SG	有效成分能溶于水中形成真溶液，可含有一定量的非水溶性惰性物质的粒状制剂
2.2.3.3　可溶片剂	water soluble tablet	ST	有效成分能溶于水中形成真溶液，可含有一定量的非水溶性惰性物质的片状制剂
2.3　液体制剂			
2.3.1　均相液体制剂			
2.3.1.1　可溶液体制剂			
2.3.1.1.1　可溶液剂	soluble concentrate	SL	用水稀释后有效成分形成真溶液的均相液体制剂
2.3.1.1.2　水剂	aqueous solution	AS*	有效成分及助剂的水溶液制剂
2.3.1.1.3　可溶胶剂	water soluble gel	GW	用水稀释后有效成分形成真溶液的胶状制剂
2.3.1.2　油制剂			
2.3.1.2.1　油剂	oil miscible liquid	OL	用有机溶剂或油稀释后使用的均一液体制剂
2.3.1.2.2　展膜油剂	spreading oil	SO	施用于水面形成油膜的制剂
2.3.1.3　超低容量制剂			
2.3.1.3.1　超低容量液剂	ultra low volume concentrate	UL	直接在超低容量器械上使用的均相液体制剂
2.3.1.3.2　超低容量微囊悬浮剂	ultra low volume aqueous capsule suspension	SU	直接在超低容量器械上使用的微囊悬浮液制剂
2.3.1.4　雾制剂			
2.3.1.4.1　热雾剂	hot fogging concentrate	HN	用热能使制剂分散成为细雾的油性制剂，可直接或用高沸点的溶剂或油稀释后，在热雾器械上使用的液体制剂
2.3.1.4.2　冷雾剂	cold fogging concentrate	KN	利用压缩气体使制剂分散成为细雾的水性制剂，可制剂或经稀释后，在冷雾器械上使用的液体制剂
2.3.2　可分散液体制剂			
2.3.2.1　乳油	emulsifiable concentrate	EC	用水稀释后形成乳状液的均一液体制剂
2.3.2.2　乳胶	emulsifiable gel	GL	在水中可乳化的胶状制剂
2.3.2.3　可分散液剂	dispersible concentrate	DC	有效成分溶于水溶性的溶剂中，形成胶体液的制剂

续附表 5

章条号剂型名称	剂型英文名称	代码	说明
2.3.2.4 糊剂	paste	PA	固体粉粒分散在水中，有一定黏稠度，用水稀释后涂膜使用的糊状制剂
2.3.2.5 浓胶(膏)剂	gel or paste concentrate	PC	用水稀释后使用的凝胶或膏状制剂
2.3.3 乳液制剂			
2.3.3.1 水乳剂	emulsion oil in water	EW	有效成分溶于有机溶剂中，并以微小的液珠分散在连续相水中，成非均相乳状液制剂
2.3.3.2 油乳剂	emulsion water in oil	EO	有效成分溶于水中，并以微小水珠分散在油相中，成非均相乳状液制剂
2.3.3.3 微乳剂	micro-emulsion	ME	透明或半透明的均一液体，用水稀释后成微乳状液体的制剂
2.3.3.4 脂膏	grease	GS	黏稠的油脂状制剂
2.3.4 悬浮制剂			
2.3.4.1 悬浮剂	aqueous suspension concentrate	SC	非水溶性的固体有效成分与相关助剂，在水中形成高分散度的黏稠悬浮液制剂，用水稀释后使用
2.3.4.2 微囊悬浮剂	aqueous capsule suspension	CS	微胶囊稳定的悬浮剂，用水稀释后成悬浮液使用
2.3.4.3 油悬浮剂	oil miscible flowable concentrate	OF	有效成分分散在非水介质中，形成稳定分散的油混悬浮液制剂，用有机溶剂或油稀释后使用
2.3.5 双重特性制剂			
2.3.5.1 悬乳剂	aqueous suspo-emulsion	SE	至少含有两种不溶于水的有效成分，以固体微粒和微细液珠形式稳定地分散在以水为连续相的非均相液体制剂
2.4 种子处理剂			
2.4.1 种子处理固体制剂			
2.4.1.1 种子处理干粉剂	powder for dry seed treatment	DS	可直接用于种子处理的细的均匀粉状制剂
2.4.1.2 种子处理可分散粉剂	water dispersible powder for slurry seed treatment	WS	用水分散成高浓度浆状物的种子处理粉状制剂
2.4.1.3 种子处理可溶粉剂	water soluble powder for seed treatment	SS	用水溶解后，用于种子处理的粉状制剂

续附表 5

章条号剂型名称	剂型英文名称	代码	说明
2.4.2　种子处理液体制剂			
2.4.2.1　种子处理液剂	solution for seed treatment	LS	直接或稀释后,用于种子处理的液体制剂
2.4.2.2　种子处理乳剂	emulsion for seed treatment	ES	直接或稀释后,用于种子处理的乳状制剂
2.4.2.3　种子处理悬浮剂	flowable concentrate for seed treatment	FS	直接或稀释后,用于种子处理的稳定悬浮液制剂
2.4.2.4　悬浮种衣剂	flowable concentrate for seed coating	FSC*	含有成膜剂,以水为介质,直接或稀释后用于种子包衣(95%粒径≤2 μm,98%粒径≤4 μm)的稳定悬浮种子处理制剂
2.4.2.5　种子处理微囊悬浮剂	capsule suspension for seed treatment	CF	稳定的微胶囊悬浮液,直接或者用水稀释后成悬浮液种子处理制剂
2.5　其他制剂			
2.5.1　气雾制剂			
2.5.1.1　气雾剂	aerosol	AE	将药液密封盛装在有阀门的容器内,在抛射剂作用下一次或多次喷出微小液珠或雾滴,可直接使用的罐装制剂
2.5.1.1.1　油基气雾剂	oil-based aerosol	OBA	溶剂为油基的气雾剂
2.5.1.1.2　水基气雾剂	water-based aerosol	WBA	溶剂为水基的气雾剂
2.5.1.1.3　醇基气雾剂	alcohol-based aerosol	ABA*	溶剂为醇基的气雾剂
2.5.2　其他液体制剂			
2.5.2.1　滴加液	drop concentrate	TKD*	由一种或两种以上的有效成分组成的原药浓溶液,仅用于配制各种电热蚊香片等制剂
2.5.2.2　喷射剂	spray fluid	SF*	用手动压力通过容器喷嘴,喷出液滴或液柱的液体制剂
2.5.2.3　静电喷雾剂	electrochargeable liquid	ED	用于静电喷雾的液体制剂
2.5.3　熏蒸制剂			
2.5.3.1　熏蒸剂	vapour releasing product	VP	含有一种或两种以上易挥发的有效成分,以气态(蒸气)释放到空气中,挥发速度可通过选择适宜的助剂或施药器械加以控制
2.5.3.2　气体制剂	gas	GA	装在耐压瓶或罐内的压缩气体制剂,主要用于熏蒸封闭空间的害虫

续附表 5

章条号剂型名称	剂型英文名称	代码	说明
2.5.3.3 电热蚊香片	vaporizing mat	MV	与驱蚊器配套使用,驱杀蚊虫用的片状制剂
2.5.3.4 电热蚊香液	liquid vaporizer	LV	与驱蚊器配套使用,驱杀蚊虫用的液体制剂
2.5.3.5 电热蚊香浆	vaporizing paste	VA*	与驱蚊器配套使用,驱杀蚊虫用的浆状制剂
2.5.3.6 固液蚊香	solid-liquid vaporizer	SV*	与驱蚊器配套使用,常温下为固体,加热使用时,迅速挥发并融化为液体,用于驱杀害虫的固体制剂
2.5.3.7 驱虫带	repellent tape	RT*	与驱虫器配套使用,用于驱杀害虫的带状制剂
2.5.3.8 防蛀剂	moth-proofer	MP*	直接使用防蛀虫的制剂
2.5.3.8.1 防蛀片剂	moth-proofer tablet	MPT*	片状防蛀剂
2.5.3.8.2 防蛀球剂	moth-proofer pellet	MPP*	球状防蛀剂
2.5.3.8.3 防蛀液剂	moth-proofer liquid	MPL*	液体防蛀剂
2.5.3.9 熏蒸挂条	vaporizing strip	VS*	用于熏蒸驱杀害虫的挂条状
2.5.3.10 烟雾剂	smoke fog	FO*	有效成分遇热迅速产生成烟和雾(固体和液态粒子的烟雾混合体)的制剂
2.5.4 驱避制剂			
2.5.4.1 驱避剂	repellent	RE*	阻止害虫、害鸟、害兽侵袭人、畜或植物的制剂
2.5.4.1.1 驱虫纸	repellent paper	RP*	对害虫有驱避作用,可直接使用的纸巾
2.5.4.1.2 驱虫环	repellent blet	RL*	对害虫有驱避作用,可直接使用的环状或带状制剂
2.5.4.1.3 驱虫片	repellent mat	RM*	与小风扇配套使用,对害虫有驱避作用的片状制剂
2.5.4.1.4 驱虫膏	repellent paste	RS*	对害虫有驱避作用了,可直接使用的膏状制剂
2.5.5 涂抹制剂			
2.5.5.1 驱蚊霜	repellent cream	RC*	直接用于涂抹皮肤,难流动的乳状制剂
2.5.5.2 驱蚊露	repellent lotion	RO*	直接用于涂抹皮肤,可流动的乳状制剂,黏度一般为 2 000～4 000cps

续附表 5

章条号剂型名称	剂型英文名称	代码	说明
2.5.5.3　驱蚊乳	repellent milk	RK*	直接用于涂抹皮肤，自由流动的乳状制剂
2.5.5.4　驱蚊液	repellent liquid	EQ*	直接用于涂抹皮肤，自由流动的清澈液体制剂
2.5.5.5　驱蚊花露水	repellent floral water	EW*	直接用于涂抹皮肤，自由流动的清澈、有香味的液体制剂
2.5.5.6　涂膜剂	lacquer	LA	用溶剂配制，直接涂抹使用并能成膜的制剂
2.5.5.7　涂抹剂	paint	PN*	直接用于涂抹物体的制剂
2.5.5.8　窗纱涂剂	paint for window screen	PW*	为驱杀害虫涂抹窗纱的制剂，一般为 SL 等剂型
2.5.6　蚊帐处理制剂			
2.5.6.1　蚊帐处理剂	treatment of mosquito net	TN*	含有驱杀害虫有效成分的浸渍蚊帐的制剂
2.5.6.2　驱蚊帐	long-lasting insecticide treat mosquito net	LTN	含有驱杀害虫有效成分的化纤制成的长效蚊帐
2.5.7　桶混制剂			
2.5.7.1　桶混剂	tank mixture	TM*	装在同一个外包装材料里的不同制剂，使用时现混现用
2.5.7.1.1　液固桶混剂	combi-pact solid/liquid	KK	由液体和固体制剂组成的桶混剂
2.5.7.1.2　液液桶混剂	combi-pact liquid/liquid	KL	由液体和液体制剂组成的桶混剂
2.5.7.1.3　固固桶混剂	combi-pact solid/solid	KP	由固体和固体制剂组成的桶混剂
2.5.8　特殊用途制剂			
2.5.8.1　药袋	bag	BA*	含有有效成分的套袋制剂
2.5.8.2　药膜	mulching film	MF*	用于覆盖保护地含有除草有效成分的地膜
2.5.8.3　发气剂	gas generating product	GE	以化学反应产生气体的制剂

* 为我国制定的农药剂型英文名称及代码。

附录5　农药登记田间药效试验规范

1. 范围

本规范规定了农药登记田间药效试验应遵从的基本要求。

本规范适用于为农药登记提供数据而进行的田间药效试验。

2. 术语及定义

下列术语和定义适用于本规范。

2.1　田间药效试验(efficacy trial):在田间自然环境下进行农药对靶标和非靶标生物效应的试验。

2.2　试验药剂(test product):试验项目中需要测试的药剂。

2.3　对照药剂(reference product):在试验中与试验药剂进行比较的药剂。

2.4　试验样品(test sample):指试验药剂和对照药剂的统称。

2.5　剂量(dose):指试验时药剂的使用量。

2.6　原始数据(raw data):记载试验的原始记录和有关文档材料,或经核实的复印件。包括:观察记录、试验记录、照片、缩微胶片、磁性载体、计算机打印资料、自动化仪器记录材料等。

2.7　试验项目(study project):为农药登记提供数据而进行的一项田间药效试验,通常是指某种药剂防治一种靶标生物所进行的田间小区药效试验。

2.8　试验方案(study plan):规定试验目的和试验设计,以及包括所有修正记录的文本文件。

2.9　试验场所(test site):在一个试验项目中,实施试验项目的某一阶段或多个阶段的试验地点。

2.10　试验机构(test facility):开展试验项目所必需的人员、试验场所和设施的总和。

2.11　委托方(sponsor):委托、资助及申报试验项目者。

2.12　试验机构负责人(test facility management):对试验机构的组织和职能具有管理权的人员。

2.13　试验技术负责人(study director):对试验项目的实施和管理负全面责任的人员。

2.14　试验场所主要研究者(principal investigator):代表试验技术负责人在试验场所专门负责试验项目中某一试验阶段的人员。

2.15　质量保证(quality assurance):独立于试验项目,旨在保证试验机构遵循本规范的体系,包括组织、制度和人员。

2.16　标准操作规程(standard operating procedures):描述如何进行试验操作或试验活动的文件化规程。

2.17　试验计划表(master schedule):反映试验机构的试验进行情况、工作量及时间安排的信息汇总。

3　组织和人员

3.1　试验机构:农药登记田间药效试验机构应是相对独立的专业机构,有机构法人证书或法人单位授权证明,能够独立、客观、公正地从事试验活动,并承担相应的法律责任。

3.2　试验机构负责人

3.2.1　试验机构负责人的职责

试验机构负责人应确保其试验机构遵从本规范。其基本职责至少应包括如下内容。

a)确保本试验机构的各项工作严格按照本规范进行;

b)确保使用正式人员和聘用人员;

c)应任命技术负责人,并确保技术负责人能胜任本职工作;

d)确保技术负责人按试验方案进行试验,并掌握各项试验的进展;

e)确保每个工作人员清楚地理解自己应履行的职责,必要时,需经过教育与培训,具备相应的技术知识与工作经验;

f)确保人员数量和素质与所承担的工作相适应,并配备相应的试验设施和仪器设备,能够保证试验项目及时、正常进行;

g)确保建立和保存所有人员技术档案,包括学历证明、资格证书、相关授权、培训记录、技术业绩、工作经历和工作职责;

h)确保配备具有相应资历、经验丰富的质量保证人员,并保证遵从本规范履行其职责;

i)确保质量保证人员获取试验技术负责人制订的试验方案;

j)确保组织制订可行的标准操作规程并签发批准;

k)确保工作人员掌握相关标准操作规程并执行;

l)确保所有标准操作规程历史卷宗的保存;

m)确保专人负责档案及试验样品的管理;

n)确保试验机构的资源满足相应试验要求;

o)确保试验报告得到批准;

p)确保试验计划表的编写、保存和管理;

q)确保任命或指定试验场所主要研究者。

3.2.2　试验机构负责人任职资格

3.2.2.1　应为法定代表人或法人代表授权的人员。

3.2.2.2　应具备农业相关领域资深业务水准和丰富的管理经验,精通该领域所涉及的技术和业务流程,掌握相关政策和法规。

3.3　试验技术负责人

3.3.1　试验技术负责人的职责

试验技术负责人是试验项目的核心,对试验项目的实施负全部责任,对试验项目进行的全过程和最终试验报告负责,确保试验遵守本规范。试验技术负责人的基本职责至少应包括如下内容。

a)确保按委托方要求制订试验方案,满足委托方的技术要求,确认试验机构负责人已承诺具有足够的资源进行试验,试验药剂、对照药剂等均能满足试验要求;

b)确保及时向质量保证人员提交试验方案和试验方案修订书的副本,在试验过程中根据需要保证与质量保证人员的有效沟通;

c)确保试验场所主要研究者和试验人员开展试验前了解试验方案，以及相关的标准操作规程和农药田间药效试验准则；

d)确保试验项目按照试验方案和标准操作规程实施；

e)确保能够及时了解偏离试验方案的情况，并就试验方案的偏离对试验质量和完整性的影响进行评估并记录，必要时采取适当的纠正措施；注明试验过程中偏离标准操作规程的情况；

f)确保试验产生的全部原始数据的完整记录；

g)在最终试验报告中签字，承诺试验报告完整、真实、准确地反映试验过程和试验结果；

h)确保试验完成(包括试验终止)后，试验协议、试验方案、最终试验报告、原始数据和相关材料及时归档；

i)确保执行健康保护措施；

j)确保试验协议和试验报告电子版本上传到农药登记试验管理系统。

3.3.2 试验技术负责人任职资格

3.3.2.1 具有植保、农药或农学等相关专业本科及以上学历，从事农药田间药效试验相关工作5年以上且具有高级专业技术职称，或具有同等能力。注：具有同等能力是指植保、农药或农学等相关专业本科毕业，从事田间药效试验相关工作累计满8年；植保、农药或农学等相关专业本科以上(研究生)毕业，从事田间药效试验相关工作累计满7年。

3.3.2.2 应精通本领域所涉及的技术和业务流程。

3.3.2.3 应掌握本规范、相关的标准操作规程和农药田间药效试验准则。

3.3.2.4 应具备较高的组织协调能力。

3.3.2.5 应具有数据整理分析、结果判断能力。

3.4 试验场所主要研究者

3.4.1 试验场所主要研究者职责

试验场所主要研究者的基本职责至少应包括如下内容。

a)负责试验技术负责人安排的某一阶段的试验工作，确保所承担的试验工作遵从本规范；

b)应签订书面文件，承诺依据试验方案和本规范要求实施所承担的试验；

c)确保能够及时了解偏离标准操作规程和偏离试验方案的情况，对偏离进行评估和记录，必要时采取适当的纠正措施，并及时向试验技术负责人汇报；

d)确保向技术负责人转交其承担试验阶段的所有资料。

3.4.2 试验场所主要研究者任职资格

3.4.2.1 具有植保、农药或农学等相关专业本科及以上学历，从事农药田间药效试验相关工作5年以上。

3.4.2.2 应熟悉本领域所涉及的技术和业务流程。

3.4.2.3 应掌握本规范、相关的标准操作规程和农药田间药效试验准则。

3.4.2.4 应具有数据整理分析、结果判断能力。

3.5 质量保证人员

3.5.1 质量保证人员的职责

质量保证人员的基本职责至少应包括如下内容。

a)审核标准操作规程，判断其是否符合本规范的要求；

b)检查试验项目是否按照试验方案实施；

c)检查试验方案、原始数据和最终试验报告,并提供相关的质量保证声明。

3.5.2　质量保证人员任职资格

3.5.2.1　应有资深的专业背景和资历。

3.5.2.2　应理解要检查的试验项目的基本内容。

3.5.2.3　应深刻理解本规范。

3.6　试验人员

3.6.1　试验人员的职责

试验人员的基本职责至少应包括如下内容。

a)应掌握并执行与其承担试验部分相关的本规范的要求;

b)应了解试验方案的内容和其承担试验的相关标准操作规程以及农药田间药效试验准则,并按其要求进行试验;

c)应及时、准确记录原始数据,并对其质量负责;

d)应书面记录试验中的任何偏离,并向试验场所主要研究者或试验技术负责人报告;

e)应执行健康保护措施。

3.6.2　试验人员任职资格

应具有本领域一定的专业知识,且经过相关的培训。

3.7　档案管理员

3.7.1　档案管理员职责

档案管理员的基本职责至少应包括如下内容。

a)确保按照相关标准操作规程实施档案管理;

b)确保对各类人员上交的拟存档的文件、资料、原始数据等进行验收、分类和存档;

c)确保档案有序存贮和方便检索;

d)确保存档文件、资料、原始数据等的借阅、归还受控并备有证明文件。

3.7.2　档案管理员任职资格

应具有档案管理领域一定的专业知识,且经过相关的培训。

3.8　样品管理员

3.8.1　样品管理员职责

样品管理员的基本职责至少应包括如下内容。

a)确保按照相关标准操作规程实施样品管理;

b)确保试验药剂和对照药剂标识清楚、接收信息记录准确详细;

c)确保试验期间试验药剂和对照药剂的流转、保存、条件控制等管理;

d)确保在试验完成后对试验样品的处理。

3.8.2　样品管理员任职资格

样品管理员应接受过相关培训。

3.9　人员培训

3.9.1　所有人员应经相关专业技术、本规范、标准操作规程、健康和安全等知识的培训,考核合格,持证上岗。试验人员上岗证应标明准许试验的类别:杀虫剂/杀菌剂/除草剂/植物生长调节剂等。

3.9.2　试验机构应确定培训需求,制订培训计划,并有培训记录和培训效果评价记录。

4　试验设施

4.1　应配备足够面积并符合试验条件的农业用地及其他室外试验场所，避免邻近区域对试验区域的干扰。

4.2　应有试验地的详细信息，如试验地面积大小、配套设施、试验地管理水平、历史种植情况、靶标发生情况等。

4.3　应配备独立的样品储存室；试验样品的接收、配制均应单独设立房间或区域，确保其不被污染和混淆；应建立相应的保护措施，确保试验样品的性质、含量和稳定性等不发生异常变化。

4.4　应配备档案室，试验协议、试验方案、原始数据、试验报告以及工作人员技术档案、仪器设备档案等资料应安全保管。档案室的设计与环境控制应满足资料长期保存的要求。

4.5　应有足够空间存放仪器设备，并不被污染。

4.6　应配备保护人身健康与安全的防护用品。

4.7　应有废弃物储存设施或场所。

4.8　当试验方法、标准操作规程要求对环境条件严格控制，或环境条件可能对试验结果造成影响时，应记录试验环境条件。

5　仪器设备

5.1　应配备试验及试验环境要求所需的仪器设备，如称量仪器、喷雾设备、测量用具等。

5.2　应配备用于数据处理、储存的计算机处理系统。

5.3　应配备试验样品配制的器材。

5.4　应建立并保持对仪器设备的购置、验收、检定(校准)/功能检查、建档、使用、维护、修理、报废管理的标准操作规程。

5.5　应指定专人对仪器设备负责管理。

5.6　对试验结果有影响的仪器设备应进行检定或校准，并应有明显的标识来表明其状态。

5.7　仪器设备应独立建档，内容至少包括如下内容。

a)名称、型号、唯一性编号；

b)制造厂商名称；

c)接收日期、状态和启用日期；

d)仪器设备安装、验收记录；

e)使用说明书；

f)检定(校准)证书或功能检查记录；

g)故障、损坏、维修及报废记录；

h)使用和维护记录。

6　试验样品

6.1　试验样品的接收

试验样品应由样品管理员负责接收，在核对和检查后，记录样品信息，信息至少应包括如下内容。

a)样品编号；

b)封样编号；

c)试验样品名称(有效成分、含量、剂型)；

d)试验项目名称；

e)样品包装、性状描述、接收量；

f)接收信息(时间、人员)；

g)委托方信息(名称、地址、联系人、电话等)。

6.2　试验样品的储存

试验样品应有独立的样品储存室,由样品管理员负责保管;做好唯一性标识。

6.3　试验样品的分发

试验样品分发时,应核对信息,经办人双方认同后签字。

6.4　试验样品的处理

试验结束后,试验样品应按相应的标准操作规程进行处理。

6.5　记录

应建立并保持试验样品接收、标识、储存、分发和处理管理的标准操作规程,并应详细记录。

6.6　样品记录存档

相关记录应及时交档案管理员存档,并履行交接手续。

7　试验方案和实施

7.1　试验方案

7.1.1　每个试验项目启动前,都应有书面的试验方案,由试验技术负责人签字批准。试验方案中的作物、防治对象、试验药剂、对照药剂、剂量、施药方法、施药时期等应由委托方提供。

7.1.2　试验方案的修订应经试验技术负责人批准,必要时还应得到委托方的认可。试验方案修订书应写明修订的内容、理由及日期,并与原试验方案一起存档保存。

7.1.3　发生试验方案偏离时,试验技术负责人或试验场所主要研究者应对偏离情况进行评估、记录,签名并注明日期,与原始数据一起归档保存。

7.1.4　试验方案至少应包括以下内容。

1)基本信息：

a)试验项目的名称、田间试验批准证书号及协议备案号；

b)试验目的；

c)委托方名称、地址及联系方式；

d)试验机构的名称和地址；

e)试验技术负责人及联系方式；

f)试验依据的标准、具体试验方法等。

2)试验样品：

a)试验药剂名称、含量、剂型、封样编号及来源；

b)对照药剂名称、含量、剂型及来源。

3)试验条件：

a)试验地点；

b)试验地情况；

c)试验对象和作物。

4)试验设计和安排：

a)剂量；

b)喷液量；

c)小区数量；

d)小区面积及重复；

e)施药方法；

f)施药器械；

g)施药时期和次数。

5)调查、记录和测量方法：

a)试验调查时间和次数；

b)试验调查方法。

6)试验结果统计分析方法。

7)应归档的记录清单及存档地点。

7.2 试验实施

7.2.1 每个试验项目都应设定唯一的编号，涉及该试验的所有记录文件均须标明此编号。

7.2.2 试验技术负责人全面负责试验项目的实施管理。参加试验人员应严格按照试验方案及标准操作规程开展工作，试验中若出现异常或预想不到的现象，应及时报告试验场所主要研究者或技术负责人并详细记录。

8 原始数据

8.1 记载试验的纸质原始记录应包含足够的信息，应统一使用试验项目名称和编号。所有记录应做到当时予以记录、直接、准确、清晰和不易消除，注明日期并签名。记录需要修改时，应保持原记录清楚可辨，由原记录人修改，注明修改理由及日期，并签名。

8.2 记载田间药效试验的纸质原始记录至少应包括以下内容。

1)试验项目基本信息：

a)试验项目名称、编号；

b)田间试验批准证书号及协议备案号；

c)试验药剂名称、含量、剂型、封样编号及来源；

d)对照药剂名称、含量、剂型及来源；

e)试验依据的标准、具体试验方法等。

2)试验地基本信息：

a)位置及面积；

b)土壤类型；

c)农事操作情况；

d)试验地药剂使用情况；

e)试验作物名称、品种及生长情况；

f)靶标生物；

g)小区排列、小区面积或种植密度。

3)试验方法：

a)剂量及配制方法；

b)喷液量；

c)施药方法；

d)施药器械及参数；

e)施药时间、次数及间隔期。

4)气象资料。

5)试验调查：

a)调查人员及时间；

b)调查方法；

c)观察到的现象；

d)调查的数据。

6)其他与试验相关的原始记录。

9　试验报告

9.1　基本要求

9.1.1　每个试验项目应有最终试验报告。

9.1.2　试验技术负责人应在最终试验报告上签字并注明日期，声明其承担数据有效性的责任。同时应说明遵从农药登记田间药效试验规范的程度(或情况)。

9.1.3　最终试验报告应包含质量保证声明。

9.1.4　最终试验报告的改正或补充应以报告修订的形式进行。修订应明确说明改正或补充的理由，最后应有试验技术负责人的签字并注明日期。

9.1.5　若最终试验报告需要按委托方登记需要在格式上进行重排时，不应构成对最终试验报告的修订或增补。

9.1.6　试验机构应及时出具最终试验报告。

9.1.7　最终试验报告的发放应有记录。

9.1.8　应上传电子版的最终试验报告到农药登记试验管理系统。

9.2　试验报告中技术内容的要求

9.2.1　应明确说明试验药剂的防效水平和持效性。

9.2.2　应明确试验药剂的关键使用技术，包括使用剂量、防治适期、施药方法和次数等。

9.2.3　应明确试验药剂对试验作物的安全性影响。

9.2.4　应明确试验药剂对农业可持续性的影响，包括对后茬作物、邻近作物、非靶标生物和有益生物的影响等。

9.3　最终试验报告的内容要求

最终试验报告至少应包括以下内容。

1)试验技术负责人的陈述声明和质量保证人员的质量保证声明。

2)试验项目、试验药剂和对照药剂的基本内容：

a)试验摘要；

b)试验目的；

c)试验依据；

d)试验项目的名称、田间试验批准证书号及协议备案号；

e)试验药剂名称、有效成分通用名、含量、剂型、封样编号及来源；

f)对照药剂名称、有效成分通用名、含量、剂型及来源。

3)委托方和试验机构的情况：

a)委托方名称、地址及联系方式；

b)试验机构名称和地址；

c)试验机构负责人的姓名；

d)试验技术负责人的姓名；

e)试验场所地点、主要研究者及试验人员的姓名。

4)环境和设施栽培条件：

a)试验地位置；

b)试验地土壤类型；

c)靶标生物发生情况；

d)试验地水肥管理情况；

e)试验地病虫草害等发生情况；

f)试验地药剂使用情况；

g)试验作物名称、品种、物候期及生长情况；

h)试验期间气象资料。

5)试验方法：

a)剂量；

b)使用容量；

c)小区数量和排列；

d)小区面积及重复数；

e)施药方法；

f)施药器械；

g)施药时期、次数、间隔期。

6)试验结果与分析：

a)调查时间和次数；

b)调查方法；

c)试验结果统计分析方法；

d)药效评价分析与结论。

7)归档要求和保存场所。

10 质量保证

10.1 试验机构应有描述质量保证的文件，保证所承担的试验遵循本规范。

10.2 试验机构负责人应任命一名或多名熟悉试验程序和本规范的人员对试验进行质量保证。

10.3 质量保证人员不得参与所负责的试验项目。

10.4 质量保证包括审核标准操作规程，检查试验方案、试验过程、原始数据和最终试验报告，确保试验项目符合本规范。

10.5 最终试验报告应提供相关的声明，说明质量保证检查的内容和日期，声明确认最终试验报告反映了原始数据。

11　档案管理

11.1　下列资料应按照规定保存期限归档保管：

a)试验计划表；

b)试验协议；

c)试验方案(包括试验方案的修订书和偏离试验方案的记录)；

d)田间药效试验原始数据；

e)最终试验报告；

f)质量保证人员所有的检查记录；

g)人员技术档案；

h)仪器设备档案；

i)样品管理记录；

j)最终试验报告的发放记录；

k)标准操作规程的所有卷宗。

11.2　应建立档案分类目录和卷内目录,且档案资料应按顺序摆放和保存,便于查询。任何存档材料的最后处理应有书面记录。

11.3　归档资料的进出均应有记录。

11.4　只有试验机构负责人授权的人才能进入档案室,借阅应填写相应的记录。

11.5　如果试验机构或合同档案室破产,且没有合法的继承人,则这些档案应转移至相应试验委托方档案室。

12　废弃物处理

试验过程中产生的废弃物应按照相关规定进行处理,并记录。

13　标准操作规程

13.1　应制定标准操作规程,以保证试验过程的规范及试验数据的准确完整。

13.2　应制定标准操作规程编写和修订等的标准操作规程。

13.3　标准操作规程应经试验机构负责人书面批准后生效。失效的标准操作规程除一份存档之外应及时销毁。

13.4　标准操作规程的制订、修改、生效日期及分发、销毁情况应记录并归档。

13.5　应保证标准操作规程的现行有效、方便使用。

13.6　试验人员和试验场所均应有相关的标准操作规程,农药田间药效试验准则、公开出版的书籍等作为标准操作规程的补充。

13.7　标准操作规程的修订应经试验机构负责人批准,修订后的操作规程经试验机构负责人书面批准后生效。

13.8　应保存标准操作规程的所有版本。

13.9　标准操作规程应至少包括以下内容。

a)人员的职责；

b)人员岗前、岗位培训、考核、任命；

c)仪器设备的购置、验收、检定(校准)/功能检查、建档、使用、维护、修理、报废；

d)易耗品的采购、验收、使用、保存与管理；

e)试验样品接收、标识、储存、流转及处理；

f)质量保证；

g)试验方案的编写和管理；

h)试验样品配制、施用及安全注意事项；

i)原始数据的编制、填写、更改、识别、收集、索引、存档、维护；

j)数据处理；

k)最终试验报告的编写、审核和批准；

l)档案管理；

m)废弃物处理；

n)施药器械的功能检查、维护和清洗。

参考文献

[1] Su W C, Zhou Y H, Ma Y Q, et al N′-Nitro-2-hydrocarbylidenehydrazinecarboximidamides: Design, Synthesis, Crystal Structure, Insecticidal Activity, and Structure—Activity Relationships[J]. J. Agric. Food Chem., 2012, 60, 5028-5034.

[2] 彭军．嘧菌酯的合成工艺研究[D]. 长沙：湖南师范大学，2010.

[3] 郑珩，吴梧桐，廖建民，等．灰绿葡萄孢发酵液中天然型脱落酸的分离纯化[J]. 中国抗生素杂志，2002，27(10)：589-591，604.

[4] 张丽靖．球孢白僵菌孢子粉生产制剂和贮存技术的改进及其淀粉酶特性测定[D]. 杭州：浙江大学，2003.

[5] NY/T 1154.1—2006，农药室内生物测定试验准则，杀虫剂第 1 部分：触杀活性试验——点滴法[S]. 北京：中国农业出版社，2006.

[6] NY/T 1154.2—2006，农药室内生物测定试验准则，杀虫剂第 2 部分：胃毒活性试验——夹毒叶片法[S]. 北京：中国农业出版社，2006.

[7] NY/T 1154.3—2006，农药室内生物测定试验准则，杀虫剂第 3 部分：熏蒸活性试验——锥形瓶法[S]. 北京：中国农业出版社，2006.

[8] NY/T 1154.4—2006，农药室内生物测定试验准则，杀虫剂第 4 部分：内吸活性试验——连续浸液法[S]. 北京：中国农业出版社，2006.

[9] NY/T 1154.12—2008，农药室内生物测定试验准则，杀虫剂第 12 部分：杀螨活性试验——浸渍法[S]. 北京：中国农业出版社，2008.

[10] NY/T 1154.7—2006，农药室内生物测定试验准则，杀虫剂第 7 部分：混配的联合作用测定[S]. 北京：中国农业出版社，2008.

[11] Sun Y P, Johnson E R. Analysis of joint action of insecticides against house flies. Journal of Econ. Entomol., 1960, 53(5): 887-892.

[12] NY/T 1156.1—2006，农药室内生物测定试验准则，杀菌剂第 1 部分：抑制病原真菌孢子萌发试验——凹玻片法[S]. 北京：中国农业出版社，2006.

[13] NY/T 1156.2—2006，农药室内生物测定试验准则，杀菌剂第 2 部分：抑制病原真菌菌丝生长试验——平皿法[S]. 北京：中国农业出版社，2006.

[14] NY/T 1156.3—2006，农药室内生物测定试验准则，杀菌剂第 3 部分：抑制黄瓜霜霉病菌试验——平皿叶片法[S]. 北京：中国农业出版社，2006.

[15] NY/T 1156.4—2006，农药室内生物测定试验准则，杀菌剂第 4 部分：防治小麦白粉病试验——盆栽法[S]. 北京：中国农业出版社，2006.

[16] NY/T 1155.2—2006，农药室内生物测定试验准则，除草剂第 2 部分：活性测定试验——玉米根长[S]. 北京：中国农业出版社，2006.

[17] NY/T 1155.3—2006，农药室内生物测定试验准则，除草剂第 3 部分：活性测定试

验——土壤喷雾法[S]. 北京:中国农业出版社,2006.

[18] NY/T 1155.4—2006,农药室内生物测定试验准则,除草剂第4部分:活性测定试验——茎叶喷雾法[S]. 北京:中国农业出版社,2006.

[19] NY/T 1155.10—2011,农药室内生物测定试验准则,除草剂第10部分:光合作用抑制型除草剂活性测定试验——小球藻法[S]. 北京:中国农业出版社,2011.

[20] NY/T 1155.7—2007,农药室内生物测定试验准则,除草剂第7部分:混配联合作用测定[S]. 北京:中国农业出版社,2007.

[21] NY/T 2061.1—2011,农药室内生物测定试验准则,植物生长调节剂第1部分:促进/抑制种子萌发试验——浸种法[S]. 北京:中国农业出版社,2011.

[22] NY/T 2061.3—2012,农药室内生物测定试验准则,植物生长调节剂第3部分:促进/抑制生长试验——黄瓜子叶扩张法[S]. 北京:中国农业出版社,2012.

[23] 邱立红,张文吉,王成菊,等. 高通量筛选在新农药创制研究中的应用[J]. 农药科学与管理,2002,23(5):20-24,32.

[24] GB/T 1600—2001,农药水分测定方法[S]. 北京:中国标准出版社,2001.

[25] NY/T 1860.22—2010,农药理化性质测定试验导则,第2部分:酸(碱)度[S]. 北京:中国农业出版社,2010.

[26] HG 3289—2000,代森锌可湿性粉剂[S]. 北京:化学工业出版社,2000.

[27] GB 5452—2001,56%磷化铝片剂[S]. 北京:中国标准出版社,2001.

[28] GB/T 22278—2008,良好实验室规范原则[S]. 北京:中国标准出版社,2008.

[29] 刘绍仁,沈佐锐. 浅议农药毒性分级[J]. 农药科学与管理,2004,25(5):33-36.

[30] GB/T 19378—2003,农药剂型名称及代码[S]. 北京:中国标准出版社,2003.

[31] 农业部农药检定所关于征求《农药登记田间药效试验规范(征求意见稿)》. http://www.chinapesticide.gov.cn/zqyj/605.jhtml.